JN312223

環境ビジネスリスク

環境法からのアプローチ

編著　松村弓彦　明治大学法学部教授

発行所　社団法人 産業環境管理協会
Japan Environmental Management Association for Industry

はしがき

「環境管理」誌で「環境法の新潮流」シリーズの連載が始まって 6 年余が経過した。この間，我が国で最近導入された法制度あるいは遠からず導入が期待される法制度について，その論点と課題を簡明な形で読者に提示する企画のもとで，中堅・新鋭の研究者・実務家により多くのテーマが論じられた。しかるところ，これら多くのテーマのうち環境法におけるリスク管理関連の論稿を up-to-date する形で出版する提案があり，環境リスク管理に対する関心が強い今日，時宜を得たものと考えた。このため，ビジネスリスクの観点から新たに数名の研究者にも参加して戴き，出版のはこびとなった。

本書に収録された論稿の大半は環境法学の立場からリスク管理にアプローチする。このような領域は，ビジネスリスクという視点でみれば，リスク管理のごく一部でしかないが，現在では企業活動に際して環境配慮は不可欠の要素となっており，ハード・ソフト両面の環境配慮の質がビジネスに大きな影響をもたらす場合も少なくない。それ故，国際的な事業活動の展開を図るうえでは無論のこと，国内事業活動に際しても，内外の環境法・政策の動向を先取りすることはビジネスリスク管理上重要な意味をもつと思われる。

環境法の領域におけるリスク管理の方法論は，国際的にみれば，統合的リスク管理の方向に傾斜しつつある。この考え方は 1972 年人間環境宣言 第 13 原則に遡り，ドイツの 1997 年および 2009 年環境法典草案における統合的事業認可制度提案に一つの先進的事例をみることができる（但し，環境法法典化事業自体は現時点では挫折している）。

環境法における統合的リスク管理は，しばしば外部的統合（ないし政策間統合）と内部的統合に類型化され，後者はさらに実体法上の統合，手続法上の統合および両者の統合に区分される。例えば前記ドイツ 2009 年環境法典草案では，環境法関連と環境法関連以外の諸手続とその審査，決定を一体化するとともに，事業アセス，計画アセスと結びつけることによって実体法上と手続法上のリスク管理の統合を予定していた。諸手続をどこまで一体化で

きるか，事業アセス・計画アセスの対象をどこまで拡大するかは，課題も多いが，リスク管理の質を高めるうえでは先端的な構想といえる。

　一方，実体法上の統合は環境法上のリスク管理の中核となるが，最も強調されるのは媒体間統合，即ち，部門別・環境媒体（大気・水・土壌）別のリスク管理から媒体間移動を含めた全体としての環境を視野に入れたリスク管理である。この考え方は，現実の方法論の問題としては，技術水準あるいは科学水準ベースのリスク管理によらざるを得ないのが現状で，各環境媒体を統合した環境質基準（Target value, Limit value 等）あるいは排出基準によって健康・環境リスク管理を管理するには，今後，自然科学の知見の集積を待たなければならない。実体法上の統合の態様としては，このほか，リスク管理対象の統合とこれによるリスク管理時点の早期化といった局面も考えられる。例えば，工場ないし事業単位，さらには計画単位のリスク管理へ統合・早期化する方向はこの例である。これらの考え方は，いずれも環境の質をより高い水準で管理することによって健康リスクと環境リスクを最小化することを目指している。

　わが国の場合，例えば，大気汚染防止法上のばい煙発生施設関連のリスク管理規制をみると，環境リスクに対する配慮を欠き，したがって「全体としての環境」の保護という観念も存在しない。これに比べると欧米の環境法におけるリスク管理の考え方は，少なくとも理念的には，水準が高いと考えられる。ビジネスリスク管理の視点では，将来における法政策の導入・変更に伴うビジネスリスクにも留意しなければならないから，リスク管理に関する科学・技術知見の進歩に配慮するとともに，リスク管理規制に関する国際的動向を先取りする企業戦略が求められる方向にある。

　環境保護は，事業者に限らず，政策側，市民各々がともに分担すべき役割を果たすのでなければ実現できない。損害発生の蓋然性が高い領域では，リスク管理を目的とする措置は拘束力が強いものでなければならず，このことは事業者との関係に限らず，政策側にも妥当する。

　これに対して，環境管理目標が高度化するほど，その目標を実現するため

の政策措置は多様化し，拘束力が弱い措置の重要性が高まる。わが国でも，経済的手法，情報的手法の例と並んで事業者の自己責任を基調とする自主的手法が評価されつつある。換言すれば，自己責任を基調とすることによって，より高度のリスク管理目標の設定を目指す考え方である。

　この種の例はわが国では未だ少ないが，欧州では改正 EMAS 規則（環境管理・監査スキーム規制）などいくつかの試みがあり，前記ドイツ環境法典草案でも二つの例をみることができる。第一は，環境監査制度導入事業所（企業）および環境管理責任者任命事業所（企業）に対する規制緩和で，行政手続申請添付資料の緩和，各種の監視・証明の緩和を対象とする。無論，EMAS と ISO 14001 の差等の事情は考慮しなければならないが，証明・監視，調査等における第三者機関の利用を，認証機関あるいは環境管理責任者によって代える方向は一つの選択肢となり得る（我が国でいえば，土壌汚染対策法上の指定調査機関の利用義務を ISO 14015 のルールに委ねることなどの例が考えられる）。第二の例は 1997 年草案にみられた統合的事業認可に際してのオープン条項である。個別規制の累積と統合的事業認可条件を比較して，全体として後者の環境負荷が少ない場合に個別規制の適用除外を認める制度である。この制度には批判も少なくなく，局地汚染その他の理由で損害発生の蓋然性が高い領域では妥当とはいえないが，より高度のリスク配慮を対象とする予防原則の領域では参考に値しよう。

　本書の刊行に際して，スケジュールその他につき執筆者各位に相当のご無理を強いたにもかかわらず，予定通り出版にこぎつけることができたことを感謝したい。また，「環境法の新潮流」のシリーズを長きにわたり企画し，今回本書の出版を企画して戴いた社団法人産業環境管理協会のご厚意にも執筆者を代表して厚く感謝したい。最後に，本シリーズが今後も持続し，研鑽の場を与えられる中堅・若手の研究者にとって大きな励みとなることを期待したい。

2009 年 6 月

松村　弓彦

執筆者一覧

一之瀬高博	獨協大学法学部教授
荏原　明則	関西学院大学大学院司法研究科教授
小賀野晶一	千葉大学大学院専門法務研究科教授
奥　　真美	首都大学東京都市教養学部教授
加藤　峰夫	横浜国立大学大学院国際社会科学研究科教授
黒坂　則子	同志社大学法学部准教授
作本　直行	日本貿易振興機構海外調査部調査研究員
志田慎太郎	東京海上日動リスクコンサルティング㈱上席研究主幹・香川大学客員教授
勢一　智子	西南学院大学法学部教授
髙村ゆかり	龍谷大学法学部教授
立川　博巳	プロファームジャパン㈱代表国際環境安全衛生ガバナンス機構代表理事
藤村　和夫	つくば大学法科大学院教授
増沢　陽子	名古屋大学大学院環境学研究科准教授
松村　弓彦	明治大学法学部・法科大学院教授【編著】
森本　陽美	明治大学法学部兼任講師・法政大学現代法研究所委嘱研究員
柳　憲一郎	明治大学法科大学院法務研究科教授
横山　　宏	社団法人産業環境管理協会企画参与

（敬称略　五十音順）

目　次

はしがき　i
執筆者　iv

第1章　環境経営と企業リスク … 1
1　はじめに　1
2　企業価値が向上する環境経営　1
3　企業リスクと環境パフォーマンス指標　2
4　環境経営指標と企業リスク評価　8
5　おわりに　13

第2章　環境リスク概念 … 15
1　はじめに―環境リスクとは　15
2　環境リスク管理　16
3　土壌汚染問題と環境リスク　22
4　おわりに　25

第3章　社会的許容リスクの考え方 … 27
1　はじめに　27
2　社会的許容リスクの概念　28
3　環境リスクの社会的管理　30
4　リスクコミュニケーションとリスク管理　34
5　社会的許容リスクと司法審査　40
6　おわりに　43

第4章　環境規制と環境ビジネスリスク … 47
1　はじめに　47
2　環境ビジネスリスク　48
3　国の環境規制とその水準　53
4　規制がもたらす環境ビジネスリスク　58
5　規制を超える新たな環境ビジネスリスク　61

 6　おわりに―21世紀の環境経営　66

第5章　環境法におけるリスク管理水準の決定方法：現状と今後の方向 …… 69

 1　はじめに　69
 2　リスク管理水準決定の意義　70
 3　現行環境法におけるリスク管理水準の決定　73
 4　リスク管理水準決定方法の特徴と課題　79
 5　リスク管理水準の社会的決定　81
 6　おわりに　83

第6章　環境リスクに対する事前・事後配慮―公法の立場から ……… 85

 1　はじめに　85
 2　公害から環境リスクへ　85
 3　環境リスクの特徴　88
 4　現行法による環境リスク管理　93
 5　環境リスクに関する公法の役割　96

第7章　環境配慮義務論 …………………………………………………… 99

 1　はじめに　99
 2　環境問題の展開と環境配慮　100
 3　環境立法の展開と環境配慮　102
 4　契約的手法における環境配慮　109
 5　環境法理論の展開と環境配慮義務　113
 6　おわりに　117

第8章　欧州の製品規制政策と環境リスク管理 …………………………… 119

 1　はじめに　119
 2　環境リスク管理　122
 3　欧州統合的製品政策　127
 4　おわりに　135

第9章　（行政）刑法の未然防止機能 ……………………………………… 137

 1　はじめに　137

2　未然防止原則　138
　3　環境犯罪の取締りの流れ　139
　4　刑法典による環境保護　141
　5　行政の規制による環境保護　142
　6　「水質汚濁防止法」の刑罰規定　143
　7　JFEスチール事件　145
　8　JFEスチール事件の検討　150
　9　おわりに　152

第10章　海外投資と環境保全 ………………………………… 153

　1　はじめに　153
　2　我が国海外投資の現状と環境問題の事例　156
　3　外国投資の受入国側から見た環境規制の態様　164
　4　海外投資と環境配慮に関する国際的な動向と我が国の動き　171

第11章　自然起因の健康リスク管理のための法政策
　　　　　—花粉起因リスクを素材として ………………… 179

　1　はじめに—自然起因の健康リスクとしての花粉症　179
　2　花粉起因の健康リスクの特徴　180
　3　花粉起因リスク管理の手法　185
　4　花粉起因リスク管理の法政策上の課題　191
　5　おわりに—自然起因リスク管理の原則について　197

第12章　環境コンプライアンスとリスク・マネジメント ……… 199

　1　はじめに　199
　2　環境課題と環境管理システム　199
　3　環境コンプライアンスとリスク・マネジメント　203
　4　リスク管理　206
　5　おわりに　213

第13章　環境関連リスク配慮に対する国・自治体の責任 ……… 215

　1　はじめに　215
　2　事案の概要　217
　3　考察　221

4　おわりに　230

第14章　製品起因の環境損害に対する責任　233

1　はじめに　233
2　環境関連に限定した製品起因損害　235
3　環境損害に対する責任の成立　238
4　責任負担者　240
5　責任負担の方法　243
6　責任追及権者　247
7　おわりに　250

第15章　国際社会からみた環境損害責任のしくみ　251

1　はじめに　251
2　一般国際法における環境損害とその責任　252
3　南極鉱物資源活動規制条約における環境損害責任　254
4　環境損害責任に関するEU指令　259
5　南極環境保護議定書附属書Ⅵの環境上の緊急事態に対する賠償責任　261
6　おわりに　266

第16章　環境損害の評価基準——特に「生態系への被害」を対象として　269

1　はじめに　269
2　「環境損害の評価」が問題となる法的活動　270
3　「環境の価値」の評価手法に関する環境経済学の議論　271
4　日本における具体的な訴訟あるいは政策判断における「環境損害の評価」のありかた　276
5　おわりに　280

第17章　環境リスクと予防原則——国際法の視点から　283

1　はじめに　283
2　国際法における予防原則とその展開　284
3　予防原則の何が争われているか　293
4　おわりに——予防の制度化にむけ　300

索引　303

第 1 章

横山　宏

環境経営と企業リスク

1　はじめに

　企業の環境に対する責務は，地域の公害対策から地球規模のグローバル経営に対する責任へと変化している。環境経営とは，企業の生産，製品・サービス，マネジメントのすべてに関して，従来にとらわれずに環境の視点で見直し，企業リスクの低減を推進することである。その結果をコンプライアンスの確立，ステークホルダーとの信頼関係強化，ブランドイメージの向上につなげ，環境の視点から新しい企業付加価値を創り出して高めていくことが重要である。

2　企業価値が向上する環境経営

　これまでの経営において企業価値をはかる一般的な指標は，いわゆる財務指標を中心とする次のようなものである。

- ・資本金
- ・従業員数
- ・子会社の数
- ・売上高
- ・利益，配当
- ・部門別売上高
- ・連結売上高
- ・設備投資額
- ・研究開発費
- ・海外拠点の数
- ・海外生産高比率

　経営指標はその国の経済，法律，文化，国際整合性，などで決定される。経営者は経営指標を公開し，経営目標に据えてその達成を図ることでステークホルダーからの信頼を強化する。

　では環境経営の視点からはどうみるか。企業価値を向上する環境経営はすなわち，企業リスクを低減することである。図1に企業価値向上と企業リス

・環境適合製品
・技術革新
・法律遵守
・国際整合性

企業価値の向上

環境経営　経済効果

バランス

・経営の活性化
・地域の活性化

企業リスクの低減

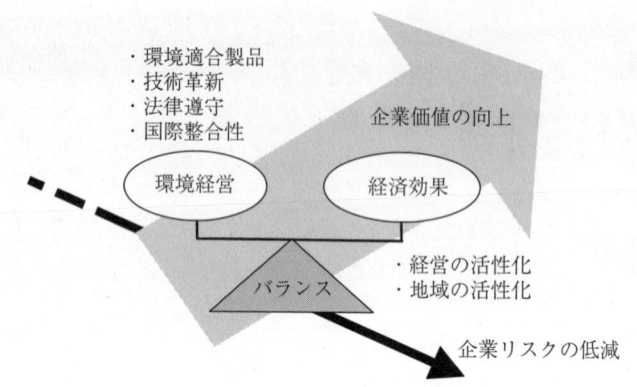

図1　企業価値を向上させる環境経営と企業リスクの低減

ク低減との関係を示す。環境と経済の両立を図りつつ経営を活性化させるためには，技術革新により環境適合製品を広める一方，コンプライアンスと国際整合性が不可欠である。企業リスクを低減できる指標を選択して，目標を定めて達成していくことが経営に求められている。

3　企業リスクと環境パフォーマンス指標

　企業のリスクはその組織に損失を与える不確実性である。そして企業の長年の実績が短期間に存続の危機にさらされる場合もある。経営者は"if you hit by truck"ということわざがあるように，常に後継者を意識することが必要である。企業が存続している限りどのようなリスクによって何が起こるかわからないことも意識すべきである。

　リスクが災害や事故が原因である場合は，地震，台風，噴火，津波，火災，爆発，電気機械事故，交通事故，盗難，などのケースが考えられる。

　リスクが企業生産や製品にかかわる場合は，生産システムのコンピュータのシステムダウン，通信遮断，などが考えられる。

　リスクが企業の経営にかかわる場合は製品リコール（PL），特許紛争，著作権侵害，環境汚染責任，環境法令違反，労働争議，労働災害責任，株価変動，貸し倒れ，製品開発失敗，顧客情報漏洩（ろうえい），スキャンダル，インサイダー

取引，などが考えられる。

　また，戦争，革命，為替変動，企業テロ，市場ニーズ変動などは政治・経済・社会リスクのケースである。

　一般に人間の健康リスクは有害性（ハザード）と有害性にさらされる時間との積で表される。

　　　　健康リスク＝（人への被害）＝（ハザード）×（暴露）

　これに対して企業の環境リスクは損失の金額換算で評価する。

　　　　企業リスク＝（有害物質含有の製品リコール，回収対策コスト）
　　　　　　　　　　（環境汚染責任，賠償責任コスト）
　　　　　　　　　　（環境法令違反，ペナルティコスト）
　　　　　　　　　　（ブランドイメージの損失，売上，利益の減少）

　環境法令違反すなわちコンプライアンスの企業リスクは，法施行がなされるまでの対応にかかっており，金額換算が難しい場合が多い。法施行後は遵法あるのみで，ペナルティコストを中心に金額産出が可能である。これらの評価は企業の環境パフォーマンスデータとして環境経営に生かされなければならない。

　一方で企業リスクの対応はビジネスチャンスでもある。禁止化学物質や届出物質のコンプライアンスは代替材料，分析ビジネス，などのビジネスチャンスになる。

　有名な企業リスクの事例として，2001年12月，日本企業の家庭用ゲーム機130万台がオランダ政府から出荷停止措置を受けたというものがある。全世界への出荷量1,394万台の1割近い量の出荷停止措置である。周辺機器のアーティクルであるコントローラからオランダの安全基準の最大20倍のカドミウムが検出されことが原因であった。企業は以後取引先の監査体制を強化し再発防止に取り組んだが，被害総額は100億円以上といわれている。

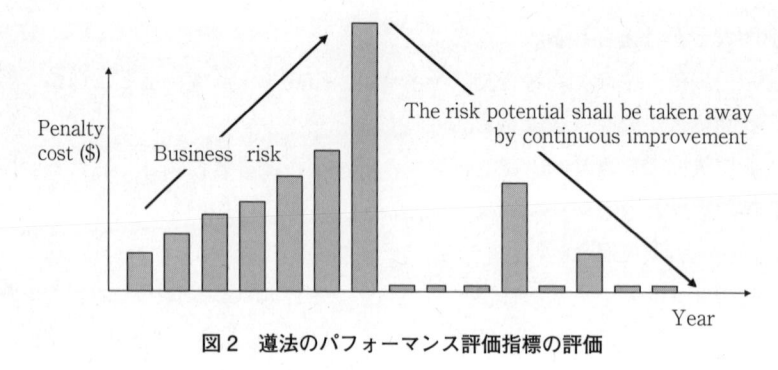

図2 遵法のパフォーマンス評価指標の評価

　この例にみられるように，企業リスクの低減は企業の利益に直結している。企業価値の向上は環境経営の指標によりマネジメントされるべきである。
　図2に遵法の評価指標である罰金の支払いコストの年次推移を示す。
　年々罰金コストが増加する場合は企業リスクが大きいと判断できるが，罰金がピークの年であればいわゆる「累積リスクの一掃」とも考えられて評価が高い年になるとも理解できる。これら評価は分かれるところであるが，環境パフォーマンス評価は瞬間風速値でなく，トレンドで評価することが重要であることを示している。継続的改善の効果があらわれ，ある年から罰金コストが激減すれば企業リスクは減少といえるからである。

【遵法のパフォーマンス指標例】
　　－違反の回数
　　－罰金の額
　　－訴訟の数

　企業価値向上の経営指標はマネジメント指標と運用指標がある。マネジメント指標向上は主に人による経営責任であり，運用指標の向上は主に機械設備の能力向上，メーカー責任である。両者は例えば，車のドライバー責任と車体製造者責任とに区別され，事故時の保険金の支払いや，責任追及の場合には区別して考えていくことが重要である。

次にマネジメントの環境パフォーマンス指標の具体例を示す。

【Management performance indicator】
 －環境監査の実施頻度
 －環境行動計画の達成率
 －製品の環境適合目標の達成率
 －環境会計
 －環境教育受講率
 －環境活動の情報開示範囲・頻度
 －従業員の環境社会貢献活動の参加率

また，運用指標の具体例を示す。

【Operational performance indicator】
 －二酸化炭素（CO_2）排出量削減
 －生産高 CO_2 原単位の削減
 －実質生産高輸送エネルギー原単位の削減
 －廃棄物発生量削減
 －資源循環率の向上
 －水使用量の削減

　これらは，環境価値の向上を目指した経営指標である。
　一般に製造業では，環境に配慮した生産活動が求められているが，次は工場の生産性の評価に関する経営指標の例である。指標値の向上が組織の環境パフォーマンスの向上である。

【生産製品】
　－生産数量，生産重量，生産量，生産高（¥）
　－生産計画と実際の生産量との乖離率

【サイト】
　－アクセス（調達距離）
　－土地面積，建屋面積
　－設備簿価

【エネルギー】
　－電力使用量，水使用量

【人員】
　－エンジニア数，マネージャー数，従業員数

【設備】
　－設備稼働率
　－設備保守人員

【教育】
　－品質向上活動グループの数
　－工程別マニュアル化達成率

　これらの指標は企業の買収や撤退を考えるときの重要な評価指標である。
　企業はこれらの指標を情報公開することで環境価値を高めている。環境報告書及びサステナビリティ報告書といわれるものが情報公開のツールである。
　環境報告書の情報公開項目の一例を示す。

【会社概要】
　－社長挨拶，コミットメント
　－法令遵守
　－環境経営

【環境パフォーマンス評価】
　　- Management performance evaluation
　　- Operational performance evaluation
【環境会計】
【環境に配慮した製品づくり】
　　- Reduce, Reuse, Recycling
【環境に配慮した生産活動】
　　- Operational performance indicator
【環境保全システム】
【社会的責任】
【Appendix: 環境パフォーマンスデータ】
　　- Management performance data
　　- Operational performance data

　重要なことは，環境報告書の情報公開で企業の環境リスクが低いことをPRし，ステークホルダーとの信頼関係を維持し，企業価値を高めることである．
　サステナビリティ報告書の情報公開項目の一例を示す．

【環境】
　　-環境マネジメントシステム
　　-環境パフォーマンス評価
　　-環境適合設計，製品アセスメント
　　-環境配慮の生産活動
【経済】
　　-会社概要
　　-環境会計
【社会】
　　-研究開発

－教育訓練
　－高齢化対応
　－社会との交流

　環境は経済性と社会性と整合して持続的な発展を目指す。企業は持続的な発展を情報公開してステークホルダーの信頼を得る。
　環境経営で特に重要な経営指標は環境パフォーマンス評価指標であり，その指標はリスク度合いを数値表現ではかるものさしである。

4　環境経営指標と企業リスク評価

　環境経営指標は企業のリスクをはかる尺度である。工場経営の場合の指標のカテゴリーの事例を示すと図3のようになる。これら指標を定量的，視覚的，継続的に成果を把握することが重要である。カテゴリー区分には環境方針とマネジメントシステム，工場省エネ，製品の環境配慮，化学物質管理，リサイクル，教育・訓練，廃棄物，土壌汚染，などがあり，いわゆる環境経営の格付けなどもこれらの指標を評価することでなされることが多い。
　指標を視覚的に把握する例がレーダチャート表示である。環境パフォーマンス評価結果の「見える化」により「経営の弱点であるリスクポテンシャルを知る」ことができ，そのリスク削減が経営の継続的改善につながる（図4）。
　パフォーマンス評価にはレベル設定が必要である。表1に評価項目と5段

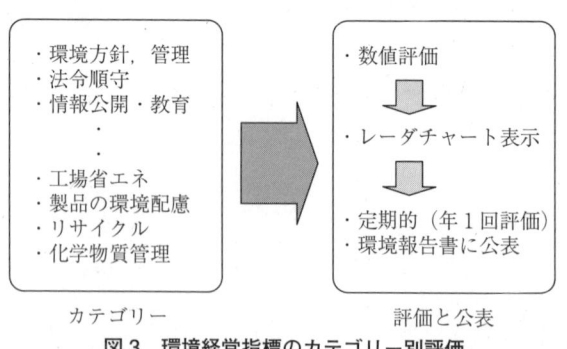

図3　環境経営指標のカテゴリー別評価

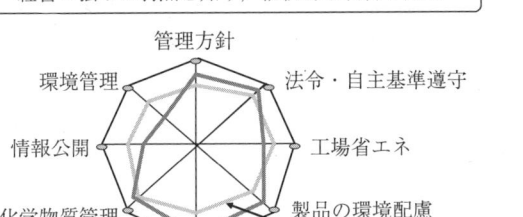

経営の強みと弱点を知り，継続的な改善を図る

- 管理方針
- 法令・自主基準遵守
- 工場省エネ
- 製品の環境配慮
- リサイクル
- 化学物質管理
- 情報公開
- 環境管理

基準年の評価値
評価年の評価値

図4　レーダチャートによるパフォーマンス評価の「見える化」

表1　パフォーマンス評価の項目と評価点

項目＼評価点(5段階)	1	2	3	4	5
評価項目の周知度合い（周知の人数/全従業員）	0～20%	20～40%	40～60%	60～80%	80～100%
評価項目の達成度合い（目標達成率）	0～20%	20～40%	40～60%	60～80%	80～100%

階評価の例を示す。

　評価項目は種々の経営観点からカテゴリー別に考えるべきである。評価点が5段階レベルの例を表2に示した。レベルは数値で表せる場合とそうでないアナログ評価の場合があるが，レベルの段階をポイント化することなどで数値化をはかるべきである。レベル評価点の改善向上を目標とするとわかりやすい。長年にわたり評価点が低く，組織の平均点より向上が図れない場合は，そこに企業リスクが潜んでいると考えて対策を講じる必要がある。

　表2の工場の省エネにある評価項目の改善度合は，環境ビジネスのチャンスである。例えば図5に示す工場エネルギー使用のベンチマークを作成し，図6に示すESCO (Energy Saving Company) ビジネスの導入を図ることが，エネルギーコスト上昇に伴う企業リスクの低減につながるからである。

　また，表2のサイトアセスメントすなわち土壌汚染の評価項目は，企業の本社や工場の抱える大きな企業リスクである。土壌汚染の度合いを評価する

表2 環境パフォーマンス評価の項目と評価レベルの例

パフォーマンスのカテゴリー	評価項目	環境パフォーマンス評価				
		レベル1	レベル2	レベル3	レベル4	レベル5
環境方針	周知度合い	0～20%	20～40%	40～60%	60～80%	80～100%
	国際整合性	None	20～40%	40～60%	60～80%	100%
環境管理	ISO取得	None	20～40%	40～60%	60～80%	100%
	システム展開度合	0～20%	20～40%	40～60%	60～80%	80～100%
環境マネジメントシステム(EMS)	EMS	なし	構築中	構築終了	運用中	運用成果あり
	環境方針と活動	なし	整備中	整備済	運用中	運用成果あり
	EMS展開度合	0	20～40%	40～60%	60～80%	100%
コンプライアンス	法令リストアップ	0～20%	20～40%	40～60%	60～80%	80～100&%
	項目リストアップ	0～20%	20～40%	40～60%	60～80%	80～100&%
	担当者配置	なし	配置中	配置終了	実務中	表彰,成果あり
工場の省エネ	原単位改善	>0.02%	>0.04%	>0.06%	>0.08%	>1%
	省エネ総量改善	0～2%	2～4%	4～6%	6～8%	>10%
	計測カバー率	0～20%	20～40%	40～60%	60～80%	80～100%
製品の環境配慮	アセスメント実施率	0～20%	20～40%	40～60%	60～80%	80～100%
	鉛フリー率	0～20%	20～40%	40～60%	60～80%	80～100%
製品アセスメント	消費電力	<Average	=Average	>Average	≫Average	Top level
	材質表示	0～20%	0～40%	40～60%	60～80%	80～100&%
	分解性	<Average	=Average	>Average	≫Average	Top level
	軽量化(省資源)	0～2%	2～4%	4～6%	6～8%	>10%
	再利用性	0～20%	20～40%	40～60%	60～80%	80～100%

化学物質管理	禁止物質実施率	0〜20%	20〜40%	40〜60%	60〜80%	80〜100%
	削減物質達成率	0〜20%	20〜40%	40〜60%	60〜80%	80〜100%
	PRTR実施率	なし	届出準備	届出済	削減計画	削減実施
リサイクル	廃棄量削減	0〜20%	20〜40%	40〜60%	60〜80%	80〜100%
	システム構築	0〜20%	20〜40%	40〜60%	60〜80%	80〜100%
	リサイクル率	0〜20%	20〜40%	40〜60%	60〜80%	80〜100%
教育・訓練	受講者率	0〜20%	20〜40%	40〜60%	60〜80%	80〜100%
	情報公開達成率	0〜20%	20〜40%	40〜60%	60〜80%	80〜100%
	表彰関係	応募なし	応募準備	応募実績	1件受賞	複数件受賞
サイトアセスメント	土壌汚染	アセスなし	アセス実施	対策中	対策効果中	対策終了

エネルギー総消費量（kWh）と原単位（kWh/売上¥）の両方で比較が重要

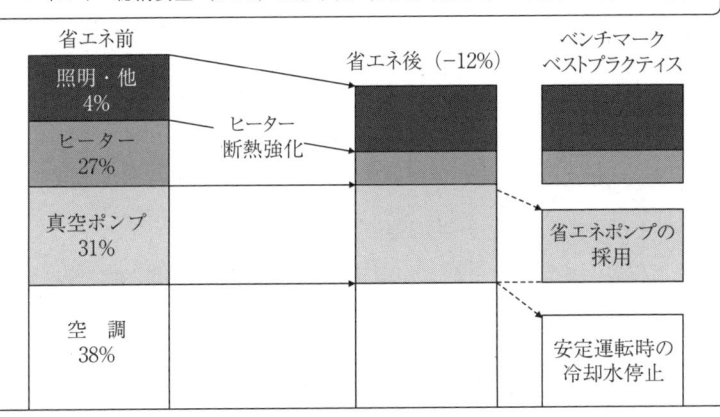

省エネ前
- 照明・他 4%
- ヒーター 27%
- 真空ポンプ 31%
- 空調 38%

省エネ後（−12%）
ヒーター断熱強化

ベンチマーク ベストプラクティス
- 省エネポンプの採用
- 安定運転時の冷却水停止

図5　工場省エネのベンチマーク

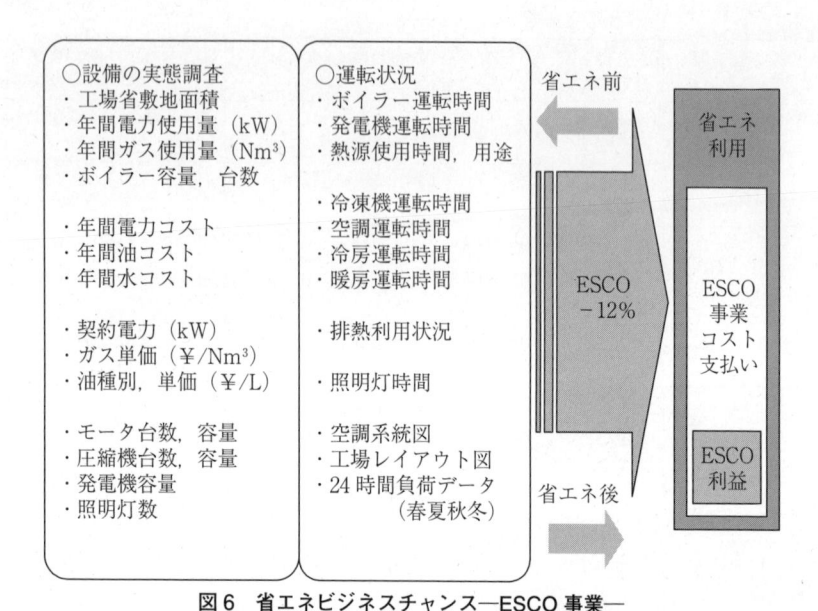

```
○設備の実態調査            ○運転状況
・工場省敷地面積           ・ボイラー運転時間
・年間電力使用量（kW）      ・発電機運転時間
・年間ガス使用量（Nm³）     ・熱源使用時間，用途
・ボイラー容量，台数

                          ・冷凍機運転時間
・年間電力コスト            ・空調運転時間
・年間油コスト              ・冷房運転時間
・年間水コスト              ・暖房運転時間


・契約電力（kW）           ・排熱利用状況
・ガス単価（¥/Nm³）
・油種別，単価（¥/L）       ・照明灯時間

・モータ台数，容量          ・空調系統図
・圧縮機台数，容量          ・工場レイアウト図
・発電機容量               ・24時間負荷データ
・照明灯数                    （春夏秋冬）
```

図6　省エネビジネスチャンス―ESCO事業―

具体的な項目例には次のものがある。

- サイト地図，汚染の3次元の広がり，物質ごとの汚染深度→汚染面積，体積の算出
- 地下水の水位等高線図，地下水位の年間変動
- 地層分布，地層物性
- 過去の埋め立て物質とその量
- 過去,現在の生産ラインの使用化学物質情報（汚染調査結果との照合）
- 過去の土壌調査の精度（調査メッシュ），調査の深度
- 過去の調査分析機関
- サイト周辺の情報（重金属の自然界存在濃度など）
- 過去，現在の行政の勧告，指導件数，内容
- 住民からの苦情の件数，内容
- リスクコミュニケーションの状況（頻度，範囲，フォローアップ）

いずれの項目もパフォーマンス指標として数値評価し，改善点の対策を講じて目標達成に努力することが企業リスクの低減につながる．

なお，指標は簡単でわかりやすいものが良い．複雑な計算手法による指標はわかりずらく普及しない．指標は「選択」が基本であり難しい指標を「開発」することは避けたいところである．

5　おわりに

経営を環境の視点で見直し，環境パフォーマンス指標を重視することが企業の存続に不可欠になっている．

企業リスクの低減は企業価値の向上と利益に直結する．経営者が環境パフォーマンス指標により，定量的，視覚的，継続的に企業リスクを評価し，把握することが効果的な環境経営につながるといえる．

また，環境の企業リスクの指標は経営ガバナンス，生産性向上，コンプライアンス，工場省エネ，製品の環境配慮，化学物質管理，などのパフォーマンス指標で評価すべきである．

これら価値向上の指標を定めて，継続的な改善により目標を達成することが，環境経営に求められている．

第2章 環境リスク概念

黒坂則子

1 はじめに―環境リスクとは

　「環境リスク」とは，一般に「人の活動によって環境に加えられる負荷が環境中の経路を通じ，環境保全上の支障を生じさせるおそれ（人の健康や生態系に影響を及ぼす可能性）」[※1]と定義される。まず，この環境リスクの特徴としては以下のことを指摘することができる[※2]。第1に，リスクの算定に伴う有害性や危険性に対する知見そのものが不確実性を有しており，被害の時間的空間的範囲が確定できない。第2に，第1点とも関係するが，結果の発生との因果関係の証明が困難である。第3に，環境リスクが実際に発現した場合の被害は不可逆的である。この被害は，個別的にみれば結果発生の蓋然性が低いとしても，そのリスクが広域に，長期に，複合的（相乗的）に蓄積されることによって，しばしば人の生命・健康に回復不能な損害を与えることもあり得るものである。そのような場合，一般人はゼロリスクを望む傾向にあるといえる。最後に，環境リスクを伴う行為をなし利益を受ける者と損害を受ける者が一致しない場合も多いという点が挙げられる。例えば，この損害を受ける者としては，異なる地域の住民あるいは将来世代の者が考えら

※1　平成20年版環境循環型社会白書参照。
※2　藤倉皓一郎「アメリカ環境訴訟における割合責任論―司法的救済の公法的展開」国家学会編『国家と市民―国家学会百年記念第1巻』（有斐閣，1987年）255頁，高橋滋「環境リスクと規制」『ジュリスト増刊新世紀の展望②環境問題の行方』（1999年）181頁，高橋滋「環境リスク管理の法的あり方」人間環境問題研究会編『環境法研究第30号』（有斐閣，2005年）3頁，大橋洋一「リスクをめぐる環境行政の課題と手法」長谷部恭男編『リスク学入門3』（岩波書店，2007年）57頁など参照。

れる。さらには，リスク除去のための規制が別のリスクを生み出すといった危険もあり，このようなリスク間のトレードオフにも留意しなければならない[※3]。

　では次に，このような特徴を持つ環境リスクの管理について考えてみると，従来の環境規制とは異なる局面をもたらし，また，行政，事業者，市民の三者関係およびそれぞれの役割に新たな変容をもたらすことになるものと思われる。すなわちまず，環境リスクの不確実性から，そのリスク低減措置については，予防的観点に立った施策の実施が不可欠とならざるを得ない。そのような場合，行政の客観的事実に基づく科学的判断と一般市民による主観的判断に相当の乖離（かいり）がみられることが多く，実体的にも手続的にも充実したリスクコミュニケーションが必要となるであろうし，その際に多くの利益衡量的判断がなされることが必要となる。また財産権や営業の自由といった権利を大幅に制約され得る事業者に対する不確定的な環境リスク規制については，従来の権力的手法とは異なる手法が求められることになる。さらに環境リスクが実際に発現した場合の不可逆性からは，事業者に対するより一層の自己責任という概念が強調され，現状において考え得る将来のリスク発生に備えた環境リスク保険の有効性が見直される必要がある[※4]。そこで以下では，環境リスク管理手法として，予防的アプローチ，リスクコミュニケーション，環境保険について検討を加え，その後，近年注目される土壌汚染リスクを例に取って若干の考察を行うことにする。

2　環境リスク管理
2.1　予防的アプローチ
　環境リスクの最たる特徴ともいえる不確実性に対応し，不可逆的な被害を防ぐためには，従来の規制的手法だけでは不十分であり，環境リスクが具

[※3]　この点については，中西準子「環境リスクの考え方」橘木俊詔ほか編『リスク学入門1』（岩波書店，2007年）159頁などを参照されたい。
[※4]　環境リスクと保険については，黒川哲志『環境行政の法理と手法』（成文堂，2004年），赤堀勝彦「最近のリスクマネジメントと保険の展開」（長崎県立大学学術研究会，2005年）に詳しい。

体的に顕在化する以前での対応，すなわち予防的アプローチが必要とされる。そもそも従来からの規制手法としては，ある一定の基準を定め，同基準違反に対する行政処分や罰則によってその実行性を担保する命令統制手法（command and control）が用いられてきた。この命令統制手法は，不確実性を有する環境リスクが法定基準値を超えて実際に発現されるまでは発動することができないために，行政の不作為あるいは遅延を発生させてしまうことが多く，また，リスク低減のインセンティブは容易に働かないものである。しかしながら，環境リスクにおいてはリスクの算定自体が不可能であり，また一旦損害が顕在化した場合には原状回復が困難な場合も多いことに鑑みると，時には，たとえ不確かな事実認定に基づく場合であっても何らかの規制が要求される場合があるという意味での予防的アプローチが必要となる。ここにいう予防的アプローチとは，あらゆるリスクをゼロにすることを目的としたものではなく，不確実なリスクの存在を理由として，一定の規制を合理化していく趣旨のものである。その際，環境リスクを定量的に分析することによって，安全か危険かという二者択一的な考え方から脱却し，どの程度のリスクに対していかなる規制を行うべきか，行政が取り組むべきリスクに優先順位を付けていくことになる[※5]。ただし，このリスクレベルの決定は，客観的に科学的な観点によってのみ行うことは困難であり，多分に政治的性格を帯びるものとなる。そこで行政のリスクレベルの決定には，民主的な正当性が要求され，そこに専門家とは異なる一般市民の認識を取り込むことの必要性が説かれることになるが，そのプロセスが以下で検討するリスクコミュニケーションである[※6]。

[※5] 黒川・前掲[※4] 69頁，小谷真理「条例による土壌汚染対策」芝池・見上・曽和編『まちづくり・環境行政の法的課題』（日本評論社，2007年）338頁など参照。

[※6] リスクコミュニケーションについては，see, e.g., REGINA LUNDGREN, ANDREA MCMAKIN, RISK COMMUNICATION (BATTELLE PRESS 1998); W. Leiss, *Three phases in the evolution of risk communication practice*, ANNALS OF THE AMERICAN ACADEMY OF POLITICAL AND SOCIAL SCIENCE 545(1996).

2.2 リスクコミュニケーション

　そもそも環境リスクは，不確実で算定不可能なものであるから，その管理についても行政の主観が入らざるを得ないが，これに対する一般市民の反応はまた別のものとなることが多い。一般市民は，行政や専門家よりも多くの要因を考慮に入れ，例えば，次世代への影響や健康への影響といった潜在的リスクをマスコミ等の影響によって，より主観的に過大評価する傾向にあるといえる[※7]。ここで重要なのは，リスクを過小評価することは不可逆的な結果を招いた際には致命的であり得るが，しかしながら，想像し得るリスクを過大に評価することも，制限ある資源の適切な配分といった観点からすると同程度に致命的であり得るということにある[※8]。また，不確実性を多分に有する環境リスクの特徴からは，行政のリスク管理における政策的，専門的裁量が大きくならざるを得ないことは否定できないところであり，それゆえに，手続的なコントロールでもってその公平性，透明性を補完する必要性がある。以上によれば，多くの関係当事者の主観的判断を調整するためにも，あるいは行政の政策的，専門的判断に一定の民意を反映させコントロールを及ぼすためにも，関係当事者間の対話が不可欠となってくる。具体的には，政策の意思決定過程への利害関係人の参加とその前提としての情報公開[※9]，さらには情報を共有した上でのリスクコミュニケーションが重要な課題となってこよう。

　リスクコミュニケーションとは，「個人，集団，組織間での情報および意見の相互交換プロセス。リスクの特性に関する様々のメッセージや，関心，見解の表明，またはリスクメッセージや，リスク管理のための法的および制度的な取り決めへの反応を含む」[※10]と定義される。このリスクコミュニケー

[※7] Sheldon Jeter, *The Role of Risk Assessment, Risk Management, and Risk Communication in Environmental Law*, 4 S. C. ENVTL. L. J. 25,(1995) p. 25-49.
[※8] *Id.*
[※9] この点につき，織朱實「我が国の環境リスク情報公開およびその活用に向けての制度的検討：米国制度との比較法的観点からの考察」『関東学院法学』13巻4号（2004年）1頁参照。
[※10] National Research Council 編・林裕造・関沢純監訳『リスクコミュニケーション前進への提言』（化学工業日報社，1997年）365頁参照。

ションという言葉は，1970年代からアメリカにおいて用いられるようになったものであり，リスクコミュニケーションの概念は，以下のような段階を経て発展してきたとされている[※11]。まず当初は，リスク分析の情報は，それが専門技術的な性格のものであっても，とりあえず公開されなければならないと考えられていただけであったが，次第に専門技術的な分析結果を一般市民にわかりやすく加工し提供することで，一般市民への理解を誘導することに力点が置かれるようになった。ただし，この段階では，行政や事業者などから一般市民への一方的な情報伝達が行われ，情報発信者の意図が相手方に十分に受け入れられれば，それで目的は達成されたと考えられていた。しかし，現在に至っては，現代の「環境リスク」問題への解決を図るために，行政や事業者などと対等な立場として再構成された一般市民が情報を共有した上で意見交換をするという形でのリスクコミュニケーションへの変容を余儀なくされることとなった。

そこで，リスクコミュニケーションの成功は，「リスク情報の伝達者の意見や主張を受け手が受け入れることではなく，受け手に関連した問題や行動の理解のレベルが向上し，受け手が利用可能な知識の範囲内で十分に情報を得たという認識を与えること」[※12]，すなわち「理解と信頼関係の向上」にあるといえよう。前述のように環境リスクは，不確実性，不可逆性，広域性，長期性，複合性といった特徴を有しており，これに対する科学的な情報が提示されたとしても，専門家でさえ統一的な見解が存在し得ないのであるから，規制者たる行政の裁量は自ずと大きくなり，一般市民との認識の乖離は甚だしいものとなるおそれがある。したがって，環境リスクに対応する措置の社会の費用対効果の公平な配分を政策に反映させるためには，一般市民の意見を無視できず，それゆえに政策の意思決定過程にこれを取り込む必要があり，

[※11] 織朱實「化学物質による環境リスクとリスクコミュニケーション」『化学と工業』78巻8号（2004年）416頁，奥真美「環境リスク管理とリスクコミュニケーション」人間環境問題研究会編『環境法研究第30号』（有斐閣，2005年）70頁，村山武彦「環境リスクをめぐる多様な主体間のコミュニケーション」『都市問題』93巻10号（2002年）71頁に同旨。

[※12] 第17回廃棄物学会研究発表会シンポジウム「環境リスクについて考える―リスクコミュニケーションの必要性と方策―」『廃棄物学会誌』18巻1号（2007年）11頁より引用。

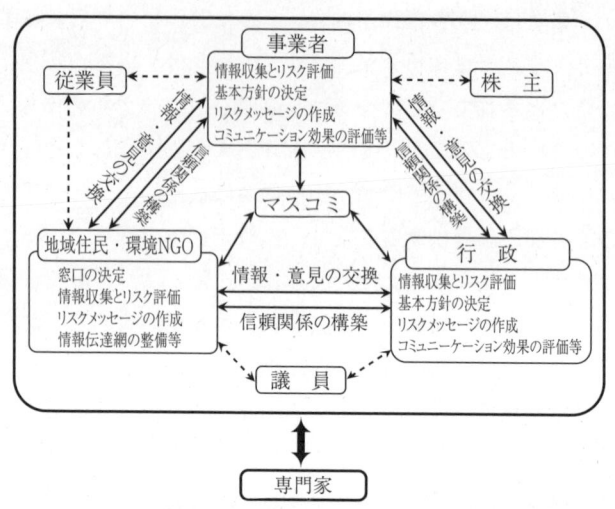

図1 日本化学学会化学物質コミュニケーション手法検討会
（出典）「行政・事業者・NGOのためのリスクコミュニケーションガイド」より抜粋

その手法としてリスクコミュニケーションは不可欠であるといえよう[※13]。

このように，早期の段階から市民が参画し，相互「理解と信頼関係の向上」を念頭においたリスクコミュニケーションに基づいて選択された政策は，より効果的かつ継続的なものになるものと思われる（図1にリスクコミュニケーションのイメージ図を示す）。

ただし，このリスクコミュニケーションは，価値観の異なる利害関係者による対話であるから容易に合意を得ることができず，当然に多くの時間を要し，そこで伝達される情報でさえも常に更新され，絶えず結果が異なり得るという事情に留意しなければならない。これに対し，差し当たっては，意思決定時とは異なるデータや情報が確認できた場合には随時意思決定を変更するなど，情報の更新と事後的な見直しを行い得る手続の確立が望まれるといえよう。なお，リスクコミュニケーションを通じて環境リスクを評価，分析する際に，損害の不可逆性に関係する世代間の衡平あるいは地域間の衡平と

※13　See Jeter, *supra* note 7, at 48-49.

いった環境正義（environmental justice）の視点をどの程度考慮するかは今後の課題として付記するに留めておく。

2.3 事業者における環境リスク管理

環境リスク管理の第一次的責任は行政が命令統制手法などによって負うことはいうまでもない。しかしながら，環境リスクのように経験則から得られる固定的基準が存在しない不確定な分野においては，事業者によるリスク管理を内部化し，行政はそれを支援ないし監督するという手法が求められることになる。ただし，この手法は命令統制手法のような規制的手法を排除する趣旨ではなく，これを補完するものとして使われることになろう。具体的には，環境リスクに関する情報を行政がより広く公開することで，市場原理のもと，事業者自らが自主的にリスクの低減に努めるインセンティブを与える情報提供手法[※14]や，リスクアセスメントとその管理を事業者自身に行わせ，その記録を行政機関が行政指導などを用いて監督する手法などが考えられよう。

環境リスクは，その不可逆性という性質から，環境汚染を発生させた事業者に対して時には企業の存続を左右する厳しい責任追及がなされる場合が考えられるため，事業者自身の自発的な環境リスク管理の重要性を説くことができる。また昨今の環境法規制の強化の影響を受け，事業者は環境保全あるいは環境リスク管理を第一に考えるようになってきた。このような事業者の環境リスク管理における重要なツールの一つとして環境リスク保険を挙げることができる。代表的なものとしては，現在多くの保険会社が販売している環境汚染賠償責任保険（Environmental Impairment Liability Insurance）があるが，この保険はいうまでもなく，万が一の事故が起きた場合のリスクを保険料の支払いと引き換えに保険会社に移転するものであり，リスク移転機能が事業者にとって最も重要なものといえる。また，不確実な環境リスクに対してそのリスク評価に基づく保険料を設定することで，環境リスクに伴う

※14　この点につき，黒川・前掲※4　85頁参照。

費用を事前に内部化できるという利点もある。さらには，このリスク評価に基づく保険料は，新しい知見や技術革新によって変動するものであるから，環境リスクを低減し保険料を引き下げようとする経済的誘因を事業者に与える手法として有用となり得る。ただしその前提として，前述の行政による命令統制手法に基づく浄化責任等の厳格な追及が法的に担保されていることが重要となってこよう。

3　土壌汚染問題と環境リスク

　土壌汚染の特徴としては，以下の4点に集約することができる[※15]。まず第1に，汚染は潜在的であり（不確実である），蓄積性のあるもので，一旦汚染されると長期的にその影響が継続する可能性が高い。第2に，汚染サイトは私人の土地所有権の対象であることが多く，公的な介入が困難である。第3に，汚染原因者の特定が難しく，関係当事者への責任追及が容易でない場合が多い。第4に，以上の特徴から，汚染原因者とされた場合の事業者のリスクが高い。具体的に，土壌汚染問題において事業者が潜在的に負うリスクとしては，①汚染調査・措置費用の負担リスク，②資産価値への影響リスク，③第三者への損害賠償責任リスク，④社会的信頼への影響リスクなどが挙げられる[※16]。以上のように土壌汚染リスクは多くの場合潜在的なものであり，一旦その被害が顕在化すれば，その影響は長期にわたり持続し，将来的に甚大な健康被害を招くおそれがある。このような土壌汚染の特徴は，これまで検討してきた環境リスクの特徴と多く重複するものである。では，このような土壌汚染リスクに対して，どのような規制手法を用いて対処するべきか，以下検討していく。

　我が国においては，2002年に土壌汚染対策法が制定され，現在までに301

[※15] 土壌汚染に関する論文は枚挙に暇がないが，土壌汚染問題を環境リスクの観点から取り上げたものとしては，髙橋滋「環境リスクへの法的対応」大塚・北村編『環境法学の挑戦』（日本評論社，2002年）271頁，小谷・前掲※5などがある。

[※16] この点につき，赤堀勝彦「環境法規制についての一考察―企業の環境リスクマネジメントの視点から―」『長崎県立大学論集』40巻1号（2006年）91頁参照。

の地域が指定区域として指定されている※17。この土壌汚染対策法の詳細については紙面の都合上割愛するが，一言でいえば，有害物質使用特定施設の廃止時または知事等が土壌汚染により人の健康被害が生ずるおそれがあると認めるときに，土壌汚染の状況の調査および浄化義務を土地所有者等に課すとしたものであり，所謂上述した命令統制手法に該当する。しかしながら，この土壌汚染対策法の対象とならない潜在的汚染サイトは，工場跡地を中心に数多く存在するといわれており，その潜在性，蓄積性および被害が顕在化した場合の不可逆性からは予防的アプローチの観点が重要である。ここでは，土壌汚染リスクを定量的に評価することで，安全か危険かという二者択一的な評価を離れ，予見できる汚染リスクに対し，そのリスクに応じた措置を施していくという手法が考えられる。我が国においては，一般市民がゼロリスクを強く望む傾向にあり，完全掘削除去という措置がとられることが多いが，アメリカ（の多くの州）のように土地の利用形態を考慮し，例えば居住区域内にない駐車場のような場所については暴露経路遮断といった対策手段を講じることも考えられよう※18。このようなリスクに応じた措置は，行政からの措置命令を待たずに，事業者自身が自発的に行っていくことが望ましく，その前提としてリスク情報の公開や関係当事者によるリスクコミュニケーションは重要となってこよう。

　なお，この他にもアメリカの土壌汚染リスク管理手法は注目に値する。ここでは，近年制定された規則における環境デューデリジェンスを中心に検討しておく。不動産における環境デューデリジェンスとは，アスベストおよび他の有害物質など，土壌における環境規制の対象となる環境リスクに関する調査のことをいう。アメリカ環境保護庁（Environmental Protection Agency）は2005年，この環境デューデリジェンスとして，詳細な内容の

※17　2008年8月31日現在。ただし，この数字は指定区域の指定が解除された件数（147件）を含むものである。環境省のホームページ http://www.env.go.jp/water/dojo/sekou/index.html 参照。
※18　このリスクベース措置手法については，拙稿「アメリカの土壌汚染浄化政策に関する一考察─ブラウンフィールド政策を中心として─」『同志社法学』55巻3号（2003年）685頁など参照。

「あらゆる適切な調査（All Appropriate Inquires）」についての規則を制定した[19]。同規則は，アメリカの土壌汚染対策法たるスーパーファンド法の厳格な責任追及から不動産の購入予定者等が免責されるために，この規則の要件に従った調査を行わなければならないとするものである。

　同規則の具体的な内容としては，環境専門家による現在，過去の所有者，占有者に対するインタビュー，履歴文書調査，あるいは現地点検といった項目が挙げられるが，同規則の要件に従って適切な調査を施せば，スーパーファンド法上の免責を与えられることとなったことには重要な意義がある[20]。この調査要件の遵守とこれまでに発展してきた環境保険の利用によって，デベロッパーなどの事業者における環境リスクは今後激減するものと思われる[21]。ただし，アメリカでこのような手法が効果的に機能し得るのは，やはりスーパーファンド法における命令統制手法が十分に厳格であることが背景にあろう。また同規則の制定に際しては，交渉による規則制定手続（Negotiated Rulemaking）が用いられているが，この手続は，リスクコミュニケーションと志向するところは類似しているものといえ，その手続も注目に値する。すなわち同手続は，同規則の制定段階に様々な利害関係人（環境保護庁，開発事業者，環境正義団体）などを取り込み，その対話を通じてより広い範囲の合意形成を図ったものである。この手続を用いたことに起因してか，同規則に対するパブリック・コメント意見においても多くの賛成意見がみられ，規則制定後の事業者をはじめとした関係当事者の反応も悪くないように思われる[22]。

　以上に対して我が国は，あらゆる適切な調査要件のような不動産に関する

---

[19] 同規則は，大塚直・黒坂則子・福田矩美子「アメリカ土壌汚染・ブラウンフィールド問題―あらゆる適切な調査についての最終規則―」『季刊環境研究』148号（2008年）136頁に訳出されている。

[20] 同規則の詳細な内容については，拙稿「ブラウンフィールド新法におけるAAI規則の意義」『同志社法学』60巻3号（2008年）312頁参照。

[21] この点，強制保険の導入も法政策としては考えられるところであろう。

[22] ただし，交渉による規則制定手続については，同手続にすべて利害関係人の代表が参加できるわけではないこと，また，本手続が規制者と被規制者との妥協点をみつける作業となりかねないといった問題点を指摘できよう。

統一的なデューデリジェンスが存在せず，また，環境保険についても未だ十分には普及していない状況であり，環境ビジネスリスクへの対応といった観点からも今後の検討課題は多い。

4 おわりに

　本章では環境リスクについて，その管理手法を念頭に置きつつ，これまでの議論を整理し，具体例として土壌汚染リスクを取り上げ，環境リスク管理のあり方を論じてきた。そもそも環境リスク概念それ自体が多義的ではあるが，それでもなお，現在のリスク社会において，ゼロリスクの選択は難しく，リスクとうまく共存していくためには，環境リスクという概念を用い定量的な分析を行うことによって，安全か危険かという二者択一的な評価を離れ，不確実性を想定したより合理的な意思決定を生み出すことが望ましい。

　そして，この合理的な意思決定を担保するための法制度，行政手法こそが今日求められているといえよう。伝統的な行政法モデルでは，行政と事業者を相対立するものとして捉え，行政の規制手法も命令統制手法が中心であったが，現代の環境リスク問題のように明確な答えが見出せない分野においては，様々な利害関係人の相互「理解と信頼関係の向上」を目指したリスクコミュニケーションの成功が今後の課題となっており，伝統的な行政法モデルでは対応することは困難になっている。本章で取り上げた土壌汚染リスクについて，アメリカでは，厳格な命令統制手法とその他の様々な手法を組み合わせて土壌汚染リスクを管理し，成果を上げている点は示唆に富む。

　平成17年に最高裁が下した小田急訴訟大法廷判決の補足意見において，藤田裁判官は，「リスクからの保護義務」なる見解を提唱し，注目を浴びた[※23]。この藤田裁判官のリスク概念への言及は，行政事件訴訟法9条の原告適格の判断基準としてのリスク概念の有用性を示唆するとともに，その延長線上に，様々な環境リスクに直面している現代社会において，これらのリス

※23　この藤田裁判官のリスク概念への言及の意味するところについては，大橋・前掲※2　83-84頁参照。

クに対応できる新たな法制度，行政手法を探求するリスク行政法学の発展可能性も示唆しているといえるのではなかろうか。

＊本稿は，拙稿「環境リスク概念」『環境管理』44 巻 1 号（2008 年）60 頁に加筆修正を加えたものである。

第**3**章　　　　　　　　　　　　　　　　　　　　　　奥　真美
社会的許容リスクの考え方

1　はじめに

　伝統的な環境規制の分野においては，環境又は健康への被害を未然に防止するために，原因となる行為や汚染物質を特定し，その有害性又は危険をめぐる科学的な評価結果を踏まえた上で，当該行為等に対する制限もしくは禁止といった規制措置を講じる一方で，義務違反に対しては罰則を適用するという方法が一般的にとられてきた。こうした方法は，原因と結果との蓋然性をめぐる予測が一定程度可能な場合に機能し得るものである。

　ところが，今日，私たちが直面している環境問題の多くは，原因者，原因行為，悪影響の程度や広がり，悪影響が顕在化するまでの時間や経路といった面において，多様化し複雑化しており，有害性やリスクの評価時点において科学的な不確実性を少なからずともなっている。すなわち，悪影響発生の因果関係ないしは確率をめぐる予見可能性が不充分であるために，具体的かつ効果的な対応策を見極めることが困難な場合が少なくない。化学物質，気候変動，電磁波による影響などは，こうした今日的な環境問題を代表する例としてしばしば挙げられる[※1]。

　そして，科学的知見が不充分であることを理由に何らの対策も講じないか，もしくは不充分な対策しか講じなかった場合，いざ悪影響が現実のものとなった段階で対応を図ったとしても，もはや悪影響による被害や損害は取

※1　こうした環境リスクの多様性については，例えば，高橋滋「環境リスクと規制」『ジュリスト新世紀の展望2　環境問題の行方』（増刊，1999年）176頁，同氏「環境リスクへの法的対応」大塚直・北村喜宣編『環境法学の挑戦』（日本評論社，2002年）271〜273頁。

り返しのつかないものとなりかねない。そこで、予防的な観点もしくは予防原則に立ちつつ、将来的に起こりかねない悪影響を回避するために現時点においていかなる措置を採用すべきか、また、そもそもその前提として、どの程度のリスクであれば社会的に許容可能なのかを、判断し決定していく必要がある。

本章では、社会的に許容され得るリスク(以下、「社会的許容リスク」という)の概念、当該リスクレベルを決定する際に踏まれるべきプロセス、当該リスクの管理とコミュニケーションの在り方について整理するとともに、決定されたリスクレベルと措置に対する司法審査の可能性についても若干触れることとしたい[※2]。

2 社会的許容リスクの概念

2.1 環境リスクとは

現代社会において私たちが直面するリスクの多くは、自然的要因よりはむしろ人為的活動に起因して発生している。人為的活動が原因となる場合でも、従来(戦後から1980年代末ごろまで)は、化学薬品や石油の漏出事故のように、主に技術的な対応の不備によって突発的に表面化するリスク(技術的リスク)が主として問題視されていた。この種のリスクは現在においても存在するものの、これに加えて、近年では目にみえないところで日常的に進行するとともに、影響が顕在化するまでに長期間を要し、また原因や影響が複合的であるといった新しいタイプのリスクへの対応が迫られるようになっている。

このようにリスクと一言にいっても、影響の可視性や複合性、科学的評価・予測の確実性などの点において多様であるが、一般的に、リスクとは被害の重大性(ハザード)と被害が発生する確率・可能性との積で表されるとされ

[※2] 本稿は、奥真美「予防原則を踏まえた化学物質管理とリスク・コミュニケーション－行政および企業の果たすべき責任」『環境情報科学』32巻2号(2003年)36～42頁、及び奥真美「環境リスク管理とリスクコミュニケーション」『環境法研究』(特集 環境リスク管理と予防原則)30号(2005年)70～83頁をベースとして、司法審査との関係に関する部分を加筆したものである。

る※3。これは実態としてのリスクを把握するための式であり，これだけをみるとリスクはあたかも客観的に把握可能であるかのような印象を受ける。しかし現実には，リスクの実態が完全には解明できない場合や，たとえそうできたとしても社会的な不安が払拭しきれない場合があり得る。すなわち，リスクという場合，①実態としてのリスクのほかに，②研究者や行政機関が安全性（不確実性係数）を考慮して想定するリスク，③人々が漠然と抱く不安として捉えるリスクの3種類を想定することができる※4。

したがって，環境リスクという場合も，これら3種類の捉え方があり得ることが前提となろう。その上で環境リスクとは，人為的活動によって環境に加えられる負荷が環境中の経路を通じて，健康や生態系に悪影響や被害を及ぼすといった環境保全上の支障を生じさせるおそれ（可能性）として定義される※5。さらに今日的な環境リスクの特徴として，科学的不確実性，影響の不可視性，影響が顕在化した場合の不可逆性，原因者と被害者との不一致性といった側面を有する場合が多分にあるということも指摘しておく。すなわち，今日の環境リスクの概念は，従来の環境規制（警察規制）が想定してきた「危険」概念の範疇には収まりきらないものとなっているのである。

2.2 社会的許容リスクとは

さて，様々な環境リスクのうち，ある時点において「社会的に許容され得るリスクである」と判断されたリスクが，その時点での「社会的許容リスク」となるといえる。この社会的許容リスクなるものが，上述した3種類のリスクのいずれに近いレベルに設定されるかはケースバイケースで異なってこようが，いずれにしても環境政策の展開にあたり当該レベルを最終的に判断するのは政策決定者である。そして，この政策決定者の判断が社会的に許容可

※3 例えば，菊間一郎「自治体とリスクコミュニケーション」『都市問題』94巻5号（2003年）40頁。
※4 これら3種類のリスクを指摘するものとして，中西準子・東野晴行編『化学物質リスクの評価と管理』（丸善株式会社，2005年）14頁。
※5 例えば，21世紀における環境保健のあり方に関する懇談会『21世紀における環境保健のあり方—化学物質の環境リスクへの対応を中心として』（1996年），平成9年版環境白書（総説・第2章 第3節2 化学物質の環境リスク対策の推進），大塚直『環境法』（有斐閣，2006年）213頁など。

能なものとなり得るためには，それに対して，科学的合理性のみならず，社会的な正当性及び合理性が付与されなければならない。それでは，いかなる要素をもって当該判断に対する社会的正当性・合理性は与えられるのであろうか。

　まず，社会的許容リスクの考え方が成り立つためには，その前提として，当該リスクを多少なりともとることが社会にとってのベネフィット（便益）をもたらし，なおかつ，このベネフィットが経済的・非経済的なコスト（費用や害悪）を上回るものである（と少なくともその時点においてはいえる）必要がある。こうした前提が成り立つか否かを見極めるとともに，許容され得る環境リスクのレベルと管理方法を決定し，実行していくプロセスにおいて，少なくとも以下のことが確保される必要があろう。すなわち，参加主体の多様性，意思決定に必要かつ充分な情報の開示・交流・共有，透明かつ公正な意思決定，選択肢の多様性といった要素が担保されてはじめて，環境リスクをめぐる政策判断に対する社会的正当性・合理性が付与されるものと考えられる[※6]。換言すると，意思決定ならびに実施の過程における広い意味でのリスク管理及びリスクコミュニケーションの在り方が問われるのである。

3　環境リスクの社会的管理
3.1　広義のリスク管理プロセス

　環境リスクをできる限り低減もしくは回避していくことは社会的な要請であり，そのためにリスク管理がなされることになる。リスク管理とは，例えば米国大統領・議会諮問委員会[※7]によると，「人の健康や生態系へのリスクを削減するための行動を確認，評価，選択し，実施に移すプロセス」であり，その目標は「社会的，文化的，倫理的，政治的，法律的な事項を考慮に入れながら，リスクを削減もしくは防止するための科学的に適切かつ費用対効果

※6　例えば，藤垣裕子「第12章　市民参加と科学コミュニケーション」藤垣裕子・廣野喜幸編『科学コミュニケーション論』（東京大学出版会，2008年）241頁は，ほぼ同様の要素を挙げている。
※7　The Presidential/Congressional Commission on Risk Assessment and Risk Management, Framework for Environmental Health Risk Management, Final Report, Volume 1, p.1 (1997).

に優れた統合された行動をとることにある」。ここにいうリスク管理とは，社会にかかわる様々な要素を考慮に入れながら，社会全体で環境リスクを低減又は回避していくことを目指して踏まれる一連のプロセスであり，これを環境リスクの社会的管理もしくは広義のリスク管理と呼ぶことができる。

さらに，同委員会は，このような広義のリスク管理のプロセスは次の六つの段階から成るとしている[※8]。

① **問題の明確化と関連付け**：人の健康や生態系に対する顕在化したもしくは潜在的な問題の抽出，問題の原因や影響等の全体像の把握，リスク管理の目的の見極め，リスク管理者の確認，関係者を関与させるプロセスの確立。

② **リスク評価**：人の健康や生態系へのリスクに関する定性的及び定量的な分析の実施，悪影響の性質・重大さ・回避可能性・予防可能性の検討，リスクの特徴付け，検討されたリスクの関係者による受け止め方や社会的・文化的な影響の分析。

③ **選択肢の検討**：既存のリスク管理方法や潜在的なリスク管理方法をめぐる幅広い選択肢の抽出，選択肢の効果・実施可能性・費用・便益の評価，意図しない結果や社会的・文化的な影響の見極め。

④ **意思決定**：意思決定にかかわる関係者の決定，リスク管理の目標に適した合理的な手段の選択。

⑤ **実施（狭義のリスク管理）**：できるだけ多くの関係者によるリスク低減に向けた取組みの実施。

⑥ **結果の検証**：モニタリング・疫学調査・費用便益分析・関係者との議論などによる実施の成果の検証，最新の知見を取り入れたリスク管理の見直し。

以上のうち①から④までは，問題とされるリスクについて科学的な知見に基づく評価に加え，科学的不確実性や人によって異なる見解の幅等を考慮に入れた包括的なリスクの特徴付けがなされて，これらの結果とともに社会経

※8　Ibid., pp.7-44.

済的な側面からの諸要素を勘案しながら具体的なリスク管理方法を決定するというPLANの段階にあたる。⑤は決定した措置を多様な関係者が実行に移すことによって実際にリスクを管理するDOの段階（これが狭義のリスク管理にあたる）であり、⑥は⑤のリスク管理の成果を検証してさらなる改善を図っていくというCHECK及びACTIONの段階として整理することができる。環境リスクを社会的に管理していくにあたっては、こうしたPDCAサイクルを通じて関係者とのリスクコミュニケーションを図っていくことが肝要となる。

3.2 リスク管理における予防原則の適用

また、欧州連合（EU）では、欧州委員会が「予防原則に関する委員会からのコミュニケーション」[※9]（以下、「委員会報告」）において、リスクの分析（analysis）に係る一連のアプローチを、①リスク評価（assessment）、②リスク管理、③リスクコミュニケーションからなるとしている。このうちリスク評価は、以下の要素から構成されるという。

① 危険の明確化（hazard identification）―人や環境に悪影響を及ぼし得る生物的、化学的、物理的な媒介物（agent）を明確化すること。

② 危険の特徴付け（hazard characterization）―定量的／定性的に、原因媒介物又はその行動に伴う悪影響の性質と度合いを明らかにすること。

③ 曝露の推定（appraisal of exposure）―媒介物に対する曝露の可能性（曝露源、経路、濃度、特徴など）とともに、人又は環境が危険から受け得る汚染又は危険の可能性に関するデータを定量的／定性的に評価すること。

④ リスクの特徴付け（risk characterization）―既に知られているか起こり得る環境や健康への悪影響に係る科学的不確実性、蓋然性、頻度及び

※9 CEC(Commission of the European Communities)(2000), COMMUNICATION FROM THE COMMISSION ON THE PRECAUTIONARY PRINCIPLE, COM(2000) 1 final, Brussels.

度合いを考慮しながら，起こり得るリスクの特性を定量的／定性的に推定すること。

　委員会報告は，このリスク評価の段階で，たとえリスクが完全又は定量的に把握されないか，あるいはリスクの影響が明確でない場合であっても，リスクの可能性があれば予防原則に基づくリスク管理がなされる必要があるとする。その一方で，同原則が恣意(しい)的な決定や過度の保護主義を正当化する理由として用いられてはならないことも強調している。

　リスク管理の段階においては，政策決定者が，リスク評価の結果を踏まえるとともに，行動を起こさないことがもたらし得る結果と科学的評価の不確実性，世論，費用対効果など様々な要素を勘案しながら，予防原則にのっとって行動を起こすか否かを決定する。その際，決定に至る手続きは可能な限りすべての利害関係者が早期の段階から参加できる透明性の高いものとすることが要求されている。もし何らかの行動をとることが決断された場合，予防原則にのっとって政策決定者がとり得る行動の範囲は極めて広く，司法審査に服する法的・規制的手法の採用のみならず，例えば，研究プロジェクトへの助成，製品等にともなう悪影響に関する情報の提供といった，非規制的な措置の導入も含まれるとしている。また，予防原則の適用例として，危険とみなされる物質については安全性が立証されない限りその使用を一般的に禁止し，安全性を証明する責任を事業者側に課す仕組みが，例えば薬品，農薬，食品添加物等の許認可制度として存在していることを紹介している。事業者に対する挙証責任の転換が予防原則を具体化した措置の一形態としてあることを指摘しながらも，その一方で，事前許認可手続きが存在しない分野においては，証明責任が事業者以外の主体（個人，消費者団体，行政等）に課される場合もあり得，主体の特定はケースバイケースでなされるべきであるとする。

　さらに，委員会報告は，リスク管理において何らかの措置を講じようとする場合，予防原則のみならず，他の諸原則も合わせて考慮する必要性を指摘している。他の諸原則とは，①比例原則——とられようとしているリスク削減措置が望ましい保全レベルに比例しており，より制限的でないものであるこ

とを求めるもの，②平等原則—類似の状況に対しては，同程度の保全レベルを達成するために同様の措置が適用され，逆に異なる状況下では，客観的な根拠のない限り違った対応がとられることを求めるもの，③一貫性の原則—とられようとしている措置が，既に類似の状況下でとられた措置と矛盾することなく一貫性を有していることを求めるもの，④作為・不作為に伴う便益と費用の検証—長期的・短期的両方の視点から，社会全体の費用に関し（経済的な費用便益分析にとどまらず，非経済的な側面も含めて），作為・不作為がもたらすであろうプラスとマイナスの結果との比較検討を求めるもの，⑤科学的発展の検証—科学的な知見の蓄積にともなってリスク削減のための措置が見直され，それを可能にするとともにより完全なデータを得るために継続的な科学的研究がなされることを求めるもの—である。

なお，これらのうち予防原則の適用に対して大きな制約となり得るのが，過剰な措置の採用を禁ずる比例原則である。これについては，後述する。

4　リスクコミュニケーションとリスク管理
4.1　リスクコミュニケーションとは

上でみたように，リスクコミュニケーションとは，環境リスクの社会的管理に係るプロセスの一部であると同時に，リスク管理の目標を達成するための重要な手段として位置付けられるものである。ところで，リスクコミュニケーションという言葉は，1970年代後半ごろからアメリカにおいて用いられるようになったといわれている。アメリカの環境・厚生行政では，1970年代にゼロリスク社会がいったんは目指されたが，その直後からゼロリスクの実現は不可能であることが認識され始め，むしろ科学的な不確実性の下での主観的な意思決定のプロセスをとおしたリスク管理の重要性が指摘されるようになった。そして，このプロセスにとっての必要不可欠な要素としてリスクコミュニケーションが位置付けられるようになった。

ただし，アメリカにおいてリスクコミュニケーションの意味するところ

は，時の流れとともに以下のように変化してきたとされる[※10]。第1段階（1975〜1984年）は，リスク評価やリスク管理を技術的側面から捉えて，専門的もしくは官僚的な用語を用いてもとにかくリスクに関する情報公開を行えばよいと考えられていた時期で，ここでは多様な関係者の存在は考慮されていなかった。第2段階（1985〜1994年）は，関係者の存在が意識されるようになったものの，その場合も特に被害を受けるおそれのある関係者を納得させるために必要なリスク情報の一部を，専門家から市民へと一方的に提供することに注力された時期であった。そして現在に至る第3段階（1995年以降）は，リスクにかかわる多様な主体が対等な立場で双方向の情報交流を行うことが基本とされている。

こうしてリスクコミュニケーションは，アメリカ国家調査諮問機関（NRC）の報告書[※11]が明らかにしているように，「個人，集団，あるいは組織の間における情報や意見の相互交換が積極的になされるプロセス」であり，「リスクの種類やレベル及びリスク管理の方法に関する議論」を含むものとして定義されるようになった。今日求められるリスクコミュニケーションとは，環境リスクに関する専門家から市民への一方的な説得型の情報発信などではなく，様々な関係者が対等な関係のもとにそれぞれの立場から情報や意見を出し合って，リスク管理の有り様についてともに議論を行っていく双方向のやりとりを伴うプロセスなのである。

4.2　リスクコミュニケーションが必要とされる背景

このような双方向型のリスクコミュニケーションが求められるようになっ

※10　Liess, William, "Three Phases in the Evolution of Risk Communication Practice," Annals of American Academy of Political and Social Science, No.545 (1996)pp.85-94. また，邦文献では，村山武彦「環境リスクをめぐる多様な主体間のコミュニケーション」『都市問題』93巻10号（2002年）71頁，織朱美「化学物質による環境リスクとリスクコミュニケーション」『科学と工業』Vol.78（2004年）18頁が，これら三つの段階について紹介している。このほか，1980年代初めから1990年代終わりまでを四つの段階に分けて紹介するものとして，Petts, Judith, et. al., Risk Literacy and the Public, Final Report for the Department of Health (2003)p.6.

※11　National Research Council, Improving Risk Communication (1989)p.21.

た背景として，以下のことが指摘できよう。第1に，環境リスクへの人々の関心や不安の高まりと相まって，自らの生活や健康に重大な影響を及ぼしかねない環境リスクをめぐる情報にアクセスするとともに，リスク管理を行政や専門家のみに任せておくのではなく自らそこに参加していくことが個人及びコミュニティーの権利として捉えられるようになってきたという，民主主義的な要請の出現がある。

　例えば，1984年に，アメリカ企業が出資していたインドのボパールにある農薬製造工場から有害物質が大量に漏出して，およそ3,000人の死者が出た事件などをきっかけに，アメリカでは地域住民の危機意識が高まりをみせた。これを受けてアメリカ政府は，1986年の「緊急対処計画及び地域住民の知る権利法」の制定[※12]や前述した1989年のNRCのリスクコミュニケーションに関する報告書の発行など，市民の「知る権利」意識の高まりに呼応して，より民主的なプロセスのもとでリスク管理を行っていくための対応を図った。

　他方，我が国では，近年，ダイオキシン類やいわゆる環境ホルモンといった化学物質をめぐる人々の不安が増大してきたことなどから，1999年のダイオキシン類対策特別措置法や化学物質排出把握管理促進法（PRTR法）の制定，2002年の環境省による自治体向けリスクコミュニケーションマニュアル[※13]の策定などがなされた。アメリカと日本の対応時期には10年ほどの差があるが，いずれも人々の「知る権利」意識が高まれば高まるほど，環境リスクにかかわるものも含む環境情報開示とリスク管理過程への実質的な参加機会の充実に向けた対応の必要性が増すことを物語っている。

　第2に，環境リスクに関する情報をめぐっては，しばしば見解の一致をみることが難しく，議論が多いために，あらゆる関係者による意見交換をとおして，問題とされるリスクの性質，程度，深刻さなどを，科学的側面のみならず社会的，経済的，文化的，倫理的，法的な側面からも見極めていく必要

[※12] これについては，東京海上火災保険株式会社編『環境リスクと環境法（米国編）』（有斐閣，1992年）216～237頁に詳しい。
[※13] 環境省『自治体のための化学物質に関するリスクコミュニケーションマニュアル』（2002年）。

があることがある。行政や事業者という特定の主体が，意思決定にあたり重要なすべての情報を把握しているとは限らず，地域特性や市民ニーズなどについて見落としている観点があるかもしれない。こうした不完全な情報をより充実させていく上で多様な主体間での意見交換は不可欠となる。

また，今日的な環境リスクのようにそもそも科学的知見が充分ではない場合もある。たとえ科学的評価が可能であったとしても，科学者や専門家が提供する当該情報をその意図どおりに受信者である一般市民が理解するとは限らない。既述のように，人々が認識する環境リスクは，必ずしも科学的なリスク評価に基づく実態としてのリスクとは一致せず，どのようにリスクを受け止めるかは，その人の知識，経験，立場などによって異なってくるのである。

さらに，人々がリスクをより強く感じるのは，非自発的なリスク，影響が偏在する不公平なリスク，個人の予防措置によって回避不可能なリスク，あまり知られていない発生源からのリスク，人為的なリスク，表面化せず不可逆的な影響を及ぼすリスク，小さな子供・妊婦・将来世代に影響をもたらすリスクなどの場合であるという指摘がある[※14]。科学的な評価が，それのみで社会的な正当性を有し得るわけではない。科学的な根拠の不備は，情報公開とリスクコミュニケーションを経て形成された社会的な合意とそれに基づく政策的判断という社会科学的なアプローチで補うほかはないのである。総じて，人々がより強くリスクを感じる不確実性，不公平性，不可視性，不可逆性が高い環境リスクほど，リスクコミュニケーションの必要性は高まるといえよう。

第3に，上述の点と密接に関連するが，環境リスクの性質，程度，深刻さ，当該リスクを回避・低減する／しないことにともなうメリット，デメリット，コストなどを考慮しながら，禁止・制限といった直接規制的手法から，枠組み規制的手法，手続き的手法，経済的手法，情報的手法，自主的管理手法まで，規制の程度・効果・費用がそれぞれ異なる多岐にわたる選択肢のなかか

※14 UK Department of Health, Communicating about Risks to Public Health: Pointers to Good Practice (1999)p.5.

ら，予防原則を適用しつつその時点で最善の措置もしくはそれらの組合せを見極めて，具体的なリスク管理の方法を最終的に特定していく必要があるということがある[※15]。

そもそもゼロリスクはあり得ないということが理解されなければならないが，では，どこまでのリスクであれば許容できるのか，許容可能なレベルや範囲にリスクを抑制するためにいかなる措置を講じていくのかについて，関係者の充分な議論がなされていないのであれば，最終的に決定される措置自体も正当性や合理性を欠くものとなってしまう。充実したリスクコミュニケーションを経た上でリスク管理方法が決定されたのであれば，当該意思決定にかかわったすべての主体はその実施と結果について責任を共有することにもなるといえよう[※16]。

4.3 リスクコミュニケーションの目的と意義

リスクコミュニケーションは，相手を納得させるためや関係者間で合意に至ることを目的としてなされるのでは決してないことに注意する必要がある。もちろん合意形成がなされればそれに越したことはないが，リスクコミュニケーションの目的は，第1に，関係者が相互に情報を共有，提供，説明し合い，意見交換を行うことで，政策決定者が用いる情報の正確さの基盤を向上又は増大させること，第2に，入手可能な知見の範囲内で関係者全員が問題や行動に関する情報提供を充分に受けたと満足すること，第3に，関係者が相互の理解と信頼のレベルを向上させることにある[※17]。

リスクコミュニケーションによって，意見や認識の違いもしくは対立的な関係が解消されるには至らなくとも，これら3点がある程度達成されたならば，リスクコミュニケーションは成功したといえる。ただし，リスクコミュ

[※15] 環境管理のための手法については，浅野直人「環境管理の非規制的手法―国内法を中心として」大塚直・北村喜宣編『環境法学の挑戦』（日本評論社，2002年）142～154頁に詳しい。

[※16] この点を指摘するものとして，前掲※10・村山論文，84頁。

[※17] 前掲※11のNational Research Councilの報告書のほか，㈳日本化学会リスクコミュニケーション手法検討会・浦野紘平著『化学物質のリスクコミュニケーション手法ガイド』（2001年）などを参照。

ニケーションが成功したか否かのより具体的な判断は，それがなされた目的がどこにあったのかによってなされることになる。例えば，特定の化学物質に関する人々の注意を喚起して各人の自主的対応を促すことを目的としていたのであれば，リスクコミュニケーションによって人々の不安が増幅されたことをもって成功とみなされよう。

次に，リスクコミュニケーションを推進していくことで，いかなるメリットが期待できるのであろうか。第1に，環境リスクに関する情報を関係者間で共有できるようになること，第2に，各関係者の考え方を互いに理解することをとおして信頼関係が醸成されて，いわゆるパートナーシップの構築につながること，第3に，知識が増進されて，リスクの低減・回避に向けて各関係者がとり得る行動の周知が図られ，個々人が自身の利益もしくは公益を守るために自己の判断のもとに行動できる余地が拡大すること，第4に，コミュニケーションの成果が意思決定に反映されることにより，不当・違法な意思決定を監視，防止又は是正すること，第5に，リスク管理を展開していく上でのリソースの限界と選択肢の見極めの困難さに対する認識が深まることで，意思決定をめぐる不確実性を低減するとともにリスク管理の実効性を高め，さらにはリスク管理の結果をめぐる後々の紛争の回避につながり，長期的には時間と費用の節約にもなることなどが考えられよう。

以上のようなメリットは，環境政策における市民参加に期待される役割と重複する部分が多い[※18]。それにもかかわらず，環境リスク管理の文脈においては，「市民参加」ではなく「リスクコミュニケーション」があえて語られるのは，市民参加の名のもとに行われている取組みが，行政や専門家からの一方的な情報提供であったり，市民から意見を聴取したりするだけの形式的なものに終わり，そこには関係者間の双方向型のコミュニケーションが成立していないことが依然として多いからであると思われる。しかし，これでは環境リスクの適切な社会的管理にはつながらない。すなわち，リスクコミュ

※18　市民参加の機能や意義については，例えば，北村喜宣「自治体環境管理と市民の役割」『都市問題』86巻10号（1995年）83～84頁，大久保規子「市民参加と環境法」大塚直・北村喜宣編『環境法学の挑戦』（日本評論社，2002年）94～95頁。

ニケーションの概念は，環境リスク管理における市民参加充実への要請として登場してきたといえる。

5 社会的許容リスクと司法審査

さて，上に整理してきたようなプロセスを経て決定された社会的許容リスクのレベルと行政措置をめぐって，訴訟が提起されるとしたらいかなる場合であろうか[19]。また，司法審査において，リスクレベルをめぐる政策判断ならびに行政措置の違法性が認められる可能性はあるのか。以下，簡単に考察を試みる。

5.1 訴訟を提起する主体ごとの整理

まず，ある時点において決定された社会的許容リスクのレベルと行政措置が過小であり，そこに違法性が認められるとして，行政措置によって保護される主体（規制による受益者）が訴訟を提起する場合が考えられる。この場合，さらに二つのケースに分けられる。一つは，リスクもしくは被害が顕在化する以前の段階において，国等を相手取って義務付け訴訟もしくは取消し訴訟が提起されるケースである。もう一つは，後に判明したリスクのレベルが当初想定されたものよりも大きく，したがって充分な行政措置が講じられなかったために実際に損害が発生してしまったため，その被害者によって国家賠償請求がなされるケースである。

他方，社会的許容リスクのレベルと行政措置が行き過ぎであるとして，行政措置の対象となる主体（被規制者）が訴訟を提起する場合が考えられる。この場合も，さらに二つのケースに分けられる。一つは，実際のリスクや被害の程度が明確になる以前の段階において取消し訴訟が提起されるケースである。もう一つは，実際のリスクのレベルが当初想定されたものよりも小さかったことが後に判明し，したがって当初の行政措置が行き過ぎであったと

---

[19] ただし，司法審査の対象となり得るのは，裁判所法第3条第1項にいう「法律上の争訟」に限られることはいうまでもない。すなわち，当事者間の具体的な権利義務ないし法律関係の存否に関する紛争であって，かつ，それが法令の適用により終局的に解決できるものに限られる。

いう理由から，取消し訴訟もしくは国家賠償請求訴訟が提起されるケースである。

5.2 訴訟形態ごとの整理[※20]
(1) 取消し訴訟

取消し訴訟の提起には，対象となる行為が「行政庁の公権力の行使」にあたり，すなわち処分性を有するものでなければならない。したがって，リスクレベルの設定行為のみでは，抽象的な規範の定立行為にとどまり，国民の権利利益に直接的具体的な効果を生ずる可能性は低く，訴訟の対象となることは原則としてないといえよう。例えば，環境基準を緩和する告示の取消しが争われた事件[※21]においては，環境基準の告示の処分性が否定されている。

では，設定されたリスクレベルを受けて，処分性を伴う具体的な行政措置が講じられることとなり，被規制者に対して課された一定の行為（作為又は不作為）をめぐる取消し訴訟についてはどうであろうか。まず，被規制者による訴訟提起の段階としては，科学的知見の充実も含めてリスクがある程度顕在化する前か後かに分けることができる。リスク顕在化以前の段階においては，科学的不確実性の存在を前提として予防的観点に立ったより厳格な措置が講じられることが想定されるが，この場合，特に比例原則に照らして，当該措置の違法性が問題とされ得る。そして，リスク（もしくはその程度）がある程度科学的に明らかとなった後においては，科学的知見を踏まえての迅速な対応や措置の見直しがなされたか否かが，違法性の有無を判断する重要なポイントとなろう。

また，被規制者（処分の名宛人）以外の第三者（規制の受益者）が，当該行政措置がリスク回避には充分でなく違法であるとして訴訟を提起する場合には，「法律上の利益」を有する者としての原告適格がそもそも認められる

※20 松村弓彦・柳憲一郎・荏原明則・小賀野晶一・織朱實『ロースクール環境法』（成文堂，2006年）303頁以下，前掲※5・大塚『環境法』568頁以下を主に参照。
※21 東京高裁昭和62年12月24日判決。平岡久「二酸化炭素環境基準告示取消請求事件─環境基準（告示）の処分性」『環境法判例百選』（別冊ジュリスト No.171）28～29頁。

か否かが問題となる。行政事件訴訟法の平成16年改正により，第三者の法律上の利益の有無を判断するにあたっては，当該処分の根拠規定の文言のみによることなく，当該法令の趣旨・目的，当該処分において考慮されるべき利益の内容・性質，関連法令の趣旨・目的，根拠法令に違反して処分がなされた場合に害されることとなる利益の内容・性質・被害の態様・程度をも勘案することとされた（行訴法第9条第2項）。これにより，原告適格の範囲が従来よりも柔軟に広く解されることとなったとみることができ，例えば，小田急連続立体交差事業認可処分取消し訴訟の最高裁判決[22]は，本改正の趣旨に沿ったものとして位置付けられる[23]。そして，第三者の原告適格が認められたとして，行政措置が過小であることの違法性が認められるか否かについては，その時点での科学的知見も含む多様な配慮事項の考慮に加えて，判断に至るまでのプロセスに左右されるといえよう。

(2) 国家賠償請求訴訟

国家賠償請求訴訟が提起され得るケースとしては，規制権限の不行使もしくは不充分な行使によって，規制による受益者である第三者が損害を被ったとする場合と，規制権限の行使がリスク回避に必要な程度以上になされた結果として，被規制者が過度な規制による損害を被ったとする場合とに大別できる。いずれの場合も，国又は公共団体の「公権力の行使」（これには不作為や行政指導も含まれる場合がある）の故意又は過失によって違法に加えられた損害が賠償の対象となり，違法性が認められるためには，危険の予見可能性や結果の回避可能性，及びこれらを前提とした注意義務違反の存在など

---

[22] 最大判平成17・12・7裁時1401号2頁，森英明「小田急訴訟大法廷判決の解説と全文」ジュリスト（No.1310）41〜59頁。

[23] なお，本判決では，藤田宙晴裁判官の補足意見において，周辺住民に対して行政が負う「リスクからの保護義務」という考え方を示して，周辺住民の原告適格を容認する根拠としている点が注目されているところである。ただし，ここにいう「リスク」は，定義が明確にされてはいないものの，具体的な悪影響や被害の程度がある程度予測可能な，従来でいうところの「危険」概念に近いものと思われる。また，行政に課される「リスクからの保護義務」は，一般法を含む法的根拠を前提として導き出されているという点において，限定的ではある。この「リスクからの保護義務」論をさらに発展させて，より不確実性をともなうリスク概念やそれへの行政措置のあり方を検討していく意義は大いにある。

が必要とされる。したがって、その時点における予見可能性や回避可能性を見極めることが困難なリスクについては、国等の賠償責任が認められる可能性は低いこととなろう。

(3) 義務付け訴訟

　義務付け訴訟は、平成16年の行政事件訴訟法改正により新たに規定された（第3条第6項、第37条の2、第37条の3）。同法が規定するそれは、申請に対する処分を求める義務付け訴訟（第3条第6項第2号。「申請型義務付け訴訟」と称される）とその他の義務付け訴訟（第3条第6項第1号。「直接型義務付け訴訟」と称される）に分かれるが、行政措置によって保護される第三者がさらなる規制権限の行使を求めて提起する訴訟は後者にあたる。

　直接型義務付け訴訟は、「一定の処分がされないことにより重大な損害を生ずるおそれがあり、かつ、その損害を避けるため他に適当な方法がないときに限り」提起することができるものであり、裁判所は、「重大な損害を生ずるか否かを判断するにあたっては、損害の回復の困難の程度を考慮するものとし、損害の性質及び程度ならびに処分の内容及び性質をも勘案するもの」とされ、「行政庁がその処分をすべきであることがその処分の根拠となる法令の規定から明らかであると認められ又は行政庁がその処分をしないことがその裁量権の範囲を超え若しくはその濫用となると認められるとき」には、当該処分をなすべき旨を行政庁に命ずる判決を下すとされる。原告適格に関しては、取消し訴訟の場合と同様である。以上のことから、義務付け訴訟が提起される場合は、極めて限定されており、そもそも科学的不確実性を多分にともなうリスクをめぐっては、行政庁に対して規制権限の発動が命じられることは想定しにくいといえよう。

6 おわりに

　社会的許容リスクのレベルならびにそれに対応するための行政措置をめぐっては、行政がその時点で相当の注意を尽くし、当時の最新の科学的知見や技術水準に基づいて決定したとすれば、違法性は排除されるものと考えら

れる[24]。また，行政による権限の行使・不行使についても，科学的不確実性をともなうリスクの性質上，行政の裁量は拡大せざるを得ず，どのレベルにリスクを想定するのか，それに基づきいかなる措置を講じるかの最終的な判断は行政に委ねられているといえる。

例えば，欧州理事会による飼料に含まれる特定の添加物の使用許可取消しをめぐりアメリカの大手医薬品企業のファイザーが提起した訴訟において，欧州裁判所は次のように判示している[25]。「科学的不確実性に直面している共同体の諸機関は，予防原則に照らして，人の健康に対する現実の又は深刻なリスクが完全に明らかになるのを待つまでもなく，保全措置を講じる権限を有している。そうした状況においては，共同体の諸機関に対してリスクの現実性に関する確実な科学的証拠を提供するリスク評価は要求されず，起こり得る悪影響の深刻さはリスクが現実のものとなることにある。完全な科学的リスク評価の実施が困難であるという事実は，管轄機関が人の健康に対する社会的に許容できないレベルのリスクを防止するのに不可欠な措置であると判断した場合には，必要であれば極めて短い周知期間をもって，当該措置を講じることを妨げるものではない。各ケースの状況に応じて，社会にとって適切と思われる保護のレベルを見極めるのは，管轄機関である。」

行政は，環境リスクを社会的に管理していくにあたり，市民，事業者，その他の利害関係者といった様々な主体に対して意見表明と参加の場を保証する透明性の高い手続きを用意して，リスクをめぐる不確実性，許容可能なリスクレベル，とられるべき措置等について，適切かつ充分な情報公開のもとに，コミュニケーションを図っていく機会を確保する責務を有する。以上のことを経て，最終的な意思決定は行政が行うわけであるが，その際，予防の観点に立つならば，行政は対策を講じるにあたり消極的になりすぎてはなら

---

[24] 大塚直「予防原則・予防的アプローチ補論」『法学教室』313号（2006年）75頁は，科学的不確実性のある状態で行政が介入した後に，その対象となったリスクが極めて小さいか，存在しないことが判明し，国家賠償訴訟，取消訴訟が提起された場合，「行政がその時点で相当の注意義務を尽くし，行為当時の最新の科学技術の水準に基づいて決定したとすれば違法とはされず，国は免責される」とする。

[25] Case T-13/99 Pfizer Animal Health v. Council (2002)ECR II -3305, para. 114 -153

ない。むしろ不確実であるからこそ，後に不可逆的な悪影響が健康や環境に及んで後悔することのないように，バッファーゾーンを設ける意味でも，少々過剰と思われる措置も許されるべきであろう。比例原則を踏まえれば過剰な措置は許容されないことになるが，こうした「過剰な措置禁止の原則」は「過小な措置禁止の原則」に置き換えられるべきであるとの指摘が多くみられるようになっている[※26]。同時に，環境基本計画や生物多様性基本法において示されたように，後の科学的知見の向上や新たな事実の判明などを踏まえて，柔軟に措置の見直しを図っていくという順応的な管理がなされることも重要である。

最後に，環境リスクの社会的管理は，行政と事業者もしくは規制する側と規制される側との二面関係ではなく，そこに国民や住民といった第三者もしくは規制による受益者も含めた三面関係[※27]，さらにはリスクコミュニケーションにおいて想定される多様な主体を考えれば多体問題的な関係を前提として行われる必要があることを強調しておきたい。

※26　阿部泰隆「裁量収縮論の擁護と水俣病国家賠償責任再論」淡路剛久・寺西俊一（編）『公害環境法理論の新たな展開』（日本評論社，1997年）135～152頁，原田尚彦『行政法要論』（学陽書房，2000年）410頁のほか，宇賀克也『行政法概説Ⅰ・第2版』（有斐閣，2006年）47～48頁は環境・安全規制等の領域において，比例原則を適用して規制に消極的になることは，規制により利益を受ける者の期待に反し，これらの利益を損なうおそれがあるとする。

※27　三面関係で捉えることの必要性を指摘するものとして，前掲※26・宇賀『行政法概説Ⅰ』48頁のほか，大橋洋一「リスクをめぐる環境行政の課題と手法」『リスク学入門3―法律からみたリスク』（岩波書店，2007年）57頁以下。

第4章
志田慎太郎

環境規制と環境ビジネスリスク

1 はじめに

　地球温暖化をはじめとする地球環境問題が，世界の人々にとってその生存を脅かすほど深刻さを増し，いわば「人類が直面する究極のリスク」になりつつある。こうした中，その技術力により問題解決能力を持つ存在である企業に対する期待がますます高まっており，環境問題にいかに対応するかが企業にとって経営上の重要課題になってきた。同時に，問題の大きさに比例する形で社会の企業をみる眼も厳しくなっており，環境への対応を誤ると場合によっては経営を揺るがす問題になる可能性も出てきている。環境問題は，企業にとってビジネス上の大きなリスクとして考慮しなければならない時代になってきたといえる。

　環境問題に関連する企業のリスクといえば，過去においては環境汚染事故や公害問題がその中心であった。こうした事態により環境汚染や人の健康被害を発生させると，企業は汚染処理費用や被害者に対する損害賠償責任の負担などによる損失を被る。特に，1960年代の四大公害訴訟は被告企業に大きな経営的打撃を与えた。これらの教訓から，1970年代以降強化された大気，水質を中心とした環境規制に対応し，各企業は積極的に公害防止装置等の設備投資を進めその発生防止に努めた。その結果，我が国では公害は急激に影を潜めた。

　しかし，企業の環境に関するリスクはこれでなくなったわけではない。環境問題が都市環境問題，地球環境問題と拡大するにつれ，企業の立場からもこれらの解決に向けた努力が必要となってきた。規制が強化され，また社会

の環境意識が高まりをみせると,これらに的確に対応できない企業は事業の存続も危うくなる。このように環境規制や社会の意識がビジネス上大きなリスクとなってきており,企業経営にあたって広い視野で環境問題に対応する必要が出てきている。

　本章では,こうした問題意識をもとに,主として規制と環境ビジネスリスクについて事例を交えながら論を進めたい。

2　環境ビジネスリスク
2.1　環境リスクと環境ビジネスリスク

　リスクとは損失や悪影響など好ましくない事態の発生可能性をいうが,ある主体にとってリスクと認識される事態も,別の主体にとってはむしろプラスになることもある相対的な概念である。一般に,環境リスクは環境への悪影響と理解されており,ここでのリスクの主体は人や生態系である。すなわち,定義の一例を挙げれば,環境リスクとは「人の活動によって環境に加えられる負荷が環境中の経路を通じ,環境の保全上の支障を生じさせるおそれをいい,人の健康や生態系に影響を及ぼす可能性を示す概念」[※1]となる。

　これに対し,本書のテーマとなっている環境ビジネスリスクは企業の立場からリスクを捉えた概念で,環境リスクを引き起こす主体である企業が,事業を遂行する上で環境に関連して被ることのある損失の発生可能性と理解される。通常は経済的な側面のみ考慮しており,この中には環境リスクの現実化が引き起こすもの,例えば環境を汚染する事故や公害によって周辺に環境被害を及ぼし人の健康や生態系に影響を与えた結果,その対策のための費用や責任を負担するといった典型的な例がある。

　しかしながら,企業が環境に関連して被る損失はこうした例にとどまらない。環境問題の概念が公害問題から都市環境問題,地球環境問題に拡大するにつれ,企業の環境とのかかわりも複雑化し,従来とは別のリスク要因が生

※1　環境省環境保健部環境安全課「自治体のための化学物質に関するリスクコミュニケーションマニュアル」(2002年) 用語の解説1頁

まれてきたため，必然的にビジネスリスクの概念にも変更を迫っている。すなわち，単に事故や公害といった人や生態系への環境リスクを伴う現象だけでなく，企業が事業活動を遂行し経営判断を行う過程で環境問題に関して生じることのあるマイナスの事象は，今日，すべて企業の環境ビジネスリスクと考えられるようになってきた。

2.2 旧来の環境ビジネスリスク要因

企業の環境ビジネスリスクが現実化する形態は様々であるが，まず古くからある典型的な類型から述べることとする。

(1) 環境汚染事故

環境汚染事故とは，施設の火災・爆発，装置の破壊，船舶の座礁などによって有害化学物質，油などが隣地や大気，河川，海洋等に流出する事故のことで，一時的・突発型の環境リスクである。企業がこのような事故により土地や大気，水質の汚染を引き起こすと，自社の設備等に被害を受け修復の費用を要するだけではなく，汚染した周辺環境の回復義務を負う。このため，その費用や被害者に対する賠償責任を負担することになり，これらが環境ビジネスリスクの内容となる。ここでは，環境リスクの現実化が環境ビジネスリスクをもたらすという図式になっており，環境リスクと環境ビジネスリスクがいわば一体となり発生する。

世界的にみると，環境汚染事故が発生した結果，企業が損失を被る例は数多い。事故の規模が巨大になれば，地球環境にとって大きな損失となると同時に，場合によってはそれを引き起こした企業を存亡の危機に陥らせる。例えば，1984年にインドのボパールで発生した米国大手化学会社Union Carbide社現地法人が運営する化学工場の毒物の漏出事故は，環境汚染事故としては史上最悪の約4,000人の死者を含む数十万人もの被害者を出した。同社はこの事故に関して被害者側から損害賠償請求訴訟を提起され，和解して約5億ドルの賠償金を負担した。そして，この事件をはじめとする多くの負債を抱えた結果，2001年にダウ・ケミカル社に買収されてしまった。

また，1989年のアラスカ沖における原油タンカーExxon Valdezの座礁

表1　環境汚染事故の被害と企業の損失例

事故年月	事故の概要	損失の内容	損失額
1984年12月	インド・ボパールの化学工場の毒物漏出事故	死亡者約4,000人を含む被害者への損害賠償	約5億ドル
1989年3月	アラスカ沖原油タンカーの座礁による油濁事故	流出原油除去費用，漁民等への損害賠償，懲罰的損害賠償	約35億ドル
1999年9月	茨城県東海村の核燃料加工会社施設の臨界事故	作業員2名が死亡（労災責任），住民・地元企業への損害賠償	約150億円

（注）損失額は各種資料により筆者推定

による油濁事故は付近の生態系を根底から覆すほど深刻な事態を引き起こした。Exxon社はこの事故により，莫大な原油除去費用を負担すると同時に漁民等に対する損害賠償等で計約30億ドルの負担を余儀なくされ，経営的にも大きな打撃となった。さらに，懲罰的損害賠償額を巡る訴訟が尾を引き，事故後約20年を経てようやく約5億ドルに決着するなど，事故の影響は長期間に及んだ。

　我が国では，1974年に発生した岡山県水島の製油所原油流出事故が環境汚染事故の代表例である。この事故により，企業は海上に流出した原油の回収や漁業権の補償など多額の損失を被った。また，原子力という特殊な事例であるが，1999年に茨城県東海村の核燃料加工会社の施設で初の臨界事故が発生した。この事故では，原因となった企業は事故後住民や風評被害を受けた地元企業などから損害賠償請求を受け，巨額の賠償金を支払うなど大きな損失を被ることになった。そしてずさんな安全管理を問われ，国の事業許可の取消しという行政処分を受けた結果，その後事業の再開を断念するに至った。環境汚染事故が企業の存続に影響を及ぼした一例である（表1）。

　もちろん，環境汚染事故はこのような規模の大きいものだけではない。日常的にも，操業中に有毒ガスが漏れ大気に拡散し異臭が発生した，配管の接続を間違えたため排水に有害物質が混入し公共水域に流れ込んだなど，大事には至らなくとも各種の環境汚染事故は発生している。その意味で，企業が操業する現場では常に注意しなければならないリスクといってよい。

表2　四大公害訴訟

	提訴年月 (一審判決年月)	概　要
新潟水俣病	1967年6月 (1971年9月)	化学会社の排水に含まれる有機水銀に汚染された魚類を摂取したことによる有機水銀中毒，被害者約700人，第1次訴訟判決2億7,000万円，第2次訴訟判決5億8,000万円
四日市喘息	1967年9月 (1972年7月)	石油化学会社の排出した大気汚染有害物質による呼吸器疾患，被害者約1,000人，判決約9,000万円
イタイイタイ病	1968年3月 (1971年6月)	鉱業会社から河川に排出されたカドミウムに汚染された農作物，飲料水等によるカドミウム中毒，被害者約200人，損害賠償金約23億6,000万円
熊本水俣病	1969年6月 (1973年8月)	化学会社の排水に含まれる有機水銀に汚染された魚類を摂取したことによる有機水銀中毒，被害者約14,000人，損害賠償金約11億8,000万円

(出典) 新潟県HP，四日市市HP，昭和49年度環境白書等

(2) 公害

　公害は，日常の操業に伴い有害化学物質が継続的に大気や水域・土壌などに排出され，周辺環境が汚染される結果生じる悪影響である。環境汚染事故が一時的・突発型であるのに対し，公害は徐々に進行する継続的・蓄積型の環境リスクといえる。

　環境基本法は，公害として大気汚染以下の典型7公害を挙げている（環境基本法第2条）。公害によって人の健康や生活環境に被害が生じると，企業はこれを避けるため公害防止装置等の出費を余儀なくされるとともに，被害者に対し損害賠償責任を負担しなければならない。これが公害に伴う環境ビジネスリスクであり，四大公害訴訟で関係企業が負担した各種の費用がその典型例である（表2）。

　その後，環境規制が厳しくなるとともに企業の環境意識も高まり，今日では従前のような公害はあまりみられなくなった。特に大気や水質の汚染への対策は進み，これらの汚染が汚染源対策をとれば時間とともに拡散することもあって，問題は比較的早く解消した。この結果，次第に公害に起因する環境ビジネスリスクも小さくなった。もっとも，大規模な公害は減少してきた

表3　都道府県の処理した公害苦情件数（2007年度）

	苦情件数計	内, 経常的な発生（注）
公害計	59,328	12,982
大気汚染	22,250	3,161
水質汚濁	8,078	977
土壌汚染	227	29
騒音	15,144	5,273
振動	1,874	399
地盤沈下	28	7
悪臭	11,727	3,136

（出典）公害等調整委員会「平成19年度公害苦情調査」表17 被害の発生態様別典型7公害の都道府県直接処理件数
（注）工場操業などに伴いほとんど常時発生する「経常的な発生」をいう。

とはいえ，日常的に住民から寄せられる苦情は後を絶たない。表3は，都道府県の処理した公害苦情を種類別にみたものである。これによると，工場操業に伴って常時発生する公害だけでも年間1万件を超えており，特に工業地域の都市化が進めば必然的に生じると考えられる騒音，悪臭など解決が容易でない問題が多くみられる。

さらに，公害型の環境リスクの中でも，土壌汚染だけは汚染源対策を終えても問題が解決しない点に注意が必要である。なぜなら土壌汚染は，性質上，自然には消滅せず，土中に長く蓄積するからである。現在では有害物質とされているものも古くはその危険性が認識されておらず規制もなかったため，工場等の敷地にこれらが廃棄されていた。この結果，我が国でも潜在的に相当の土壌汚染が存在すると推定されている。

土壌汚染が原因で人の健康被害等が発生する例が海外ではかなり多く報告されているが，我が国では1973年に東京都の六価クロム土壌汚染事件が社会的に注目を集めたものの，その後あまり大きな事件は発生していなかった。しかし，最近工場の宅地への転用などの動きにより汚染が顕在化し始めている。特に，2003年2月に土壌汚染対策法が施行され，社会的に土壌汚染問

題がクローズアップされるとともに調査も進み，判明例が急増している。公害型の土壌汚染のリスクがどのようにビジネスリスクにつながるかについては，規制との関係で後述することとする。

3 国の環境規制とその水準
3.1 国のリスク管理

環境を含む人の健康にかかわる分野において，被害が発生しないようリスク管理をどのように図るかは当該企業だけではなく国の大きな課題でもある。特に，公害をもたらす有害化学物質の排出にかかる規制や基準の設定について，何に対してどの水準で規制するかは国に期待される分野であり，その際科学的知見に基づくべきことに異論はないと思われる。しかし，科学はすべてのリスクを解明できておらず，知見の進んだ分野でさえ不確実な部分が残る上，規制には多様な要因が絡むため，現実には法政策において充分に合理的なリスク管理はできていない。

例えば，21世紀になって改めて社会的に大きく取り上げられるようになったアスベスト（石綿）の問題がその典型である。欧米では，1970年代からアスベストに基づく石綿肺，肺がん，中皮腫等の被害が多発したことはよく知られており，科学的には古くからその有害性が明らかになっていた。特に，建設，造船等の労働者にこれらの疾病が多く，労働衛生におけるリスク管理が不充分であることが当時から問題となっていた。我が国でも同時期にその危険性は認識されており，労災保険では1978年には職業性疾病として認定されていた[※2]。しかしながら，工業用材料としてのアスベストの価値は大きく，代替の困難な製品も多かったこともあって規制は遅れがちであった。

一方，対照的な事例として，食品分野におけるBSE（牛海綿状脳症）問題がある。よく知られるように，政府は2001年の事例発生後，人々の安心を取り付けるため全頭検査を実施することにより解決を図った。しかし，食

※2　労働省労働基準局長通達第584号「石綿曝露作業従事労働者に発生した疾病の業務上外の認定」（1978年10月23日）

の安全の観点からとはいえ，やや過剰とも思われるこの方法が果たしてリスク管理として妥当かどうかが社会的・政治的問題になった。特に，米国産牛肉の輸入禁止に絡んで，米国は我が国の措置を「国際基準をはるかに超えた日本の全頭検査は科学的でない」と主張し，ここに日米におけるリスク管理の考え方の相違が明らかになったが[※3]，振り返ってみれば結果としても米国の考え方が合理的であったことが示されている。

　米国流のリスク管理の考え方は人の健康にかかわる分野すべてに共通しており，環境分野においても大いに参考になると思われるので，次にその一端を紹介する。

3.2　米国における環境規制水準

　米国では，1980年代から環境分野においてもリスク評価とリスク管理の枠組みが構築されており，科学的知見をもとにしたリスク評価を基礎にコスト，経済的影響，技術的可能性等の要素を総合的に勘案して政策が決定される。

　例えば，大気浄化法（Clean Air Act）上，有害大気汚染物質対策については，まず有害物質の排気を抑える厳しい技術基準を設定する。その上で，その後も残るリスクを科学的に評価し，一定の生涯発がん確率を超えた場合さらに厳しい排出規制を実施するという形でリスク管理の枠組みが明確に法定されている。実務上は，規制を開始する発がん確率をどの水準に設定するのが適当であるかが問題となる。この点について米国環境保護庁は，リスクの受容性は様々な要素・条件により一律でないとしつつも，国民の健康を保護する観点から，各種先例を考慮し生涯リスクの上限を確率にしておよそ1万分の1（10^{-4}）と設定し，最も影響を受ける個人でもこの水準以下に抑えるよう規制することとした。一般に有害大気汚染物質によるリスクがこの水準を超えると，他の健康リスクと比較して社会的受容性は低くなり受け入れられないと判断したためである。

[※3]　米国通商代表部，"Foreign Trade Barriers"（2002）p.224

表4 米国の各種環境規制におけるリスク管理水準

法律	リスク対象	受容リスク水準
有害物質規制法	労働者，消費者，一般人	言及されていないが，通常，労働衛生 10^{-4} 〜 10^{-5} それ以外 10^{-5} 〜 10^{-6}
安全飲料水法	不特定	10^{-4} to 10^{-6} が適当範囲
水質浄化法	不特定	10^{-5} to 10^{-7}
資源保護回復法	有害廃棄物施設周辺住民	法対象とする基準 10^{-5} 是正措置 10^{-4} 〜 10^{-6} 焼却 10^{-5}
スーパーファンド法	サイト（汚染土地）周辺住民	サイトの将来の用途に応じて，10^{-4} to 10^{-6}
大気浄化法（有害大気汚染物質）	発生源周辺住民	$<10^{-6}$

（資料）Risk Assessment and Risk Management in Regulatory Decision-Making (Draft report for public review and comment 1996, Appendice 6: Federal Agency Risk Assessment and Risk Management Practices) の一部を抜粋省略，筆者作成

　同様な観点から，米国の各種環境規制法においてリスク管理水準がどうなっているかを調べたものが表4である。法律により保護の対象に違いもあり水準は一律ではないが，全体として一般に 10^{-4} から 10^{-6} の範囲に集中しており，米国ではこのレベルが規制の目標として適切である，すなわちこの確率であれば他のリスクと比べても社会的に受容しうる水準であるという認識があることがわかる。また，法律により目標水準に幅があり，各種の事情により具体的数値が設定されるものもある。土壌汚染等の規制法であるスーパーファンド法はその典型で，汚染された土地の用途等により浄化レベルも変え個別のリスク管理を実施することとしている。

　リスク管理にあたって米国の考え方で参考になるのは，環境リスクに科学的不確実性が伴い，しかも多種多様な有害化学物質と発生源が存在するため基準策定が困難であるにもかかわらず，それでも科学的解明に努力し，できるだけ定量的な管理を実施しようとしている点である。その際の枠組みとして規制の水準に幅を持たせ健康以外の要素も考慮しながらリスク管理を検討している点に特に注目しなければならない。基準は絶対であり，これを達成

しなければ健康被害が生じるといった単一的な判断が短絡的であることはいうまでもない。

これらにおいては環境の状態が一生涯継続した際の人の健康リスクを前提に規制がなされているが、リスク水準決定に際しては、10^{-5} が適当か 10^{-6} が適当かという単一のレベルを設定し、それ以上なら規制して以下なら規制しないという単純な枠組みは、リスクに関する様々で重要な要素を無視することになる[※4]。このように、米国ではある一定の範囲内で個々のリスク管理を実施する余地を残している点が重要である。

3.3 我が国環境規制におけるリスク管理

我が国においても、化学物質の環境リスクに関する研究が近年急速に発達してきており、化学物質の環境リスクを適切に管理するためにはリスク評価が適切に実施されることが必要であるとの認識は高まっている。こうしたリスク評価の研究を環境政策に取り込み、一部に定量的な分析に基づく基準の設定が図られるようになってきている。ベンゼン(有害大気汚染物質)の環境基準についての検討過程で示された次の考え方がそれである[※5]。

1996年、環境省の中央環境審議会は「今後の有害大気汚染物質対策のあり方について」を答申し、有害大気汚染物質の環境基準設定にあたり、閾値(いきち)のない物質については、曝露量(ばくろ)から予測される健康リスクが充分に低い場合には実質的に安全とみなすことができるという考え方に基づいてリスクレベルを設定し、そのレベルに相当する環境目標値を定めることが適当であるとした。その上で、こうした物質に係る環境基準の設定に対しては、生涯リ

[※4] 通商産業省化学品審議会リスク管理部会「自主管理による有害大気汚染物質対策の評価と今後のあり方について」(2000年)

[※5] 大気環境基準以前にも、明示されてはいないものの、水道水質基準に同様の考え方が採用されている。1993年に基準改定にあたって、「生涯にわたる連続的な摂取をしても人の健康に影響が生じない水準を基として安全性を充分考慮して基準値を設定」、初めてリスクレベルに基づいて決められたといわれる。新しい対象物質やそれらの基準値の多くが世界保健機関(WHO)の飲料水水質ガイドラインに従っていることから、発がん性化学物質については、事実上生涯発がん確率 10^{-5} を根拠としていると考えられた。(岸本充生『環境リスクマネジメントハンドブック』376頁)

スクレベルを 10^{-5}（70年間その値で曝露を受けた場合，10万人に1人の割合でがんにより死亡する人が増える）を当面の目標として設定し，対策に着手していくことが適当であるとした（1996年10月18日中央環境審議会第2次答申）。設定にあたっては，大気環境分野で用いられているリスクレベルの国際的動向，水質保全分野で既に採用されているリスクレベル，日常生活で遭遇する自然災害等のリスク，関係者から聴取した意見等を勘案して，目標とすべきリスクレベルが決定された[※6]。そして，この答申に基づき，1997年に政府は具体的にベンゼン，トリクロロエチレン，テトラクロロエチレンの基準値を設定し，排出抑制策を推進することになった。

このように，我が国でも環境基準の設定にあたり定量的リスク評価が取り入れられるようになってきているが，これをどのようにリスク管理に結びつけていくかという点については，米国との比較でまだ発展途上と考えられる点が多い。

例えば土壌汚染対策法では，土地の利用状況に応じリスク管理を適切に実施するという基本的考え方が採用されているものの，結果として土壌環境基準を唯一のリスク管理の基準にしており，米国スーパーファンド法のような幅のある基準や対応とはなっていない。法文上措置に柔軟性があることが，実質上別の数値を設定していると解釈できるものの，現実にはなかなかその判断は難しい。

また，法律の間接的効果として，いったん数値が設定されればそのまま法の対象外の土地に対しても管理基準として機能する傾向があることを理解しておく必要がある。現実に，これ以外のよりどころがないため，私的取引上もこの数値が利用されリスク管理されている実態は，場合により過剰な対応がなされる可能性を秘めているのである。

※6　環境庁告示（1997年2月4日）

4 規制がもたらす環境ビジネスリスク
4.1 法令違反のリスク

環境規制のないところでは,環境汚染事故や公害のように実質的被害のある場合,すなわち環境リスクが現実化した場合にのみ,一般法である民事上の責任負担等の形をとって企業のビジネスリスクが現れる。しかし,いったん規制が導入されると様相は一変する。企業のビジネスリスクは規制との形式的な関係に変化し,環境リスクとは直接関係なく企業の損失が生じる可能性が出てくる。規制は環境リスクの現実化を防ぐために設けられるが,その規制により環境ビジネスリスクが生じるのである。

規制水準が実質的被害の生じる水準と異なる乖離(かいり)の問題は環境のみならずいろいろな分野で生じるが,特に環境に関連するリスクは社会的受容が低いため規制が厳しくなり乖離が大きくなりがちである点に注意が必要である。例えば発がんリスクについては,前述のように当該化学物質に70年間曝露し続けた際の住民の健康リスクを10^{-5}程度にする水準に設定している。仮に一時期その水準を超えたとしても期間的にわずかであれば実質的には健康被害は生じないので大きな問題はないはずである。

しかし,規制の導入により,基準を超えた法令違反という事実自体が企業に大きな損失を及ぼす可能性が出てくる。環境問題がコンプライアンス(法令遵守)の問題に変質して,その影響が重大なものでなくとも企業の損失が生じるからである。法によっては罰金等を科している場合がありそれ自体が損失となるほか,その後の事業活動に各種の支障が生じ,また企業イメージを大きく傷つけることもある。

世界各国の環境法規制が強まるにつれ,これを意識しながら経営判断を行わなければならないが,規制違反やそれに類した事例は後を絶たない。環境規制が頻繁に変更され,しかも複雑化していることもこうした事態に拍車をかけている。

海外では環境法の規制に反したとして,企業が多額の損失を被る事件が発生しており,我が国企業も貿易や現地での操業に絡んでこうした事件に巻き込まれることがある(表5)。1999年に日本の大手自動車メーカーが,米国

表5　環境規制違反と企業の損失例

事故年月	事件の概要	損失の内容	損失額
1999年3月	大手自動車メーカー，米国大気浄化法違反	遵守認証申請の記述内容と異なる220万台の車を販売，法令違反の罰金等	約3,400万ドル
2001年11月	大手電機メーカー，オランダ化学物質規制法違反	ゲーム機の一部にカドミウムが基準を超えて含有，製品出荷停止，売上・利益減少	約60億円
2004年12月	大手製鉄会社，水質汚濁防止法，県条例違反	水質汚濁防止法の基準を超える高アルカリ等を漏出していたにもかかわらずそれを隠し虚偽報告，信用毀損	再発防止対策費等

（資料）日本経済新聞，各社ウェブサイト等

の代表的環境法である大気浄化法に違反した自動車を販売したとして米国司法省から訴えられた。この訴訟は，同社が米国で販売した自動車について，排ガス制御装置に不備があると指摘されたもので，2003年に至りメーカー側が罰金50万ドルを含む総額約3,400万ドル（当時のレートで約40億円）を負担することで和解した。

　また，別の事件で，日本の大手電機メーカーは，2001年欧州連合（EU）市場向け家庭用ゲーム機の一部に，オランダの環境規制で許容される安全基準の最大20倍を超えたカドミウムを含有しているものがあると判定された。このため，オランダ当局にゲーム機の出荷を差し止められ，同社は約130万台の輸出停止を余儀なくされた。この出荷一時停止にともなう売上高への影響は約130億円，対応コストを含めて営業利益に与えるマイナスの影響は約60億円となった。

　このように，環境規制に抵触する事例は時としてその影響する範囲が広く，大きな損失につながる性格を持っており，これが環境ビジネスリスクの要因の一つとなってきている。

4.2　基準の及ぼす間接的影響

　環境に関する基準が設定されることにより，直接規制の対象にならなくともその影響を受けることがある。

その典型が土壌汚染対策法の立法化に伴う企業の対応にみられる。この法律は一定の要件にあたる場合，土地所有者等に調査等の義務を課したものであるが，規制対象を水質汚濁防止法の有害物質使用特定施設の廃止等に限っているため，企業にとって直接的に規制対象になる土地は少なかった。しかし，2003年に同法が施行されて以降，法の対象地ではなくとも土壌の調査を実施し，法の指定基準を超える有害物質が検出されるとその対策をとる事例が多くなった。

　これは，法の遵守ではなく企業経営における自主的リスク管理の観点から実施したもので，そのよりどころとして土壌汚染対策法の基準が参考にされた例である。なぜ法の対象でないにもかかわらず，あたかも規制されているような形で対策をとるのか。ここには土壌汚染によって企業が損失を被る前に対策を講じなければならないというビジネスリスクの意識がある。

　土壌汚染が判明するとまずその土地の資産価格が下落する。土壌汚染は，土壌汚染対策法の施行に併せて改定された不動産鑑定評価基準の要素に組み込まれたため，調査により汚染が判明すれば浄化費用分は評価が下がることになり，場合によってはさらにスティグマ（汚染に起因する心理的嫌悪感による減価）分も考慮されることとなったためである。このため資産価値を保全するためには対策を実施しなければならない。

　特に，土地を売却するケースでは，民法上売主は売買契約終了後も瑕疵担保責任を負うことになるため，完全な対策である浄化措置をとる傾向が強まる。売買における瑕疵は，「対象物が取引通念上通常有すべき性状を欠くか否か」によって決定される[※7]。土壌汚染対策法の指定基準を超える土壌汚染は一般的に瑕疵と解釈されるため，将来にわたってそのおそれがないよう対策をとることになるからである。

　このように，土壌汚染対策法の規制対象地でなくとも，企業のリスク管理という立場からはこうしたコストをかけることは必然となるわけで，これはまさに規制導入の間接的影響といえる。

※7　東京地裁平成14年9月27日判決，平成13年（ワ）第19581号 損害賠償請求事件

表6 土壌汚染判明による企業の損失例

汚染の判明	事案の概要	企業の損失	損失額
2004年2月公表	大手電鉄会社が売却した土地からマンション建設中に重金属類，揮発性有機合物による土壌汚染が発見されたため，土地売買契約解除	売買契約の解除に伴い，買主に対する損害賠償金，土壌改良費，土地価額の下落に伴う評価損など	約124億円
2004年7月公表	大手製紙会社が売却した土地から産業廃棄物，ダイオキシン等による土壌汚染が判明	買主側が実施した廃棄物の掘削，分別処理委託費用に対する損害賠償	約6億円
2004年9月公表	金属精錬所の跡地を大規模開発し，マンション等を販売したところ，土地から鉛，ヒ素，セレン等の汚染が判明	マンション販売にあたり，土壌汚染の事実を告知しなかったという責任を問われ，住民等への補償を実施，トップが辞任	約60億円

　企業がリスク対策として浄化措置を選択する原因を探っていくと，「基準を超える汚染物質の存在」はすべて「土壌汚染」であり対策を要するという一般的理解にたどり着く。汚染は目にみえないこともあり，基準となる数値との対比でしかリスク認知されないため，基準はあらゆる場面で絶対的意味を持ちがちである。新聞等の報道も，基準の十倍，百倍という見出しを掲げ不安を煽るため，基準を超えればどうしても対策には完璧を期すことになる。そこには実質的な環境リスクの視点はない。規制は市民・マスメディアのリスク感覚と一体となって企業のビジネスリスクとして機能するわけであり，企業の過剰な対応の余地が生まれる。

5　規制を超える新たな環境ビジネスリスク
5.1　環境リスクの社会的受容

　我々の日常生活は，広く様々なリスク要因に囲まれている。国にはこうした各種のリスク要因を減らし国民を守る役割があるが，すべてに絶対の安全を確保することは不可能であるし，またそれに近づけようとすればするほど限界的なコストが高まることは自明である。したがって，どこかで社会とし

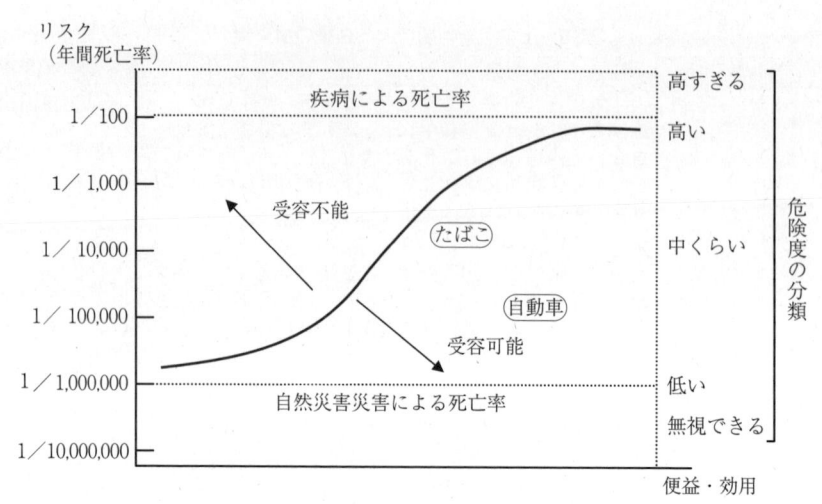

図1 リスクの社会的受容と便益・効用（イメージ）

（注）生涯リスク≒年間リスク×70
（出典）岡本浩一「リスク心理学入門」19頁 スターとウィップルの研究（1980年）に筆者加筆

てのリスク管理水準を設定せざるを得ず，その点についての社会的受容をどのように図るかがポイントになってくる。広く国民生活を見渡せば，リスクが極めて大きいにもかかわらず，大きな規制を受けず社会的には存在が肯定されているものも少なくない。

　例えば，たばこは健康被害を及ぼすことが明らかになっているが，警告を表示するという手段によりその販売は継続されており，また自動車はその事故で毎年数千人が死亡しているが，一定のルールを守ることによりその運行が許されている。リスクが大きくとも，他方で国民生活に便益をもたらす効用面の評価がリスクを上回ると，社会的に存在を許容しようとする考えが生まれる。こうした社会が受容するリスク水準と便益・効用の関係はおよそ図1のように整理される。効用の低いリスク要因は厳しく規制されるが，他方それが大きいリスク要因についての規制は緩やかである。意識されてはいないが，ほぼすべての人の心理にこの図のイメージはあると思われ，自然に便益・効用とのバランスを図りリスクを受容しているといえる。

一般に，環境リスクは対応する便益・効用がほとんど認知されず社会的受容水準の低い問題であり，それだけ規制に対する要求の強い分野といえる。しかし，前述のように科学の限界もあり，現実には法政策において充分に合理的なリスク管理はできていない。この結果，リスクの性格によっては安全・安心というキーワードの下に，国の規制を超えて絶対的な対応を求める声も強くなる。そして，この傾向は最近企業の社会的責任（CSR：Corporate Social Responsibility）を求める風潮と一体となって強まっており，各企業の行動に影響を及ぼしつつある。

5.2　環境経営への圧力

　企業にとっては，「環境経営への圧力」ともいうべき利害関係者（ステークホルダー）の動きが次代の環境マネジメントリスクになりつつある。

　少し前の出来事であるが，1995年に欧州で起こった外国大手石油会社の北海原油施設の廃棄問題は，環境に対する企業の配慮が充分でないと経営的に大きな打撃になることを世界中に知らしめた象徴的な事件であった。

　この石油会社は，所有する高さ約140 m，重さ約1万5,000tの「ブレントスパー」という名前を持つ巨大なオイルリグ（海上貯蔵タンク）が老朽化したため処分することとした。処分による環境影響等を社内で時間をかけて検討した上で最善と評価された深海への投棄によることを決定し，イギリス政府の許可を得てそのリグの曳航を始めた。すなわち，この深海への投棄は実質的にも手続的にまったく問題がなく合法なものであった。

　ところが，環境保護団体 Greenpeace は，オイルリグに残る放射性物質や重金属などが海洋汚染の原因になり環境に悪影響を与えるとしてこの投棄に反対した。そして，実力でブレントスパーの曳航を妨害するとともに，同社の石油製品の不買運動を起こした。この運動が消費者の支持を得て欧州全体に広がりをみせ，売上に大きな影響を与えはじめたことから，石油会社は最終的に海中への投棄を断念，相当のコスト増になる陸上での解体処理をせざるを得なくなった。

　この一連の経過で示されたのは，法令を遵守していても環境の観点からス

テークホルダーへの配慮を欠くと思わぬ損失を被ることであった。この事件を教訓として，同社は以降消費者・市民とのコミュニケーションを重視しながら環境経営を進めるようになった。

同じような例が米国でも出現した。Rainforest Action Network (RAN) は，森林保護活動を行う米国の環境NGOで，数多くの企業に環境への取り組みの働きかけを続ける中，2000年に金融機関を標的に活動を開始した。これは，熱帯雨林の破壊をするプロジェクトには背後に必ず銀行が資金を提供しているという問題意識から，大手銀行に対し融資の際の社会性配慮を求めたものである。当初銀行側がこの要求に応じなかったことから，RANは新聞やテレビ等で大手銀行へのネガティブキャンペーンを開始し，統一行動日にデモを行い，クレジットカードを破断するなど過激な行動に及んだ。

結果として銀行側もRANの主張に耳を傾け，環境・社会への影響を配慮する新しい融資基準を策定することを決定し，これが2003年6月大手銀行による赤道原則[※8]の採択につながった。

我が国でも，規模はそれほど大きくないものの，似たような例はある。2004年に大手ビール会社がペットボトル容器入りビールの発売を発表したところ，グリーンピース・ジャパン，主婦連合会等から反対の意見が相次いだ事例である。市民団体等が反対し公開質問状まで出した理由は，ビールへのペットボトル容器の導入が循環型社会の確立に逆行すること，未成年者が気軽に手に取りやすい容器であり未成年者飲酒防止の観点から問題があるというものであった。

結果として，会社はペットボトル容器入りビールの発売を撤回せざるを得なくなった。ここでも，法令上の問題はまったくなかったにもかかわらず，市民の反対意見と圧力により企業行動は制約されることになった。

以上挙げてきたように，環境関連の市民団体などから圧力を受け，企業がその行動を変える例は多い。こうした事例をビジネスリスクとして意識しな

[※8] 国際的なプロジェクト融資にあたり，環境・社会スクリーニング基準により分類されたプロジェクトごとに，要求されたアセスメントを実施，基準を満たしたプロジェクトのみに融資をするという原則。

ければならないのは，圧力を受ける過程で生じる各種の損失もさることながら，企業イメージに与える打撃である。環境に配慮しない企業の烙印(らくいん)を押されると，受注や売上の減少，環境格付けの低下を招き，企業評価全体への影響も懸念される。持続可能な経営を目指す上でこうしたイメージを与えることは明らかにマイナスとなる。

5.3 投資の圧力

　広い意味で経営への圧力は，環境保護団体以外にも企業を取り巻くステークホルダーのどこからも及んでくる可能性がある。中でも株主・投資家からの意見や要請に対しては的確な対応が必要である。

　例えば，米国では社会・環境に関連する株主提案が近年大幅に増加してきている。特に地球温暖化対策についての提案が顕著になってきており，その対応が問題になることがある。代表的な事例として，大手石油会社に対する 2005 年の株主提案がある。地球温暖化現象の存在を認めない立場をとっているとされる同社の姿勢に批判的な株主が，株主総会で地球温暖化現象を否定する論拠を公表することを求める株主提案を提出した。決議には至らなかったもののこの提案には一定の支持が得られ，経営としても無視できない状況になった。

　このような株主の動きは大手の年金基金のような米国で影響力のある機関投資家にもみられ，次第に環境・社会問題について行動主義的になっている。正当な手続を経た株主提案は伝統的な意味でのリスクとはいえないが，経営者と株主の対立として公になることにより企業の環境問題に対する姿勢を浮き彫りにして，社会に好ましくない企業イメージを与える可能性がある。

　また，この点に関連して環境格付けの動きに注目する必要がある。これは，従来の企業業績や財務といった要素に加え，環境面からも企業を評価し企業に優劣を付ける動きで，ここで格付けが低くなると投資の対象から外され，また消費者から敬遠されるリスクを背負うことになる。企業の評価軸として環境の要素が考慮されるようになったのは，従来企業の環境への取り組みが後ろ向きのコストの増加要因と考えられていたのが，むしろ成長の促進要因

と捉えられるようになってきたためでもある。

　我が国より先行している欧米においては，環境格付けにより投資行動を行っている投資ファンドが，既に市場全体より良好な運用成績を残している実績も出ているとされ，この種の格付けが大きな影響力を持つようになっている。環境への取り組みが遅れていると格付けが低くなり，株価にも影響が出てくる懸念もあり，経営者としてはその評価を無視できなくなる。投資市場からの圧力は，今後ますます強まり経営にも影響を与えるものと予想される。

　格付けまでいかなくとも情報公開が企業への圧力となることもある。その一例としてカーボン・ディスクロージャー・プロジェクト（CDP）がある[※9]。地球温暖化問題の深刻化に伴い，この問題に対する対応の優劣が将来の企業競争力を左右するという認識が強まっている。このため，機関投資家の立場からみて，投資対象企業の地球温暖化問題への対応が投資上の重要な情報となってきている。このような背景から，2000年12月に世界の金融機関をはじめとする機関投資家が，共同で国際的大企業に対して気候変動に対する戦略や温室効果ガス排出量の実績についての開示を求め，その内容を公開するというこのプロジェクトを開始した。

　当初 FT500（Financial Times 紙の企業時価総額ランキング）の世界的トップ企業 500 社から始まった調査は，現在では対象を約 3,000 社へと範囲を拡大し，結果の公表も詳細になってきている。現在のところ大企業のみが対象であるが，この影響を受けて同様な動きが国内にも波及すれば各社の地球温暖化問題への対応が一覧性のある形で比較可能になる。情報開示が大きなリスクとなる可能性を秘めている動きといえる。

6　おわりに―21世紀の環境経営

　以上，環境ビジネスリスクの各種類型について述べてきたが，企業はこれ

[※9]　2008年2月時点における参加者は世界の機関投資家 385 機関で，これらの総投資資本額は 57 兆ドルに上る。CDP は，機関投資家が気象変動に関するより的確な投資判断を実施するための情報源であり，世界最大規模となる企業の温室効果ガス排出に関連したデータである。

らにどのように対応すべきであろうか．最後に，経営としての環境リスクマネジメントの問題に若干触れておきたい．

　これまでの環境リスクマネジメントは主としてISO 14001等の環境マネジメントシステムの中で実施されてきた．このシステムは，企業活動によって生じる環境負荷を低減するため，社内に環境対応の仕組みを構築し，継続的な取り組みを進めるものである．これによって常に環境を意識する事業活動を実践することができ，環境リスクへの対応力も向上するというのがその図式である．この仕組みは，特に現場でのリスク対応の面で環境汚染事故や公害の防止に有効な対策となってきたと考えられる．また，マネジメントシステムの基本にある法令遵守の観点から，システムが有効に機能すれば法規制違反のリスクにも充分対応できる．

　しかし，環境問題の広がりとともに最近出現してきた環境経営的リスクに対しては充分に対処できるだろうか．例えば先に述べた環境経営への各種圧力は，企業に製品のライフサイクルに及ぶ環境対応，企業行動全体の環境負荷への対応，事業そのものに内在する環境要素に対する積極的な経営意思決定等を求めている．

　すなわち，新たなリスクには現場の視点からだけでは対応の難しい要素が多数出てきている点に着目しなければならない．こうした経営の根幹にかかわる環境対応に，果たして既存の環境リスクマネジメントが有効かどうか改めて検証する必要がある．

　経営リスクマネジメントの分野では，最近 Enterprise Risk Management（ERM）と呼ばれる考え方が注目されている．企業の事業目的を妨げるすべての不確実性をリスクと捉え，経営的観点から対応策を検討するというマネジメント手法である．そこでは，リスクを従来の損失面だけでなく収益の機会（チャンス）も合わせ持つ概念として捉え，経営トップの指導力と率先により，企業全体としてリスクマネジメントを進めることにより収益拡大を目指すことが必要だとされている．

　環境の分野でもこのような視点で対応すべき問題としてカーボン・リスクという新しい概念がある．地球温暖化に企業としてどのように対応する

かにより将来の企業の存亡がかかっているという考え方である。温暖化対応に失敗すれば企業として持続不能になる可能性を表現したものであるが，他方積極的にうまく対応することによりビジネスを成功に導くことも可能な要素を合わせ持っている。すなわち，リスクとチャンスが裏腹となっている関係である。

　新たな環境ビジネスリスクは，環境に関連した経営リスクであり，ERMと同様，経営トップが環境の要素を全社的な経営の仕組みに取り入れ，徹底して対応を行う必要がある。従来の現場における環境マネジメントから，より経営の視点を強く持った環境マネジメントへ高度化させなければならない。21世紀が「環境の世紀」といわれる中,持続可能な企業の発展を目指し，環境への取り組みを具体化していく経営の姿勢を示すことこそこの世紀に求められる環境ビジネスマネジメントであろう。

第5章　　　　　　　　　　　　　　　　　　　　　　　　　　　増沢陽子

環境法におけるリスク管理水準の決定方法：現状と今後の方向

1　はじめに

　環境問題の予防又は未然防止のためには，様々な要因によって将来起こり得る悪影響の可能性（リスク）を予測・評価し，その結果に基づいて対応を行う必要がある。現行の環境法には，立法時の認識は別論，実質としてはリスクに対応するシステムとみなし得るものが多い。

　環境又は健康へのリスクを管理しようとする場合，まず問題となるのは，どの程度までリスクを削減すべきか，実現されるべきリスクの程度とはいかなるものか，という点である。例えば，国際的な気候変動対策においては，どの程度の気温上昇リスクが許容され得るかという判断が，長期目標をめぐる議論の基底をなしている。また，環境基準の設定も，汚染物質等による環境リスクのあるべき程度を明らかにする作業といえる。リスクの現状認識は目標設定の出発点となり，また目標が定められることでリスク管理の手法の選択肢も明らかにすることができる。本章では，このような，リスク管理が目標とする，又はリスク管理により実現すると見込まれるリスクの程度を「リスク管理水準」と呼び[※1]，環境法におけるその決定方法の現状と今後の方向について検討することとする。

　以下では，まずリスク管理水準決定のリスク対応の全体枠組みにおける位

※1　「リスク管理水準」という語については松村弓彦教授から示唆を賜った。本稿での定義は，後掲の米国の考え方も参照しつつ筆者が行ったものである。なお，リスク管理の枠組みとリスク管理の水準について米国の状況を中心に扱ったものとして，志田慎太郎「環境規制におけるリスク管理とその水準」『環境管理』41巻9号63～70頁がある。

置付けを確認する。次に，環境実定法においてリスク管理水準の決定を行う具体的な制度を取り上げて，その決定方法を実体面と手続面から分析する。これらを踏まえ，リスク管理水準決定の特徴と課題について検討する。最後に，リスク管理水準の決定にかかる異なるオプションについても触れることとしたい。

2 リスク管理水準決定の意義
2.1 広義のリスク管理の枠組みにおける位置付け

　リスクの内容を明らかにし，社会としての対応を決定し，実践する，という一連の過程（ここでは「広義のリスク管理」と呼ぶ）については，これまで様々な枠組みが提案，議論されてきた[※2]。古典的なものとしては，1983年の米国研究評議会（NRC）による，科学的検討であるリスクアセスメント（risk assessment）と政治的決定を含むリスク管理（risk management）との2段階モデルがある。これに対し，比較的最近提案されているいくつかのモデルは，プロセスの多段階化，プロセスの不可欠な一部としての「リスクコミュニケーション」の組み込み，科学的分析と政治的検討の要素の精妙な組み合わせ，といった特徴を持つ。本章のテーマとの関係でいえば，リスクアセスメントとリスク管理の境界部分について，独立した段階を設定する議論が少なくないことが注目される。例えば，リスクの重大さや受容性に関する判断を含むプロセスが「リスク評価」（risk evaluation）として，独立した段階として扱われることがある[※3]。

[※2] 「広義のリスク管理」の様々なモデルについては，平川秀幸「リスクガバナンスのパラダイム転換」『思想』973号（2005）48〜67頁，International Risk Governance Council (IRGC), White paper on Risk Governance towards an Integrative Approach (2005) を参照。法学分野の文献としては，ドイツの議論について下山憲治『リスク行政の法的構造』（敬文堂，2007）75〜82頁，米国での議論について由喜門眞治「公正・合理的な化学物質リスク・アセスメント」『環境法学の生成と未来』（信山社，1999）373〜381頁を参照。

[※3] 下山・前掲※2，76〜78頁参照。由喜門・前掲※2，381頁も，その紹介する米国法案が代替リスクやリスク比較を含む「リスク判定」をリスクアセスメントと区別して扱っている点を指摘する。また，IRGC, supra note2, p 13 は，リスク査定（risk appraisal）とリスク管理の間に「耐容性・受容性判断」として，そのための科学的証拠を蓄積する「リスク特性化（risk

日本における現在の環境リスク政策がどのような枠組みを採用しているのかは必ずしも明確ではないが，化学物質に関しては，リスクアセスメント－リスク管理の2段階にリスクコミュニケーションを加えた枠組みを基本としているとみられる[※4]。

　リスク管理水準の決定は，このような全体スキームの中でどのように位置付けられるのであろうか。リスク管理水準は政策の一部として決定される水準であって，科学だけでなく，価値判断，経済・技術的可能性の判断等も含まれ得る。したがって，その決定は科学的なリスクアセスメントとは区別される営為ではあるが[※5]，リスクアセスメントとこれに対する評価を前提とする。すなわち，リスク管理水準の決定それ自体は，リスク管理の一部である一方，リスク管理水準の決定を一連のプロセスとしてみれば，2段階モデルではリスクアセスメントからリスク管理の一部，三つの段階を分けるとすれば「リスク評価」を含む多段階にわたるものということができる。

2.2　環境法におけるリスク管理水準決定の諸局面

　日本の環境法においてリスク管理水準が決定されるのは，具体的にどのような制度においてであろうか。まず，環境基本法に基づく環境基準の決定がある。環境基準は，特定のリスク管理手法の選択とは連結していない。様々なリスク管理施策が「目標」とするべきリスク管理水準を，前者とは独立して決定するものとみることができる。

　次に，環境に関する個別法に目を向けると，環境への負荷の種類でみれば

---

characterization)」と技術的可能性や政治的優先度などを考慮して社会的価値判断を行う「リスク評価」の段階を置く。なお，リスクアセスメントとリスク評価の訳し分けについては，下山・前掲※2に倣った。

[※4]　平成8年環境白書第3章　第2節2「不確実性を伴う環境問題への対応－環境リスク」，環境基本計画（第3次，2006年）重点分野プログラム第5節「化学物質の環境リスクの低減に向けた取り組み」参照。我が国では，「リスク評価」－「リスク管理」の語が通常だが，本稿では，前掲※3のとおり，社会的価値判断等の部分を切り分ける「リスク評価」(risk evaluation)と区別するため，「リスクアセスメント」とする。

[※5]　リスクアセスメントの段階にも政策的判断の要素は含まれているとされる（例えば由喜門・前掲※2, 384頁以下）が，ここでは立ち入らない。

第1に化学物質のリスク管理に関する法があり，環境汚染の対策と化学物質そのものの規制とに分けられる。前者については，大気汚染防止法をはじめとする排出規制法があり，「排出基準」による規制が代表的な管理手法である。また土壌汚染対策法は，汚染された土壌にかかるリスク管理を求めている。後者については，化学物質の審査及び製造等の規制に関する法律（化学物質審査規制法）による使用制限等の規制，農薬取締法上の登録保留基準等の規制がある。こうした管理手段の採用・実施にあたっては，明示的・黙示的に特定のリスク管理水準が設定される。

第2に，遺伝子組み換え生物，外来種等，生物の環境導入によるリスクに関するリスク管理水準の決定がある。遺伝子組み換え生物等の使用等の規制による生物の多様性の確保に関する法律に基づく使用規程の承認，特定外来生物による生態系等に係る被害の防止に関する法律に基づく許可や防除措置に係る決定がこれにあたる。

第3に，各種の開発行為の許認可決定についても，法律自体が環境影響の考慮を要件としている場合，また環境影響評価法の横断条項の適用がある場合などは，リスク管理水準の決定という捉え方ができるかもしれない。

一方，地球規模での環境リスクについても，対策の目標としてリスク管理水準が決定される場合がある。気候変動枠組条約第2条は，温室効果ガスのリスク管理に関する国際的な管理目標の考え方について規定したものといえる[※6]。

2.3　リスク管理水準の決定方法

次節では，前項で挙げたものの中から化学物質のリスクに関する主な法制度を取り上げ，リスク管理水準の決定方法の現状を実体面と手続面から分析する。実体面については，リスク管理水準決定の根拠（基本的考え方）及び管理水準となるリスクの程度に注目する。基本的考え方を分析するにあたっ

※6　「この条約……は，……気候系に対して危険な人為的干渉を及ぼすこととならない水準において大気中の温室効果ガスの濃度を安定化させることを究極的な目的とする。……」

ては，リスク管理水準に関する米国における類型論[※7]や，我が国における環境保全上の基準等のタイプに関する議論[※8]を踏まえ，環境／健康影響を一定レベル以下に抑える（環境／健康ベース），技術的経済的に可能な程度とする（技術ベース），リスクと便益との衡量，という類型を念頭に置くこととする。

3 現行環境法におけるリスク管理水準の決定
3.1 環境中の化学物質のリスク管理目標
(1) 管理水準

環境基準とは，大気汚染，水質汚濁，土壌汚染及び騒音に関する環境上の条件に関し「人の健康を保護し，及び生活環境を保全する上で維持されることが望ましい基準（環境基本法第16条第3項）」である。環境基準は，行政上の目標であって，直接国民の権利義務を変更するものではない[※9]。

「望ましい（程度の）基準」がいかなるレベルのものであるか法文上の規定はない。少なくとも，人の健康等を維持するための最低限度ではなく，より健康保護等の程度において高いものと理解されている[※10]。また，基準決定にあたり，環境・健康影響の可能性に関する科学的判断が基本となることは当然であるが，社会的・経済的・技術的要素も考慮され得るものと考えられている[※11]。近年では，例えば有害大気汚染物質による人への健康リスクに関

[※7] リスク管理のアプローチを，健康影響の可能性のみに基づく（健康ベース），実行可能性（Feasibility）で限界を画する（実行可能性），リスクと便益等との衡量，という三つの理念型に分けるものである。Robert V. Percival, et al., *Environmental Regulation, Law, Science, and Policy*, 4th ed.(2003), Aspen Publishers, p.405.

[※8] 「リスクベース」「(最善)技術ベース」の区別がなされている（大塚直「統合的汚染防止規制・統合的環境保護をめぐる問題について」『法学教室』325号（2007年）112頁，松村弓彦『環境法（第二版）』（成文堂，2004年）18頁，101頁）。

[※9] 環境基準の法的性質について文献は多いが，例えば大塚直『環境法（2版）』（有斐閣，2006年）270～272頁参照。

[※10] 環境省総合政策局総務課編著『環境基本法の解説』（ぎょうせい，2002年）194頁。

[※11] 「環境基準は，行政上の基準であるから，科学によって究明された汚染物質等の量と影響との関係を基礎にし，社会的，経済的，技術的配慮を加えて定められるべきものである」（公害対策基本法制定時の公害審議会答申「公害に関する基本的施策について」昭和41年10月7日）。

しては，閾値(いきち)のある物質については最大無毒性量に基づき，発がん物質等閾値のない物質については10^{-5}の生涯リスクレベル等を参考に実質的に安全とみなすことできるレベルとして，との考え方により[12]，複数の環境基準が設定されている。

(2) 手続き

環境基本法では，環境基準の設定手続については，「政府が」定めるべきこと及び適切な科学的判断が加えられ必要な改訂がなされなければならないとされるほか規定はなく，中央環境審議会への諮問も法定されていない。実際には，中央環境審議会の審議を経て決定され，環境省告示として公示される。中央環境審議会においては，基準設定に関する専門委員会等が設置され，リスクアセスメントを含む検討が行われる。審議の過程等においてはパブリック・コメントがなされる[13]。

3.2 環境に排出される化学物質のリスク管理—特に排出基準
(1) 管理水準

大気汚染防止法，水質汚濁防止法においては，環境中へ放出される化学物質に関し，排出基準及び排水基準を定める（双方合わせてここでは単に「排出基準」と呼ぶ）。排出基準は，当該物質の排出量（濃度）の「許容限度」（大気汚染防止法第3条，第17条の3，水質汚濁防止法第3条）で，最終的には罰則によりその遵守が強制される規制基準である。排出基準自体はリスク管理水準ではなく，排出基準が設定されることによって結果的に実現されると見込まれるリスクの程度が，本章におけるリスク管理水準にあたる。

排出基準をいかなるレベルで・どのような考え方によって設定するかについては，法律上は規定がない。「環境基準」の趣旨から，環境基準が存在す

---

[12] 中央環境審議会中間答申「今後の有害大気汚染物質対策のあり方について」（平成8年1月30日）。

[13] 最近では，2003年に水質環境基準健康項目への追加が検討された際，委員会報告案がパブリック・コメントに付された。環境基準は行政手続法第2条第8項の「命令等」に該当しないため，同法に基づく意見公募手続の対象とはならず，任意の意見公募という形式をとる。

る物質については排出基準等の設定にあたってもこれが究極的な目標となるはずであるが，実際の排出基準等の設定における環境基準との関連性の程度については，物質や環境媒体によって異なっている[※14]。

排水基準については，健康項目の場合，その値をとれば通常環境基準を達成できる値（10倍値）として設定されている。この場合，環境基準と同じレベルをリスク管理水準として想定していることになる。ただし，併せて一部業種について，技術的対応可能性を考慮した「暫定基準」を設定する場合が少なくない[※15]。

一方，大気汚染防止法の排出基準については，硫黄酸化物のように環境基準の達成できる水準を目指して基準値を決定する場合もあるが，環境基準との連動関係にないものもある。後者の一例が揮発性有機化合物（VOC）の排出基準である。VOCは浮遊粒子状物質及び光化学オキシダント（それぞれ環境基準が設定されている）の前駆物質である。両者の量的関係を確立するのは科学的に困難であり，及び排出規制は他の政策と併せて目標達成をめざすものとされたため，VOCの排出基準は技術的可能性の観点から定められている[※16]。ここでの目標は（他の政策と併せて）環境基準達成率等の相当程度の改善である[※17]。実際の環境濃度・リスク低減の程度は，事後的なモニタリングによって確認することとなる。

(2) 手続き

排出基準の決定について，法律上は，環境省令で定めるという以外に手続きに関する規定はない。実際の設定手続は，環境省が中央環境審議会に諮問

[※14] 大塚・前掲※8, 116～118頁が，排出基準等の設定根拠について，環境基準との関係に触れつつ論じている。

[※15] 有害物質では現在，セレン及びその化合物等4項目につき暫定基準が設定されている。

[※16] 揮発性有機化合物（VOC）排出抑制検討会「揮発性有機化合物（VOC）の排出抑制について（検討結果）」（平成15年12月9日），中央環境審議会大気環境部会揮発性有機化合物排出抑制専門委員会「揮発性有機化合物（VOC）の排出抑制制度について」（平成17年3月30日）。

[※17] 中央環境審議会「揮発性有機化合物（VOC）の排出抑制のあり方について」（意見具申）（平成16年2月3日）では，自主的取組と合わせてVOC排出量の3割程度削減とこれによる環境濃度の一定の改善を目標として設定している。排出規制による削減分は1割程度とされる（上掲専門委員会報告）。

した上で,「命令等」として行政手続法に基づく意見公募手続を経て決定することになる。中央環境審議会の中に基準値設定を含む規制のための専門委員会が設置され,議論がなされる。

3.3 ストック汚染のリスク管理―土壌汚染対策
(1) 管理水準
　土壌汚染対策法[18]では,調査の結果,汚染状態が一定の基準(指定基準)に適合しない場合には「指定区域」として指定され(第5条),指定区域内の土地が,汚染により人の健康に係る被害が生じ又は生ずるおそれがある場合,「被害を防止するため必要な限度において」,措置命令がなされる(第7条)[19]。「被害防止に必要な限度」とは被害防止に必要十分な対策であるとされ[20],それを超えてリスクを低減することは想定されていない。ただし,土地所有者と汚染者とが希望する場合には,原則となる措置と比べて「同等以上の効果を有する措置」を命ずることもあり得る[21]。なお,「被害防止に必要な限度」にあたるリスク管理水準は同じであっても,暴露管理が可能な程度に応じて,必要となる土壌の汚染状態の水準は変わってくることに注意が必要である[22]。

(2) 手続き
　リスクの性質に応じて命ずべき措置命令の内容については,大枠を環境省令で定める。措置命令の主体は都道府県知事である。実際に措置命令を行う場合,行政手続法に基づく弁明等の手続が必要である。その際聴取された土地所有者等と汚染原因者の意見や事情を充分考慮する必要があるとされ

---

[18] 2009年3月3日に一部改正法案が閣議決定された。本稿の記述は現行法に基づく。
[19] 改正案では,二つの区域分類が設けられ,それぞれ異なるリスク管理方法が規定されている。
[20] 土壌環境法令研究会編『逐条解説土壌汚染対策法』(新日本法,2003年) 108頁。
[21] 土壌汚染対策法施行規則第23条~第27条,環境省環境管理局水環境部長通知「土壌汚染対策法の施行について」(平成15年2月4日環水土第20号)(以下,「施行通知」という)第5・1(4)。
[22] リスクと土壌汚染の状態との関係については,中島誠「土壌汚染対策をめぐる最近の状況とリスク評価の導入による効果」『化学経済』55巻12号(2008年)第2図がわかりやすい。

る[※23]。

3.4 化学物質の製造・使用に係る環境リスク管理－化学物質審査規制法
(1) 管理水準
a) 第一種特定化学物質のリスク管理

化学物質審査規制法[※24]においては，難分解性，蓄積性，長期毒性が認められる物質を第一種特定化学物質として指定し（第2条第2項），リスク管理を行う。指定の要件は有害性のみであり，一定の試験方法によって得られたデータに基づき該当性が判断される。

第一種特定化学物質のリスク管理の方法としてはまず，製造輸入について許可が必要となる（第6条・第11条）。許可要件は，「製造能力が需要に照らして過大にならないこと」等であるが，化学物質審査規制法上使用が認められていなければ「需要」は生じない[※25]。使用が認められるのは，試験研究用途を除けば第14条各号の要件を満たす場合，すなわち，代替が困難であり，かつ消費者用でないことその他環境の汚染が生じるおそれがない場合である[※26]。「環境汚染が生じるおそれ」がどの程度のものをいうか必ずしも明らかではないが[※27]，代替品があれば使用はおよそ認めないことから，汚染のおそれがないとする場合のリスクレベルを上限としつつ，技術的・経済的に可能な限り，リスクを低減させる趣旨と考えられる[※28]。一方，第一種特定化学物質を使用した製品については，政令で指定されたものに限り輸入が禁

※23 施行通知・前掲※18，第5の1(3)）。
※24 2009年2月24日に一部改正法案が閣議決定された。本稿は記述は現行法に基づく。
※25 このほか，輸出用の需要はある。経済産業省・厚生労働省・環境省『逐条解説　化審法』（平成16年3月）（以下，「逐条解説」という。）。
※26 改正案においては，「汚染が生じるおそれ」の要件は，汚染が生じて「被害を生ずるおそれ」に改められる。
※27 判断にあたっては不特定多数にかかわる用途か，閉鎖型の使用形態か，がメルクマールとなる（逐条解説・前掲※25）。
※28 これまでに本条項に基づき例外的使用が認められたのは，PCB（ポリ塩化ビフェニル）の鉄道車両の主変圧器等への使用のみである（残留性有機汚染物質に関するストックホルム条約締結に際し削除）。リスク管理水準の決定要因として，第一種特定化学物質使用禁止のリスクと便益との比較も含まれていることが推測される。

止される(第13条)。この判断においては,輸入蓋然性(がいぜん)や使用形態等に鑑(かんが)み,環境汚染のおそれがあるものかどうかを考慮するものとされる[※29]。

第一種特定化学物質に指定された時点でこれを使用した製品等が流通している場合,「汚染進行を防止」することが「特に必要な場合,必要な限度において」,回収命令が発動されることがある(第22条)。特に必要な場合がいかなる場合か明らかでないが,被害の発生のおそれを明示的な要件としていないことから,これよりリスクが小さい若しくは不分明な段階においても命令が可能な場合があると思われる[※30]。

b) 第二種特定化学物質のリスク管理

第二種特定化学物質は,難分解,長期毒性に加え,環境汚染の状況から人の健康や生活環境動植物に被害のおそれがあると認められる物質である(第2条第3項)[※31]。すなわち,有害性のみならず一定のリスクが認められる場合に指定される。

第二種特定化学物質については,技術上の指針その他の措置によってリスク管理が充分に図られない場合(「被害が生じることを防止するため」必要な場合)には,製造輸入数量の制限が可能である(第26条)。制限に係る判断は,当該物質の環境残留の程度の許容限度を考慮することとされており[※32],環境／健康影響の観点からリスク管理目標が設定されるといえる。

(2) 決定手続

特定化学物質の指定,第一種特定化学物質の使用が可能な用途,製造輸入数量の制限,製品輸入の制限については,事前に審議会の意見を聴取する必要がある(第41条第1項)。関係する三省の審議会にそれぞれ専門委員会が設けられ,合同で審議がなされている。また,行政手続法の意見公募手続の対象ともなる。一方,回収命令については,処分であって相手方との関係で

[※29] 逐条解説・前掲 ※25。
[※30] 「有害物質を含有する家庭用品の規制に関する法律」は,「被害のおそれがあると認める場合」に回収命令等を行うことができるとしている(第6条)。
[※31] 改正案では,難分解性は要件から外れる。
[※32] 第一種監視化学物質及び第二種監視化学物質の有害性の調査の指示及び第2種特定化学物質に係る認定等に関する省令第2条。

事前手続を要するのみである。

4 リスク管理水準決定方法の特徴と課題
4.1 リスク管理水準決定の基本的考え方
(1) リスク管理水準決定の実際

上記で検討した環境リスク管理法令においては、基本的には、健康又は動植物へのリスクが充分に小さいとみなされるレベルをもってリスク管理水準としているということができる（環境／健康ベース）。環境／健康影響の観点からどの程度のレベルであるかについては、環境基準のように目標値として「望ましい」レベルを求める場合、土壌汚染法の措置命令のように被害防止に必要十分な程度とされる場合など、制度により違いがある。

個別の規制制度では、排出規制のように、技術的可能性の考慮を加えあるいは主として技術的可能性の観点から規制基準が設定される場合があり、当該基準を通じて実現される程度がリスク管理水準となることがある。法令全体としてみれば、環境／健康ベースの水準が基本にあり、過渡的又は部分的な対応として、技術ベースの管理水準が採用されているともいえる。

若干考え方を異にするのは、化学物質審査規制法の第一種特定化学物質の規制である。原則として当該物質の排除[※33]を目指しつつ、例外を認める場合にも暴露可能性がある程度以下となるような水準とする。別のいい方をすれば、環境／健康ベースで許容される一定のリスクを最大限としつつ、技術的・経済的可能性の限界をもってリスク管理水準としている、とみることができるかもしれない。

こうしたリスク管理水準決定の基本的な考え方については、リスク管理の基本方針でもあることから、原則として法律で規定することが適当と思われる[※34]。その意味で、排出基準に関する大気汚染防止法、水質汚濁防止法の規

[※33] 「代替によるリスクを考えなければ」、リスクはゼロということになる。
[※34] EUの大気質の評価と管理に関する理事会指令（96/62/EC）では、指令附属書において大気環境基準の設定にあたっての考慮事項として、様々な人口グループへの曝露の程度、経済的・技術的実施可能性等、数項目を例示している。

定については若干問題なしとしないが，具体的にどの程度規定すべきかについては，決定手続との関係も含めて個別に検討が必要と考える[※35]。

(2) リスクと便益との衡量

リスク管理水準の決定において，当該物質の利用による社会的な便益を考慮するか，考慮するとすればどのように考慮するかは，有用な化学物質の製造・使用等について制限を加えようとする場合において特に重要である。

米国有害物質規制法（TSCA）の場合，リスク管理の程度を決めるにあたり，対策コストとの比較を行うものと考えられている[※36]。また，欧州連合（EU）の化学品規制 REACH においては，「認可」手続の中で，リスクが適切に管理できない場合であっても，社会経済的便益がリスクを上回る場合には認可することができるとされている[※37]。

日本の化学物質審査規制法では，便益を考慮する法文上の手がかりがないではないが，厳格な規制の対象物質が限定されていたこともあってか，従来はリスクと便益との考慮の方法についてはあまり表立った議論にはなってこなかったようにみえる。しかしながら，今後リスク管理の対象が広がるにつれ，リスクトレードオフを含めたリスクと便益との比較は重要になっていくと考えられる。

4.2 リスク管理水準の決定手続

リスク管理水準の決定手続については，本来多くの議論がありうるところであるが[※38]，ここでは，決定のための組織に関する若干の特徴等を指摘するにとどめる。

[※35] 阿部泰隆『行政の管理システム（新版）』（有斐閣，1999年）712頁は，環境基準・排出基準の規定が白紙委任であると指摘する。なお，ダイオキシン類対策特別措置法におけるダイオキシン類の排出基準については，技術水準を勘案して定めることが明記されている（第8条第1項）。

[※36] TSCA, §6 (a), 15 USC §2605. Percival, et al., supra note 7, p408.

[※37] REACH 規則 (Regulation (EC) 1907/2006) Art.60.

[※38] リスク管理の手続的論点については，ドイツ法における議論に関し，下山・前掲※2，82～96頁，145頁以下，山本隆司「リスク行政の手続法構造」城山英明・山本隆司編著『融ける境超える法5 環境と生命』（有斐閣，2005年）19～55頁，が詳細に分析している。

上記で検討した法令においては，リスク管理水準決定のための主要な組織は，関係省に設置された審議会であり，リスクアセスメントや，技術的可能性の評価など，その機能に応じて，内部組織・構成員を分化させつつ，その役割を担っている。このことの含意については，先にみた広義のリスク管理の枠組みの機能分離の考え方等も参照しつつ，改めて検討する必要があるように思われる。また，今後リスク管理の対象が拡大し，リスクアセスメントやリスク管理水準決定の局面が量的に増大する場合や質的にも多様化する場合には，組織体制についても併せて検討することが必要であろう。

　なお，環境基本法は，環境基準の設定手続について規定していない。これに対し，環境基本計画については，審議会への諮問などの手続き上の規定がある（第15条）。歴史的経緯や，対象とする環境保全分野，管理手段の決定を含むか否かという違いがあるものの，同じく環境に関する行政計画であって環境政策の基本的事項の決定であることを考えると，若干バランスを欠くきらいがある[※39]。

5　リスク管理水準の社会的決定

　以上で検討してきたのは，行政が明示・黙示にリスク管理水準を決定する場合であった。一方，近年の環境法政策では，リスク管理水準が行政によって決定されるのではなく，事業者等の私人の判断と行動を通じて，結果として，非集権的・社会的に決定される場合が増加している[※40]。

　その一つが，リスク管理に情報的手法を用いる場合である。何らかの基準値を定める場合は，その根拠において技術的可能性に基づくものであっても，結果としてのリスクの程度についてある程度の予測が可能であるのに対し，情報的手法においては，関係者がどのようなリスク低減行動をとるのか，予測が極めて困難である。このため，情報的手法を用いた法政策のリスク管理水準は，市場や社会におけるリスクコミュニケーションを通じていわば非集

※39　環境基準の決定手続の問題について，大塚・前掲※8，270頁参照。また，前掲※35参照。
※40　リスク管理水準が「目標・予測」であるとする本稿での定義からは，リスク管理水準の非決定，というべきかもしれない。

権的に，結果として定まることになる。一例として，製品のリスク等の表示がある[※41]。リスク表示が最もよく機能した場合，消費者は自らのリスクを最適な水準とするような購買・使用行動を行うであろうし，表示を行う事業者は，少なくとも消費者のそうした行動に応じて（予測して）競争上優位が得られる製品を市場に送り出すことになる。あるいは，化学物質排出移動量届出制度（PRTR制度）も情報的手法の一つであり，市場や地域における情報を通じた対話の中で排出量の低減が図られ，その結果，リスク管理水準は決せられることになる。

　二つ目に，リスク発生源である事業者が，自らリスク削減行動のレベルやリスク管理水準を選択し，その集積が社会としてのリスク管理水準を形成する場合がある。いわゆる「自主的取組」である。事業者が，自らの技術的・経済的可能性等を考慮して行動の程度を決定し，その集積として全体の活動量とリスク管理水準が定まる場合のほか[※42]，事業者が自らの影響範囲内でリスクアセスメントを行い，リスク管理水準を決める場合もありうる。PRTR制度によって創出されるデータを利用して，事業者が周辺環境に対するリスクアセスメントを行い，その結果をリスク管理に活用するのはそのような例といえる[※43]。さらに，事業者によるリスク評価・管理が自主的なものにとどまらず，制度的要請に至っているEUのREACHのようなケースもある[※44]。

　こうした仕組みは，対象となるリスクの性質や，政府による情報収集のコスト等のため，リスク管理水準が一義的に決定できない・すべきでない場合

[※41] 製品のリスク表示について，例えば，増沢陽子「環境リスク管理と製品表示」『環境管理』41巻12号（2005）参照。

[※42] 自主的取組の最近の例として，例えば，VOCがある。ただし，排出削減目標を国がかなり具体的に示している（中央環境審議会大気環境部会揮発性有機化合物排出抑制専門委員会「揮発性有機化合物の排出抑制に係る自主的取組のあり方について」（平成18年3月30日）。

[※43] 中央環境審議会環境保健部会化学物質環境対策小委員会（第3回），産業構造審議会科学・バイオ部会化学物質政策基本問題小委員会化学物質管理制度検討ワーキンググループ（第2回）合同会合（第2回）資料7「PRTRの活用事例について」16頁以下参照。

[※44] 詳細は別稿に譲るが，REACHにおいては事業者が自らの製造輸入する化学物質についてリスク評価を行い，管理することを求めている。EU当局が集権的にリスク管理水準・方法を決定するのはその中の一部である。

に適合的と思われる。

6 おわりに

「リスク管理水準の決定」は，リスクアセスメントとリスク管理の接点にあるリスク管理（広義）システムの一つの重要なポイントである。本章では，我が国の環境法において化学物質のリスクにつきリスク管理水準の決定を行う主な制度を取り上げ，決定方法の基本的考え方を中心に検討を行った。これらの制度では，環境／健康への影響が充分小さくなるようなリスクレベルを基本としているものの，仔細にみれば，リスクの性質等に応じて技術的可能性など異なる考え方により，又はこれらを組み合わせて，リスク管理水準が定められることがある。決定の手続きについては，ここではごくわずかしか立ち入ることができなかったが，決定に係る組織的な役割分担や相互関係，公衆参加の方法等検討すべき点は少なくない。

一方，近年は，行政があらかじめリスク管理水準を設定するのではなく，情報的手法の採用や自主的取組の活用によって，いわば社会的にリスク管理水準が決定される局面が増加している。リスク管理水準の決定に関する政府と私人・社会の役割分担をどのように考えるかは大きな課題ではあるが，リスク管理の対象が拡大・多様化するに伴い，このような傾向はますます増大すると思われる。このことは，逆からみれば，環境リスクを生ぜしめる活動を行う事業者らが，少なくとも一次的にはリスク管理水準を決定しその正当性を説明しなければならない状況が増えることを意味するといえる。

最後に，本章では扱うことができなかったが，リスク管理水準は，生物の導入による生態系へのリスクのように，複雑で定量的な議論がより困難な環境リスクについても観念できるはずである。こうしたリスクについて，どのような考え方・手続きによりリスク管理水準を決定していくのか，は今後の大きな課題と思われる。また，環境リスクが地球規模で扱われていることが増えている現在，リスク管理水準の決定は，国内法上の議論にとどまらない面がある。こうしたリスク管理水準の国際的決定に伴う論点についても今後検討を行う必要がある。

※本稿は，拙稿「環境法におけるリスク管理水準決定の現状と課題」『環境管理』44巻2号（2008）を，大幅に加筆・修正したものである。

第6章 環境リスクに対する事前・事後配慮
—公法の立場から

荏原明則

1 はじめに

　リスクとは，一般に「人間の生命や経済活動にとって，望ましくない事象の発生の不確実さの程度およびその結果の大きさの程度」として定義されている[※1]。リスクに付随する概念として不確実性があるが，その内容は，確率的なもの，偶発的なもの，未解明なもの，予測不可能なもの，交渉条件的なもの等で区別される。そしてリスクの源泉の把握のカテゴリーとしては，環境リスクの他，自然災害のリスク，食品添加物と医薬品のリスク，バイオハザードや感染症のリスク，放射線のリスク，廃棄物リスク，投資リスクと保険等多様なものが挙げられている[※2]。本章はこれらのうち，環境リスクの問題に関する対応策について公法の観点から若干の検討を試みるものである。私法からの観点・役割については第7章を参照されたい。

2 公害から環境リスクへ

　わが国の公害問題は，人間活動由来の化学物質による環境汚染による人体や生態系への被害であり，被害自体は甚大であるがその範囲は局所的であることが多かった。これに対して1990年以降注目された地球環境問題での化学物質による汚染は，被害の程度は弱いが，影響範囲は広く，かつ被害が未

[※1] 盛岡通「リスク学の領域と方法」日本リスク学研究学会編『リスク学事典 増補改訂版』（阪急コミュニケーションズ，2006年）2頁。なお，松村「リスク管理・評価」松村・柳・荏原他『ロースクール環境法 補訂版』（成文堂，2007年）34頁は多くの定義を挙げ，検討している。

[※2] 盛岡※1 3頁。

来にも及ぶ点が異なると指摘されている。ここではまず，公害問題から環境リスク問題への動きについて「化学物質の審査及び製造等の規制に関する法律」（昭和48法117号・以下「化学物質審査規制法」という）の制定を手がかりにみておこう[※3]。

　公害問題への対応は，従来型の規制行政による対応で一定の解決をみた。すなわち，人への健康被害を防止する観点から，毒物や劇物などの急性毒性を有する化学物質や労働者が直接的に取り扱う化学物質の製造・使用等についての規制，および工場の煙突や排水口からの排出により環境中に放出された不要な化学物質についての排出規制等が講じられてきた。いわゆる公害規制法律は，原因化学物質を特定して法的にその使用・排出等を規制したものであり，この規制が少なくとも大気汚染・水質汚濁状況等の改善に寄与したこと等，一定の成功をみた[※4]。ここでは，公害対策基本法のもとに整備された大気汚染防止法，水質汚濁防止法等の公害規制法令が大きな役割を担った。

　有用な化学物質の利用に起因する人の健康へのリスクは，昭和40年代初期に発生したポリ塩化ビフェニル（PCB）による環境汚染問題の発生により顕在化した。ここでは，PCB汚染が魚介類への濃縮から人への伝播という経路で広汎な汚染をもたらしていることが明らかにされた（この魚介類への濃縮から人への伝播は既に水俣病でみられた）。この魚介類摂取というルートでの伝播がわが国の食生活に与えた影響は大きく，これが化学物質審査規制法の制定の一因であった。

　この段階では環境リスクへの対応が問題とされたが，同法は，「難分解性等の性状を有し，かつ，人の健康をそこなうおそれがある化学物質による環境の汚染を防止するため，新規の化学物質の製造又は輸入に際し事前にその化学物質がこれらの性状を有するかどうかを審査する制度を設けるとともに，これらの性状を有する化学物質の製造，輸入，使用等について必要な規

[※3]　環境省化審法ホームページ，化審法逐条解説（http://www.env.go.jp/chemi/kagaku/etc/tikujyo-faq.html），大塚直『環境法 2版』（有斐閣，2006年）248頁。

[※4]　本文の記述のような評価ができるか否かには議論がある（中西準子『環境リスク論 第一部』（岩波書店，1995年）等）。

制を行なうこと」※5 を目的とし，難分解性で，蓄積性があり，かつ慢性毒性を有する化学物質の規制を行うもので，1990 年代に起きた残留性有機汚染物質問題の先駆けとなった。

公害規制諸法律は公害事件を契機として制定されたため，規制項目としてカドミウム（イタイイタイ病），水銀（水俣病），ヒ素（農業被害や森永ヒ素ミルク事件），鉛，シアン，六価クロム等が挙げられていたが，「化学物質の審査及び製造等の規制に関する法律」は，上記の目的から広く新規の化学物質を規制対象とした点に特色がある。しかし，他方ではこの法律はリスク管理よりもハザード管理※6 を目指していること，人の健康被害防止を目的としていることの限界が指摘されている※7。

1990 年代では，大気汚染防止法のなかに有害大気汚染物質という範疇（はんちゅう）が組み込まれ，ベンゼン等 4 物質について，環境基準，排出規制基準が設定された。これらの物質についての環境基準設定の際に，リスク，リスクアセスメント，リスクマネージメントの考え方が導入され，どの程度なら許容可能かという観点から検討が行われることとなった※8。さらに優先取組物質として 238 物質が指定された。ベンゼン等 4 物質および 238 物質に含まれたクロ

※5　引用した条文は制定当時のもの。本稿執筆時現在（2009 年 2 月）の条文は，「この法律は，難分解性の性状を有し，かつ，人の健康を損なうおそれ又は動植物の生息若しくは生育に支障を及ぼすおそれがある化学物質による環境の汚染を防止するため，新規の化学物質の製造又は輸入に際し事前にその化学物質が難分解性等の性状を有するかどうかを審査する制度を設けるとともに，その有する性状等に応じ，化学物質の製造，輸入，使用等について必要な規制を行うことを目的とする」と規定する（化学物質の審査及び製造等の規制に関する法律 1 条）。

※6　ハザード管理とは，有害性が認められる化学物質を一律の基準で製造，使用を規制し，また排出を規制しようとするものであり，リスク評価ベースの管理とは，ハザードベースの管理を行いつつ，さらにハザードベースでは，一律に規制できない多様な化学物質について暴露情報も勘案しつつ，規制と自主管理を補完させながら，よりきめの細かい化学物質管理を進めていこうとするものと説明される。佐藤・池田・越智『実務環境法講義』（民事法研究会，2008 年）311 頁。

※7　中西準子「化学物質汚染―公害から環境リスクへ」※1, 27 頁。中西・蒲生・岸本・宮本編『環境リスクマネージメントハンドブック』（中西執筆）（朝倉書店，2003 年）14 頁。
なお，現行条文は※5 に引用したが，「動植物の生息若しくは生育に及ぼすおそれ」が追加されている点に注目したい。

※8　松村※1 40 頁。中央環境審議会大気部会環境基準専門委員会「ベンゼンに係わる環境基準専門委員会報告」（1995 年 9 月）。

ロホルム等8物質は発がん物質であるが，人に対する発がん性は証明されておらず，動物実験による発がん結果をもとに組み込まれたため，これは人の健康被害防止を目的としてきた従来のシステムを変更したものと指摘されている[9]。

3　環境リスクの特徴
3.1　環境リスク

環境リスクについて黒坂准教授は，「環境リスクについては，一般的に人の活動によって環境に加えられる負荷が環境中の経路を通じ，環境保全上の支障を生じさせるおそれ（人の健康や生態系に影響を及ぼす可能性）」[10] と定義する。また高橋教授は，「産業活動等により環境中に排出され，あるいは，製品等を通じて人と接触する化学物質が，人の生命健康に与えるリスク」と定義する[11]。

環境リスクの特徴には，先に挙げたリスクの定義でみたように，第一に不確実性，すなわち，ここではリスクの算定に伴う有害性や危険性に対する知見そのものが不確実性を有することがある。このため，被害の空間的時間的範囲の確定，結果発生との因果関係の証明が困難であることなども指摘できよう。第二に，上記の高橋教授の定義に含まれるかは不明であるが，多岐にわたる活動から環境影響が考えられ，相互の関係も考慮する必要が指摘できるし，有害物による影響だけでなく都市開発・農業開発・埋立等の面的な開発も大きな環境影響を生むことがあり，これらも無視できない。エネルギー消費が大きければ，それによる環境影響も無視できない。環境リスクが実際に発現した場合には被害は不可逆的である。

環境リスクの評価を考える場合，図1からも理解できるように，まず，リ

---

[9]　中西・蒲生・岸本・宮本編※7, 15頁（中西執筆）
[10]　黒坂則子「環境リスク概念」『環境管理』44巻1号。
[11]　高橋滋「環境リスク管理の法的あり方」『環境法研究』30号（2005年）3頁。なお，藤倉皓一郎「アメリカ環境訴訟における割合責任論―司法的救済の公法的展開」国家学会編『国家と市民―国家学会百年記念第1巻』（有斐閣，1987年）255頁,大橋洋一『都市空間制御の法理論』（有斐閣，2008年）191頁など参照。

スクの発見，すなわち影響（人の健康への影響，生活環境への影響，生態系への影響等），暴露（環境中の存在状況を点検するための調査，汚染状況の推移を監視するモニタリング等），毒性（安全性試験等）を発見することが要求され，次いでリスクの計測，すなわち暴露量の見積り，用量反応関係を知ること，リスクの計算，生態リスクの計測，不確実性の評価が要求される。

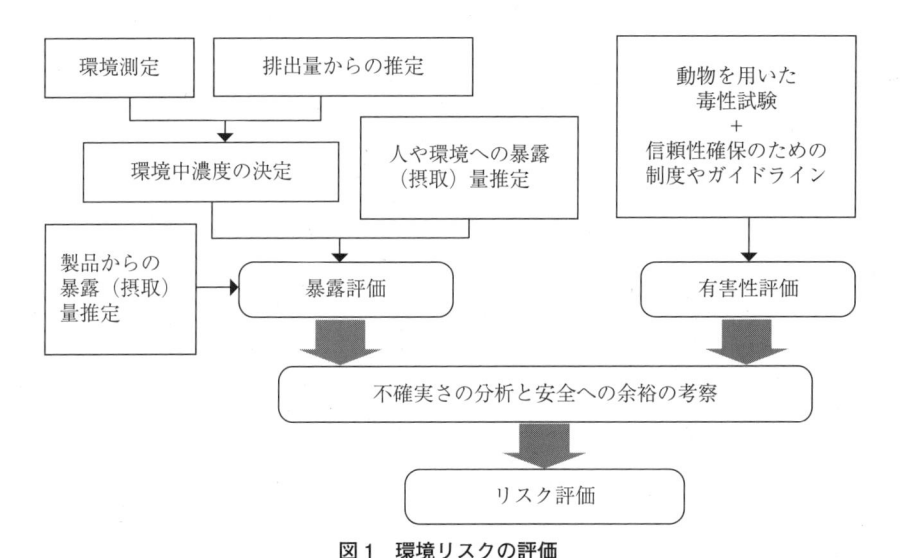

図1　環境リスクの評価
（出典）独立行政法人　製品評価技術機構のホームページ（http://www.safe.nite.go.jp/management/risk/ra.html）

3.2　環境リスク対策：事前考慮（特に予防原則）と事後考慮

　公害の発生，環境汚染が問題とされた当時から，それに対する予防的対策の必要性が指摘されてきた。リスク管理についても，リスクが実際に発現する前の予防的対策を行うことが必要である。岡教授によれば，この場合の原則はある程度体系化できると指摘されている[※12]。

　第一はゼロリスク原則であり，この場合には，発がん物質であればその使

※12　中西・蒲生・岸本・宮本編※7，368頁（岡敏弘執筆）

用は禁止するというようなもので、わが国でも、食品添加物規制や農薬取締りで行われている。しかしこれについては、一切の食品添加物や農薬が使用される以前からリスクは存在しており、食品添加物や農薬取締法がそれをむしろ減らしているかもしれないとされ、現実には決して到達できない理想であるとされる。

　第二は、リスクが一定程度を超えた場合に規制しようとする原則である。しかし、リスクを減らすことの難しさが分野ごとに異なり、ある物質は非常に有益であって、代替物が少なく、これを禁止すると社会経済的に大きな犠牲を払わなければならない場合があるため、これはリスクと便益の比を考慮するリスク便益原則となる。ただ、このリスク便益原則では、その実現のためリスク便益分析を行うが、リスク便益分析では便益の総額が費用の総額を上回るという意味での効率性が測られるに過ぎず、そのような費用や便益を生み出す行為が正義にかなうかという面には注目していない。このため、岡教授は上記のリスク管理原則のどれか一つだけに依存することが不可能であると指摘する。

　以上の議論は、リスク管理を法的仕組みの問題として考える場合には、先にも指摘したように、まずリスクの発見の必要性、すなわちリスク情報の収集と情報の整理・公開制度の確立、ついでリスク計測手法の開発、手法の規準化（このリスク計測手法については、リスクの性質により分類・区別が必要である）が可能な限りで要求されることを導く。

　ところで公害法では、予防対策の必要性とともに損害賠償、刑事罰が当然のこととして規定された。この点について簡単にみてみよう。まず損害賠償については、四大公害事件の訴訟において、主観的要件としての過失の立証の困難さと因果関係の立証の困難さが指摘されてきた。イタイイタイ病事件では、鉱業法による事件であるため過失が要件とされず、これが原告（被害者）の負担を軽減した。このため、水質汚濁防止法等も無過失責任規定が置かれた[※13]。

※13　水質汚濁防止法19条、大気汚染防止法25条等。なお鉱業法は、制定当時から無過失責任を

次に，罰則については，ほとんどの制定法において，当該法律に法律又は法律に基づく処分による義務違反のうち，とくに反社会性の高いと考えられる場合等に刑罰を定める。これは，本来的には前記の法律等により課された義務に違反したものの刑事責任追及を目的とするが，この本来的目的の他に，法律上の義務について間接的に履行を求める手法という意味も有するとされる。すなわち，行政法では行政罰が実効性担保手法の一つとして議論されている[14]。この刑事罰は，行政的な強制手段としては代替的作為義務の不履行に対する行政代執行制度の他に適切な手段がないため，その代替策および行政上の義務確保手段として広く制定される。

　ただ，この刑事罰は実際上適用例が極めて少なく，「張り子の虎」に近い[15]。すなわち，規制行政機関が法律に基づき被規制者を規制するとともに，当該法律による規制が被規制者の保護という側面も有し，多くの違反者の創出は一般国民・住民から規制行政の失敗と評価されるからでもある。

　環境問題の広がりを考えると，「環境刑法」の目的・範囲の確定も重要な課題である。従来の人間中心主義的な考え方から生態系中心主義的な考え方への潮流は理解できても，刑罰をもってのぞむべき範囲はどこかが問われる。刑法学の主流は，保護法益の中に人に対する危険性の存在を含めることは，あまりにも広範すぎるとしている。誘導的手法を含めた各種環境政策による環境保護の実現に向け，刑罰を用いることは合理的な範囲で抑制的になされるべきであろう[16]。

認めて，同法109条1項は，「鉱物の掘採のための土地の掘さく，坑水若しくは廃水の放流，捨石若しくは鉱さいのたい積又は鉱煙の排出によつて他人に損害を与えたときは，損害の発生の時における当該鉱区の鉱業権者（当該鉱区に租鉱権が設定されているときは，その租鉱区については，当該租鉱権者）が，損害の発生の時既に鉱業権が消滅しているときは，鉱業権の消滅の時における当該鉱区の鉱業権者（鉱業権の消滅の時に当該鉱業権に租鉱権が設定されていたときは，その租鉱区については，当該租鉱権者）が，その損害を賠償する責に任ずる」と定める。

※14　例えば，塩野宏『行政法Ⅰ　第4版』（有斐閣，2005年）224頁。
※15　北村喜宣『行政執行過程と自治体』（日本評論社，1997年）23頁，阿部泰隆『行政法解釈学Ⅰ』（有斐閣，2008年）617頁など。元来，被規制者を対象とする刑事罰については監督公務員の意識からして，告発等はしない傾向にあると指摘されている。
※16　町野朔編『環境刑法の総合的研究』（信山社，2003年）に詳細な検討がある。

3.3 予防原則

　環境リスク対策に関して欧州連合（EU）を中心に，予防原則の検討を通じ多くの議論がなされてきた[17]。予防原則とは別に，未然予防原則が議論の対象となるが，この両者は科学的不確実性の有無によって区別される。ここでは，不確実性を前提とする予防原則について簡単に触れる。

　予防原則については，リオ宣言第15原則やEUのマーストリヒト条約に採用されたことを契機にEUで議論が深まった。アムステルダム条約174条2項2号に事前の配慮と予防の原則が規定されたほか，多くの法令に盛り込まれ，EU委員会は2000年2月2日に「予防原則に関する委員会コミュニケーション」[18]を公表した。カナダでは「リスクに関する科学を基礎とした意思決定における予防の適用の枠組み」[19]を定め，イギリスではリスクアセスメントに関する省庁間連絡グループの「予防原則・政策と運用」[20]を公表した[21]。

　これらの文書では予防原則はリスク管理の原則を示すものとされ，以下のようなものが含まれる[22]。すなわち，①予防原則の目的は，リスクの性格と程度に関する科学的不確実性がある状況の中で意思決定を行うための動機を作り出すことにある，②不確実性を縮減するために適切なリスク評価を実施すること，③評価の際には，リスクを伴う活動を行うものによる資料の提供

---

[17]　さしあたり，織朱實「『予防原則』を環境施策に適用することへの考察」『環境法研究』30号（2005年）17頁，松本和彦「環境法における予防原則」『阪大法学』53巻2号（2003年）1頁，54巻5号（2005年）1・頁，大竹千代子・東賢一『予防原則』（合同出版，2005年）等

[18]　邦訳は，「環境政策における予防的方策・予防原則のあり方に関する研究会報告書」（平成16年10月）の資料3参照。

[19]　A Framework for the application of Precaution in Science-based Decision Making about Risk, 2003：健康，安全及び環境の保護並びに天然資源の保全のためのカナダ連邦政府の規制的行動の分野における，科学に基づいた意思決定における予防の適用のための基本原則の概説。
　　カナダではこれに先立ち，「予防的取り組み方法：予防原則に関するカナダの展望」（2001.9）と題する議論用文書が公表されている。

[20]　The Precautionary Principle :Policy and Application,2002：ILGRA（リスクアセスメントに関する省庁間連絡グループ）により合意された予防原則に関するガイドラインの概要を記述した報告書。

[21]　各国の動向については少し古いが[18]の報告書参照。

[22]　以下の指摘は，高橋[11]を参照した。

が不可欠であり，リスクの存在や安全性の程度の証明に関する挙証責任について危害を作り出すものに移動させること，④評価の際には，その他，広範な関係者に関与が求められること，⑤予防原則に基づく措置については，費用と措置との間に適切なバランスが保たれているべきこと。ゼロリスクを目指さないこと，⑥予防原則に基づく措置は，より詳細なリスク評価により不確実性が縮減されるまでの暫定的な性格を有すること，また不確実性を減少させるさらなる情報が利用できるようになったときは再考慮が要求される。

4　現行法による環境リスク管理

　現行法では，環境リスクへの対応について全面的な展開はいまだなされておらず，これからという面も少なくない。個別法の詳しい解説は後の各項目に譲り，ここでは問題点を指摘し，若干の例をみてみよう。

　環境基本法は環境基準につき定めるが，環境基準とは「政府は，大気の汚染，水質の汚濁，土壌の汚染及び騒音に係る環境上の条件について，それぞれ，人の健康を保護し，及び生活環境を保全する上で維持されることが望ましい基準」とされ（同法第16条第1項），「政府は，この章に定める施策であって公害の防止に関係するもの（以下「公害の防止に関する施策」という）を総合的かつ有効適切に講ずることにより，第1項の基準が確保されるように努めなければならない」（同条第4項）とされており，環境基準は人の健康を保護する最低基準ではなく，より安全かつ良好な生活環境を保全する上で維持されることが望ましい目標としての性格を与えられ，予防的な性格を持つものと解されている[※23]。

　環境基本計画は，既に第一次環境基本計画（平成6年）において化学物質の「環境リスク」の概念を打ち出し，第二次環境基本計画（平成12年）において，有害性と暴露を考慮し，規制に加え自主的取組等の多様な対策手法を用いて環境リスクを低減するという方向を明示した。その後，化学物質審査規制法に基づく規制に暴露の観点や動植物の保護の観点が導入されたほ

※23　高橋滋「環境リスク管理の法的あり方」『環境法研究』30号（2005年）3頁。

か，大気汚染防止法に事業者の自主的取組が位置付けられるなどの取組が進められた。

その結果，有害大気汚染物質やダイオキシン類の対策等は大きな成果をあげた。しかし，第三次環境基本計画では，化学物質の環境リスクの低減のためにはなお多種多様な課題が残されているとし，今後5年程度を見渡せば，特定化学物質の環境への排出量の把握等及び管理の改善の促進に関する法律（以下「化学物質排出把握管理促進法」という）については平成19年以降，化学物質審査規制法については平成21年以降にそれぞれ法律の施行状況について検討を加え，結果に応じて必要な措置を講ずることとしていると指摘する[24]。

そして，情報の公開の必要性，化学物質の環境リスクの低減を通じてより安全な社会を実現することに加え，化学物質の安全性についての国民の理解が進み，国民が安心できる社会を実現することを重要な課題とする。また，化学物質による環境リスクを完全になくすことは不可能であることから，環境リスクに関する情報・知識を関係者が共有し，情報に関する共通の理解と信頼の上に立つ，社会的に許容されるリスクについての合意形成を図る必要があると指摘する。その施策として，平成18年に合意された国際的な化学物質管理に関する戦略的アプローチ（SAICM）に沿う国際的な観点に立った化学物質管理への取り組み等を挙げる。

個別法では，前記の化学物質審査規制法のシステム，化学物質排出把握管理促進法が注目される。化学物質排出把握管理促進法[25]は，事業者による化学物質の自主的な管理の改善を促進し，環境の保全上の支障を未然に防止することを目的とするが，具体的には，以下のことを要求する。①事業者による化学物質の環境への排出量や廃棄物の移動量の把握と国への届出

---

[24] 第3次環境基本計画（2006年4月7日）第2部第1章第5節70頁。
[25] 化学物質排出把握管理促進法については，石野耕也「化学物質排出把握管理促進法の手法と仕組み」岩間・柳編『環境リスク管理と法』（慈学社出版，2007年）89頁，大塚直「PRTR法の法的評価」ジュリスト1163号，淺野直人「化学物質管理の新動向」環境法政策学会編『化学物質・土壌汚染』（商事法務研究会，2001年）9頁等。

(PRTR)の義務付け，②国が届出で得た情報を物質ごとに，業種別・地域別などの集計・公表，③国は小規模事業者や家庭・農地・自動車などからの発生量を推計・公表，④国民の請求に対し国は営業秘密を確保しながら，個別事業者のデータ開示，等を定める。

　ここでは環境リスクに対する基本的な情報の収集手段の一端を担い，情報によるコントロールを提供することを図ることとしている。化学物質審査規制法は，第一に新規化学物質に関する審査及び規制であり，その製造または輸入を開始する前に国への届出を求め，規制対象となる化学物質であるか否かの判定までは製造または輸入ができないという事前審査制度であり，第二に，化学物質の性状等の規制であり，分解性，蓄積性，人への長期毒性，動植物への毒性といった性状や，環境中の残留状況に着目し，その性状等に応じて，規制の程度や態様を異ならせている[※26]。限定があるものの，化学物質による環境リスクに対する予防原則を具体化した事前配慮をするものといえよう。この法律は，現在改正の動きがある[※27]。国際的には，EUは「2006年12月18日付け化学物質の登録，評価，認可及び制限（REACH）に係る欧州議会及び理事会規則 No.1907/2006」を定め，規則の制定と欧州化学物質庁の設置をした[※28]。

　有害化学物質に関しては，上記の二法律以外にも，環境への排出を規制するというものとして「大気汚染防止法」「水質汚濁防止法」「廃棄物の処理及

※26　化学物質の審査及び製造等の規制に関する法律の2003年の改正については，柳憲一郎「化学物質管理法と予防原則」『環境法研究』30号（2005年）35頁。

※27　「今後の化学物質環境対策の在り方について」（平成20年12月22日中央環境審議会答申）。内容は，①現在の制度は相応の役割を果たしているものの，既存化学物質（化審法が制定された昭和48年当時我が国に流通していた化学物質，約2万種）の安全性評価が十分になされないまま製造・使用されている現状を踏まえ，基本的にすべての化学物質を対象としてリスク評価を段階的に進めていく体系へと転換，②すべての化学物質について，一定量以上の製造・輸入量の届出を義務化。届出情報等を用いてスクリーニング評価を行い，「優先評価化学物質」（仮称）を絞り込み。それらの物質について，事業者の協力の下で安全性情報を段階的に収集し，国としてリスク評価を実施，③リスクが高いと判断される物質の製造，輸入，使用等を規制，④2020年までに，すべての化学物質について一通りの対応を終える。

※28　REACHに関する資料については環境省の化学物質をめぐる国際潮流についてのホームページ (http://www.env.go.jp/chemi/reach/index.html)。

び清掃に関する法律」があり,「地球環境保全を目的とする特定物質の規制等によるオゾン層の保護に関する法律」「地球温暖化対策法」「人の健康を損なうハザードを有する直接暴露を規制する労働安全衛生法」「保健衛生上の見地からの有害物質を包含する家庭用品の規制に関する法律」や「毒物及び劇物取締法」「土壌の特定有害物質による汚染の状況の把握及びその汚染による人の健康にかかる被害の防止に関する措置を規定する土壌汚染対策法」等がある[※29]。以上の各法の詳細については本書の各章参照。

5　環境リスクに関する公法の役割

　編集者からの要求では,環境リスクに関する公法と私法の分担の問題についても議論することが求められた。ただ,公法・私法の区別論自体が必ずしも明確ではないこと[※30],法律には私人間の法律関係を規律する民事法,国家が制裁を科す刑事法があり,これらによっては社会を適切に管理できず,公共性を実現できない場合に行政法が必要とされてきたこと等を指摘する必要があろう。しかし環境問題についての対応は公法・私法の厳格な区別に基づいてなされてきたわけではない。ここで充分に展開する余裕はないが,国や地方公共団体による公共性実現のための法を公法と解しておきたい。

　従来からの環境法の多くの部分は私法による問題解決では不充分と考えられてきたことから,公共性の実現のため制定構築されてきた。上記の議論から理解できるように,環境リスク管理の問題のうち,リスク管理の対象となるようなものの情報の収集・管理システム施策の構築が,まずは公法の問題と考えられよう。さらに,事前評価の制度化は,個人・企業間の取引関係等を別とすれば,多くの問題は公法の課題とされよう[※31]。

※29　柳憲一郎「化学物質管理法と予防原則」『環境法研究』30号（2005年）35頁。
※30　公法私法の区別論については,さしあたり,浜川清「公法と私法」芝池・小早川・宇賀編『行政法の争点 第3版』（有斐閣,2004年）10頁。
※31　編集者からは,景観問題について公法と私法の分担論を議論するようにとの要請があった。ただ,この問題は,環境リスクと関係が必ずしも明確ではないから,この注で簡単な検討をしておく。

景観問題については，景観法の制定前と後では問題状況は大きく異なると解される。すなわち，景観法制定前は，景観保護について，都市計画法や建築基準法では法的には必ずしも十分な対応ができなかった。すなわち，建築行為による景観への影響については，まずは，当該計画建築物の高さ，デザイン，色彩等が問題となる。この場合，高さに関しては，都市計画法の高度地区制度（都市計画法 8 条 1 項 3 号）の利用，さらに高さと形態に関しては間接的ではあるが用途地域の選択により，建築基準法の規制と相まって一定の効果がある規制が可能となる。例えば，第一種低層住居専用地域では建築できる建築物の種類が限定され，低層住宅が原則であり，さらに高度地区規制を同時にかけることにより，景観保護上は一定の意味のある規制が可能となる。しかし，同じ住居系の地域でも建築できる建築物の種類が広くなる中高層住居専用地域では，問題が多くなる。特に実態としては低層住宅地域であって中層住宅がほとんどないが，中高層住居専用地域に指定されている地域で，同用途地域では建築可能な高層住宅建築の建築が計画された場合には，景観上大きな問題を生起することがある。有名な国立マンション事件は，中高層住宅地域に高層マンションの建築が計画・建築された例である。また，色彩規制については地方公共団体の景観条例により導入されていた例はあったが，その内容は行政指導基準を定めていたに過ぎなかった。景観法により法的効果を持つ規制が可能となった。

　景観法は，地方公共団体がその条例によって，景観法に定める手法を選択的に条例に取り込み，すなわち，法の委任による委任条例と自主条例を組み合わせることとしている。このため，その内容は各地方公共団体毎に異なることになる。

　前記の国立マンション事件では，民事上の差止め等を請求した事件で地裁判決（東京地判平成 14 年 12 月 18 日判時 1829 号 36 頁）が建物の高さ 20m 以上の部分について撤去を命じたことが注目された。法律の不備がある場合に，民事上の救済を求め得ることは可能であるが，特定の場所からの眺望権ではなく，地域の景観保護の観点からの請求である場合には，単なる相隣関係ではなく，広く地域の広範な利害調整が必要とされる。

　このため，景観保護という公共性確保の観点からする個人の財産権規制が要請されることから，広く法律による規制を検討すべきであると考えられる。国立マンション事件の最判平成 18 年 3 月 30 日民集 60 巻 3 号 948 頁も，「景観利益は，これが侵害された場合に被侵害者の生活妨害や健康被害を生じさせるという性質のものではないこと，景観利益の保護は，一方において当該地域における土地・建物の財産権に制限を加えることとなり，その範囲・内容等をめぐって周辺の住民相互間や財産権者との間で意見の対立が生ずることも予想されるのであるから，景観利益の保護とこれに伴う財産権等の規制は，第一次的には，民主的手続により定められた行政法規や当該地域の条例等によってなされることが予定されているものということができることなどからすれば，ある行為が景観利益に対する違法な侵害に当たるといえるためには，少なくとも，その侵害行為が刑罰法規や行政法規の規制に違反するものであったり，公序良俗違反や権利の濫用に該当するものであるなど，侵害行為の態様や程度の面において社会的に容認された行為としての相当性を欠くことが求められると解する」と判示する。景観法はこの意味で国会による一定の解決策の提示であると考えられる。以上のように，地域の景観保護については公法の役割は大きい。

　以上の点について，阿部泰隆「景観権は私法的（司法的）に形成されるか」『自治研究』81 巻 2 号（2005 年）3 頁，3 号（2005 年）3 頁，荏原明則「景観保護の課題―国立マンション事件最高裁判決を機縁に」『環境管理』42 巻 9 号（2006 年）880 頁。

第7章 環境配慮義務論

小賀野晶一

1 はじめに

　環境法は環境問題を対象にする法分野であり，地球，人類，地域等の存続を図ることを基本的なテーマとしている。そして，環境法の実践的課題として，環境問題の解決に資するための法学上の考え方を提示している。

　環境問題は，質と量の双方において変化し，複雑化，深刻化しており，環境法においてこれにどのように応えるかが問われている。このような課題を解決するためには，政策論とともに，環境法の基礎としての規範のあり方が明らかにされなければならない。環境法における規範論は，権利と義務の双方からアプローチすることができる。学界・実務における議論は政策論や環境権論については深められているが，環境配慮義務の内容やあり方を明らかにすることも重要である。

　環境配慮は今日，訴訟（判決等），立法，契約など，様々な段階において要請され，浸透しつつある。本章では，環境訴訟，環境立法，契約等における環境配慮の存在を確認し，環境配慮義務論について検討する[※1]。環境法の

[※1] 本稿は環境配慮義務（論）に関する以下の拙稿に基づいている。「私的契約と環境配慮」野村好弘編『環境と金融—その法的側面』（成文堂，1997年）196頁以下，「環境法における権利と義務—予察的考察」環境省総合環境政策局委嘱人間環境問題研究会研究成果集『環境法，環境争訟及び環境自治行政の現状と展望—環境争訟の新たな展開と法理論のゆくえ』（2001年度）89頁以下，「環境配慮義務論—環境法論の基礎的検討」『千葉大学法学論集』17巻3号（2002年）21頁～83頁，「環境配慮義務論」『環境管理』42巻5号（2006年）53頁以下など。環境配慮義務論の評価については，松村弓彦「書評」『法社会学』50巻（1998年）263頁以下，同「環境影響評価と民事訴訟」環境法政策学会編『新しい環境アセスメント法—その理論と実際』（商事法務研究会，1998年）49頁などがある。

展開を規範論として整理し,環境配慮義務を追求することは,環境法における体系化に寄与するとともに,人々の活動・生活,とりわけ企業活動や都市生活における規範とは何かについて一つの方向を示してくれるであろう。

2 環境問題の展開と環境配慮
2.1 公害問題から環境問題へ

我が国の環境問題は,銅山,石炭など,鉱業に伴う鉱害問題に始まる。その後,人々の社会的,経済的活動が変化し,鉱害問題は公害問題へ変化した。公害による被害は物的損害から人的損害(人身損害)へ拡大した。1960年代の高度経済成長期には,大気汚染,水質汚濁など工場・事業場からの汚染を中心とするいわゆる産業公害が深刻化した。産業公害は,立法,行政,企業等関係者の尽力により,かなりの程度まで克服されたが,その後の都市化の進展,生活の高度化等によって環境負荷が増大し,新たな環境汚染問題が出現した。例えば,窒素酸化物・浮遊粒子状物質等による大気汚染,化学物質による被害,廃棄物問題などを挙げることができる。

他方,大気,水質等のかつての汚染が改善され,また,生活に余裕が出てきたこともあって,人々は,清浄な空気,海・湖沼・河川,日照,景観,都市の静穏等に対して,より高い価値を求めるようになった。自然への関心の高まりが強調されるようになり,全国各地で良好な環境創造を目指した地域(まち)づくりが行われている[※2]。

環境問題は今日,地域的,国際的に広がりを持ち,地球環境問題が出現している。以下に取り上げる訴訟,立法などを環境問題の諸相として整理することもできる。環境配慮義務を環境法に位置付けようとする場合には,以上のような環境問題について共通認識を持つことが重要である。

2.2 公害訴訟から環境訴訟へ

公害問題及び環境問題は,紛争という形で現れ,訴訟を引き起こす。公害

※2 宇都宮深志・田中充『事例に学ぶ 自治体環境行政の最前線』(ぎょうせい,2008年)

問題から環境問題への変化は，以下のように訴訟における変化をもたらした。

四日市煙害，水俣病（熊本，新潟），イタイイタイ病（富山・岐阜）の四大公害訴訟が提起され，1970年代初めに原告側勝訴の判決が出された。各判決は法的，社会的に様々な教訓を残した。その後，訴訟は，人々の経済，社会活動の活発化，生活の変化等に伴い，公害賠償を中心とする公害訴訟から，それを含む環境訴訟へ拡大した。

公害訴訟から環境訴訟への変化は，訴訟の請求の重点を損害賠償から差止めに移行させている。環境訴訟のもとでは，都市の過密化などに伴う新しいタイプの公害訴訟が提起され，汚染被害による損害賠償だけでなく，公害や自然破壊等の未然防止が求められている。さらに，廃棄物処分場など嫌悪施設，マンション建設等に伴う日照訴訟，景観訴訟などを掲げることができる。

公害・環境紛争は，訴訟による解決のほかに，裁判外での解決もみられる。上記都市型複合大気汚染訴訟における和解の成立，水俣病訴訟の政治的決着，スパイクタイヤ粉じん問題や豊島産業廃棄物事件等の公害紛争処理法に基づく調停の成立など，複数の態様がある。

では，公害訴訟から環境訴訟への変化は，環境配慮においてどのような効果をもたらしているのだろうか。

今日，都市に人々が集中し，都市生活が高度化，複雑化しているが，都市環境問題の態様は様々な諸相をみせている。都市環境に係る紛争は今後さらに増加し，深刻化することが懸念されている。これに即応するように，様々な態様・内容の訴訟が提起されている[※3]。環境訴訟に係る裁判例は，当事者が負うべき責任の根拠として環境配慮義務の存在を明らかにしており，裁判による規範定立が行われている。また，裁判ではなく，和解（特に訴訟上の和解）で解決した事例も多く，そこでは和解による和解条項の履行等に係る規範定立も認められる。規範ということでは，公害等調整委員会（国）や公害審査会（地方公共団体）などの裁判外紛争解決機関（ADR）における活動成果にも注目することができる。

※3　野村好弘ほか「特集　重要環境判例の最近の動向」『環境法研究』32号（2007年）1頁以下参照。

3　環境立法の展開と環境配慮
3.1　公害法制の形成，整備

1967年に公害対策基本法が制定され，1970年の第64通常国会（公害国会）では14の個別法が制定，改正された。公害法は，公害に対する規制・処罰（総量規制など），公害防止・費用負担，公害健康被害補償制度，公害紛争処理制度，自然保護などから成っている。このうち典型7公害については，大気汚染防止法，水質汚濁防止法，騒音規制法，振動規制法，悪臭防止法，土壌汚染対策関係法（農用地の土壌の汚染防止等に関する法律，土壌汚染対策法），地盤沈下関係法（工業用水法，建築物用地下水の採取の規制に関する法律）が制定されている。

健康被害に係る損害賠償については，大気汚染防止法，水質汚濁防止法などが事業者の無過失責任の規定を導入した（過失責任から無過失責任へ）。なお，無過失責任については従前より鉱業法第109条の規定がある。

3.2　環境基本法の成立—公害法制から環境法制へ

1993年11月に成立した環境基本法は，環境法制の基本的考え方として，公害防止と自然保護を統合的に扱っている（公害対策基本法は廃止）。国の公害・環境立法の基本法は，汚染問題に対する規制を中心とする公害対策基本法から，環境問題をより広範囲に捉え，総合的に保全を図ろうとする環境基本法へ展開した。ここに法制度の根本的転換が行われたのである。

環境基本法は，環境の保全についての基本理念（第6条参照）として，環境の恵沢の享受と継承等（第3条）に加え，環境への負荷の少ない持続的発展が可能な社会の構築等（第4条），国際的協調による地球環境保全の積極的推進（第5条）の各規定を掲げる。そして，国，地方公共団体，事業者，国民のそれぞれの責務を明確にしている（責務規定。第6条～第9条）。各責務は，環境の保全についての基本理念（第3条～第5条）にのっとり，各主体が担うべき基本的責務として位置付けられるものである。

かかる責務規定に続けて，環境基本法は環境配慮のための個別規定をおく。第19条（国の施策の策定等に当たっての配慮），第36条（地方公共団体

の施策）の環境配慮義務の規定は，国・地方公共団体の個別法・条例の解釈における環境配慮を要請する（この点を明示するものとして札幌高判平9・10・7判時1659号45頁参照）。

環境保全手法としては，環境影響評価の推進（第20条），経済的措置（第22条），環境教育・環境学習の推進（第25条），環境情報の提供（第27条），国際協力等（第32条～第35条）について規定する。第3に，環境法原則として，原因者負担（第37条），受益者負担（第38条）の各原則を掲げる。それらの規定は，本章テーマとの関連でみると，環境行政法，さらに環境民事法における環境配慮義務の基礎となり得るものである。

以上のように，環境基本法のもとにおいて環境配慮の要請が明確になったということができる。

3.3　個別法の展開

公害法制から環境法制に至る多数の法令等が制定されている。個別法の展開は質・量ともに充実してきており，それらの法令等のなかには環境配慮を要請し，あるいは環境配慮義務を明らかにする規定がみられる。例えば，実定法としての環境行政法（各種の公害規制法や，自然保護法などのほか，国土・開発関係の諸法など広範囲に及ぶ）には，環境配慮を義務付ける規定（環境配慮条項）がみられる。これらの環境配慮条項は，環境基本法における環境配慮の上記責務規定を基礎にして，環境保全のための実質的役割を果たし得る。環境配慮条項が働くことによって，それぞれの法律の趣旨のもとに環境保全の実効性をあげることができるのである。以下では，個別法における展開のうち，環境配慮の要請という観点から注目すべき立法を取り上げよう。

(1) 環境影響評価法の成立

事業活動は，大気，水質，土壌など環境質に対して様々な影響を及ぼすが，このような事業の環境に及ぼす影響をあらかじめ調査，評価し，環境に配慮することを環境影響評価という。

我が国では環境影響評価法は1997年に成立した。同法の制定にあたり，産業界は当初，既存法制のもとで対応することができること，立法化は訴訟

増加を誘発すること等を理由に反対したが,最終的にはその必要性を認めた。立法化はアメリカ,ヨーロッパ等の国際的な流れであった。

　環境影響評価は環境基本法第19条及び第20条に位置付けられている。環境影響評価法の成立により,環境影響評価（環境アセスメント）制度が我が国の法律に基礎付けられ,ここに法的義務としての環境影響評価の仕組みが確立した。環境影響評価法は,事業に係る環境保全について適正配慮を確保することを目的とする。その方法として,環境影響評価について国の責務,手続,結果の反映措置等について規定する。

　環境影響評価法は,実施要綱による環境影響評価の考え方を基本的には踏襲し,環境影響評価を事業実施段階において行う仕組みを導入する（いわゆる事業アセスメント）。すなわち,現行法における環境影響評価制度は,大規模な開発事業の実施にあたり,事業が環境に及ぼす影響について事業者自らが調査等を行い,地方公共団体・住民等の意見を聴く手続きを定めるとともに,それらの結果を踏まえて事業の許認可等を行わせることにより,その事業に係る環境の保全について適正な配慮がなされることを確保することを目的とするものである（環境影響評価法第1条参照）。

　環境影響評価法は環境保全の手続法であるが,実体として環境保全を実現するものとしても位置付けることができる。近時注目されている情報の扱いについていえば,市民（公衆）など第三者の意見は,方法書,準備書,評価書のそれぞれの作成段階において求められる。これは市民参画の萌芽となり得るものである。

　環境配慮義務からみた場合,同法第33条第1項のいわゆる横断条項に注目することができる。横断条項は,関連法の環境配慮条項の解釈・適用に影響を及ぼすものであり,規範の横の広がりと濃密化に資するものといえる。横断条項が実効性を持つように柔軟に運用されるべきである。

　制度のあり方についてみると,現行制度はいわゆる事業アセスメントにとどまっており,より徹底した環境保全の必要性の観点から,戦略的アセスメントの導入が検討されている。戦略的アセスメントは,当該事業開始に先立つ政策,計画等の段階において環境影響評価を求め,これを政策・計画や事

業に反映させるものである。東京都など一部の地方公共団体のアセスメント制度は，こうした戦略的アセスメントとみることができる。

(2) 循環法（廃棄物及びリサイクル法）の整備

高度経済成長によって生まれた大量生産，大量消費，大量廃棄の生活を反省し，持続可能性のある節約型社会（循環型社会あるいは持続型社会。低炭素社会などともいわれる）を構築しようとする動きが高まっている。例えば，資源循環システムを充実させるための3R（リデュース・リユース・リサイクル）の推進（熱回収，適正処分がこれに加わる），水循環など自然界における物質循環を阻害しないことなどが重視される。

基本法として，循環型社会形成推進基本法(2000年)が制定された。そして，同法のもとに，資源有効利用促進法や，個別リサイクル法（容器包装リサイクル法，食品リサイクル法，家電リサイクル法，自動車リサイクル法，建設資材リサイクル法）が位置付けられている。また，グリーン購入法が制定され，国，地方自治体等が率先して再生品調達を推進することを図った。上記の法制を総合的に捉え，循環法と称されている。

循環型社会形成推進基本法は，事業者の排出者責任（第11条第1項，第18条第1項），拡大生産者責任（EPR）（第11条第2項，第3項，第4項，第18条第3項）の規定を設けた。

他方，廃棄物処理をみると，廃棄物処理法（1970年）は数次の改正を経て，その範囲及び内容において規制の強化，拡大が図られた（1991年，1992年，1997年など）。廃棄物法制の数年単位での改正により，一定の成果を上げたが，同時に地域の廃棄物行政に戸惑いを与えた。この経験は，環境配慮に裏付けられた中長期的かつ総合的視点の必要性を痛感させる。最近，日本の各地で，廃棄物の不法投棄，不適正処理が問題化しているが，行政対応を中心にその検証が行われている。そこでは行政等における環境配慮のあり方を問い，法制度上の問題や今後の環境法のあり方を示唆している。

(3) 土壌汚染対策関係法

土壌汚染については，1970年に農用地の土壌の汚染防止等に関する法律が制定され，農用地土壌汚染対策地域を指定し規制を行ってきた。

2002年には土壌汚染対策法が制定され，市街地等の土壌汚染問題の出現に対応するため，汚染原因者，土地所有者等による過去の汚染の除去等の措置命令等について規定を設けた。例えば，都道府県知事が土壌汚染対策法に基づいてなし得るものは，①土壌汚染状況調査（第4条），②指定区域の指定（第5条），③措置命令（第7条）（土壌汚染による健康被害の防止措置，汚染の除去等の措置）などである。

(4) 化学物質の規制，管理の法制度

　三つの制度の目的を掲げる。①化学物質の審査及び製造等の規制に関する法律（化審法）（1973年）は，難分解性の性状を有し，かつ，人の健康を損なうおそれ又は動植物の生息若しくは生育に支障を及ぼすおそれがある化学物質による環境の汚染を防止するため，新規の化学物質の製造又は輸入に際し事前にその化学物質が難分解性等の性状を有するかどうかを審査する制度を設けるとともに，その有する性状等に応じ，化学物質の製造，輸入，使用等について必要な規制を行うことを目的とする（第1条）。②特定化学物質の環境への排出量の把握等及び管理の改善の促進に関する法律（PRTR法）（1999年）は，特定の化学物質の環境への排出量等の把握に関する措置並びに事業者による特定の化学物質の性状及び取扱いに関する情報の提供に関する措置等を講ずることにより，事業者による化学物質の自主的な管理の改善を促進し，環境の保全上の支障を未然に防止することを目的とする（第1条）。PRTR制度（第1種指定化学物質の排出量の把握，第2章）とMSDS制度（指定化学物質等取扱事業者による情報の提供等，第3章）から成る。③ダイオキシン類対策特別措置法（1999年）は，ダイオキシン類が人の生命及び健康に重大な影響を与えるおそれがある物質であることにかんがみ，ダイオキシン類による環境の汚染の防止及びその除去等をするため，ダイオキシン類に関する施策の基本とすべき基準を定めるとともに，必要な規制，汚染土壌に係る措置等を定めることにより，国民の健康の保護を図ることを目的とする（第1条）。

(5) 地球環境問題への法的対応

地球環境問題に対応するための国内法が整備されつつある。地球温暖化防止の国内法をみると，エネルギーの使用の合理化に関する法律（省エネ法）（1979年），地球温暖化対策の推進に関する法律（1998年）などに続き，2007年に国等における温室効果ガス等の排出の削減に配慮した契約の推進に関する法律（環境配慮法）が制定された。本法は環境配慮を要請するものとして注目することができる。

本法は，国等における温室効果ガス等の排出の削減に配慮した契約の推進に関し，国等の責務を明らかにするとともに，基本方針の策定その他必要な事項を定めることにより，国等が排出する温室効果ガス等の削減を図り，もって環境への負荷の少ない持続的発展が可能な社会の構築に資することを目的とする（第1条）。

本法は，国及び独立行政法人等，地方公共団体及び地方独立行政法人を対象にして，各主体の責務を定めている（第3条，第4条）。そして，国は，国及び独立行政法人等における温室効果ガス等の排出の削減に配慮した契約の推進に関する基本方針を定めなければならない（第5条）とし，各省各庁の長及び独立行政法人等の長は，基本方針に定めるところに従い，温室効果ガス等の排出の削減に配慮した契約の推進を図るために必要な措置を講ずるよう努めなければならない（第6条）と規定する。

2008年は京都議定書の第1約束期間の開始年であり，地球環境問題に対する我が国の内外の取組みが注目されている。ここでは各国・地域において要求されるべき環境配慮義務が明らかにされることが必要である。

(6) 地方公共団体の条例

地方公共団体においても，国と同様に公害から環境への展開がみられる。基本法としては，公害防止条例に代わり，環境基本条例が制定されている。

地方公共団体における公害・環境問題への個別の取組みは，地域によっては国の対応より進んでおり，先進的立法が制定されてきた。このことは，公害問題が深刻化していた初期の立法において指摘されたが，現在においても同様の傾向をみることができる。

東京都を例にみると,都民の健康と安全を確保する環境に関する条例(「環境確保条例」)が制定された。都の環境政策は,近時のディーゼル自動車規制等にみられるように,地域の環境問題を考慮した先進的内容を有しており,本条例はその一つの集大成ともいえるものである。本条例は2008年6月に改正され,①温室効果ガス排出総量削減義務と排出量取引制度の導入,②中小企業事業所の地球温暖化対策推進制度の創設,③地域におけるエネルギーの有効利用に関する計画制度の創設,④建築物環境計画書制度の強化,⑤家庭用電気機器等に係る二酸化炭素(CO_2)削減対策の強化,⑥小規模燃焼機器における CO_2 削減対策の強化(省エネ型ボイラー等の普及拡大),などが図られている(2009年4月1日施行)。

以上のように,本条例は,CO_2 の主要排出源に対して,具体的に環境配慮義務を求めており,その運用が注目される。

3.4 公害行政から環境行政へ

行政組織では,1971年に環境庁が設置され,2001年1月より環境庁は環境省に格上げされた。これは我が国における公害行政から環境行政への変化を示すものである。

環境行政の要となるのが,環境基本計画である。環境基本計画は環境基本法に基づいて策定されている。1994年12月に策定された環境基本計画(1次計画)は,国の施策の長期目標として,循環,共生,参加及び国際的取組を掲げた。そして,その後に策定された2次計画(2000年12月),3次計画(2007年4月)において,我が国の環境法・施策の基本原則の内容と方向がより明確にされた。

このうち2次計画では,当計画期間中に,次の11の戦略的プログラムについて,現状と課題,目標,施策の基本的方向,重点的取組事項を明らかにし,特に重点的・戦略的に取り組むとした。11の戦略的プログラムは,①環境問題(分野別)(地球温暖化対策の推進・物質循環の確保と循環型社会の形成に向けた取組み・環境への負荷の少ない交通に向けた対策・環境保全上健全な水循環の確保に向けた取組み・化学物質対策の推進・生物多様性の保全

のための取組み)、②政策手段(環境教育・環境学習の推進・社会経済の環境配慮のための仕組みの構築に向けた取組み・環境投資の推進)、③あらゆる段階の取組み(地域づくりにおける取組みの推進・国際的寄与・参加の推進)である。また、3次計画では、テーマとして環境・経済・社会の統合的向上を掲げ、2050年を見据えた超長期ビジョンの策定を提示した。可能な限り定量的な目標・指標による進行管理、市民、企業など各主体へのメッセージの明確化を挙げ、今後の環境政策において活用し得る考え方として、汚染者負担原則(PPP)、拡大生産者責任(EPR)を挙げている。

　その他の計画をみると、公害防止計画(環境基本法)、自動車公害防止計画(自動車から排出される窒素酸化物及び粒子状物質の指定地域における総量の削減等に関する特別措置法)、地球温暖化防止計画(地球温暖化対策の推進に関する法律)など複数の計画が策定されている。

　国における上記の動きは、地域における動きでもある。地方公共団体も、それぞれの環境基本条例に基づいて、環境基本計画を策定している。そのなかには、地域の特性を考慮した独自のアイデアが盛り込まれたものも少なからずみられ、地域が国に先行している事例も少なくない。また、市町村の役割も大きく、例えば廃棄物減量化については一般廃棄物処理基本計画が重要な役割を果たしてきた。

4　契約的手法における環境配慮
4.1　環境配慮契約の実例

　公害防止協定をはじめとする環境協定、建築協定(建築基準法)、緑地協定(都市緑地法)、景観協定(景観法)、東京都のエコトライ協定(産業廃棄物適正処理・資源化推進協定)等の方法が活用されている。これらの協定の法的性質をどのように捉えるかについては、議論があるが(特に公害防止協定において検討された)、当事者の合意に重点をおくと契約(あるいは契約類似の方法)として捉えることができる。これを契約的手法と称することができるであろう。契約的手法は、規制的手法や経済的手法、自主的取組等の環境保全の政策手法として位置付けることもできる。

環境配慮義務は、私法関係（横の関係）、公法関係（縦の関係）の双方において認められる。また、契約的手法の条項に環境配慮義務の定めが明示されると、環境配慮の実効性を確保することができる。このような環境配慮契約の事例は各分野において存在する。典型的な事例を例示しよう。

(1) 公害防止協定

公害防止協定は、公害防止を主たる目的として、地方公共団体とその管轄内の企業との間で締結される取決めをいう（協定書、覚書、契約書など諸形式がある）。これにより、地域の実情に応じて、個別の公害規制法に不備がある場合はこれを補完し、あるいは、より厳しい基準を設定することができる。

公害防止協定の性質については見解が分かれる。協定の目的や当事者の意思を考慮すると、一定の環境配慮義務を設定する契約と解することができる。この場合、契約の両当事者が私人の場合は私法契約、契約の一方当事者が地方公共団体など公的団体である場合は公法契約といえる。

(2) 建築協定

建築協定とは、住宅地としての環境又は商店街としての利便を高度に維持増進する等建築物の利用を増進し、かつ、土地の環境を改善することを目的として締結されるものをいう（実定法上は建築基準法第69条以下に規定がある）。建築協定における住民らの合意はまちづくりという共通目的のもとに行われ、契約当事者である住民らに対して作為・不作為の行動をとることを内容としている。

建築協定の性質を自治規範と捉え、まちづくりにおいて建築協定が担うべき機能として、①地域における自治規範の創造機能、②紛争の未然防止・紛争解決機能、③環境保全・環境創造機能などを指摘することができる[※4]。

(3) 公共信託

公共信託（Public Trust）は、アメリカ法では実定法に根拠を有する（1970年ミシガン州環境保護法第2条第1項参照）。我が国ではかつてサックスが

[※4] 拙稿「建築協定とまちづくり」『判例タイムズ』（2007年）1247号42頁以下。

唱えた公共信託論に関心が寄せられた。公共信託論は我が国では必ずしも十分には熟さずに今日に至っているが，公共信託と信託法上の公益信託とは信託法理を享有することにおいて重なっている。公共信託論は環境保全思想を示すものでもある。

　公共信託論を日本信託法の研究対象として取り上げ，我が国への導入のあり方，実定法における解釈論，立法論のあり方について検討すること，さらに義務の観点から検討することが肝要である。第1に，公共信託における受益者の権利に着目し，環境権との関係を追求することは重要である。公共信託論を権利論として表現すれば，地球環境権（Global Environmental Right）となろう。地球環境権は，地球レベルで追求されるべき権利・利益であり，各国・地域が共通に実現すべきものをいう。第2に，受託者に着目すると，義務のあり方が問われることになる。この場合，受託者の義務を環境配慮義務として位置付けることが課題となるであろう。地球環境権は，途上国・先進国を問わず地球上のすべての国・地域において共通に追求されなければならず，環境配慮義務を基礎にすることが考えられる。

(4) 融資契約

　環境保全の重要性を考慮すると，大中小のあらゆる企業活動に環境配慮が要請されなければならない。企業活動の源泉の一つに，金融機関による融資が考えられる。そこで以下では，融資契約における環境配慮について取り上げる。

　第1に，環境配慮に貢献する企業の諸活動に対する融資がある。かかる融資は環境保全のための自発的行動を促進する。これは融資が環境保全に及ぼす直接的効果といえる。

　第2に，例えば金融機関の融資先企業が環境を汚染し，あるいはそれによって人的・物的被害を及ぼした場合に，融資者としての民事責任が認められるかという問題がある。融資契約において環境配慮条項が置かれている場合には，一定の効果が生じる。これは融資が環境保全に及ぼす間接的効果ともいえるが，その影響は大きい。すなわち，環境配慮義務が認められると，例えば金融機関には，融資先企業が行った環境侵害による損害について，賠償責

任が生じることがある。この場合，金融機関は融資先企業と連帯し（連帯責任が成立する場合），あるいは，それぞれの寄与度に応じて（連帯責任が成立しない場合）賠償責任を負う，他方，金融機関は環境保全の必要性を理由に，融資を中止しあるいは融資内容を変更する，などが考えられる。

以上の判断にあたっては，融資者の被融資者に対する関与の有無，程度，被融資者が行った行為の性質，内容，裁量の範囲などを総合的に考慮することが必要である。この問題を直接扱う先例は我が国では存在しないようであるが，その他の事情で融資を中止した場合の責任については裁判例がいくつかあり，金融機関の責任（主として契約法上の責任）が認められたものがある。比較法としては，アメリカ合衆国のレンダー・ライアビリティ（貸し手責任）に関する判例法の展開が，融資者の被融資者に対する関与のあり方を示唆している。

なお，担保法の問題でもあるが，担保目的物の価値を維持するために，融資契約のなかに環境配慮を組み込むことが必要となろう。

4.2　契約規範の浸透と環境配慮義務

契約における環境配慮義務は，契約当事者である債権者と債務者の双方が，契約の交渉，締結，履行，終了など一連の過程のなかで負うべき，公害防止・環境保全のためになすべき義務と捉えることができる。環境配慮義務については，原則として契約における債権の効力（履行の強制，損害賠償，契約の解除）が付与されてよい。

環境配慮義務は，一定の社会的接触関係に入った当事者に信義則上要求される義務（民法第1条第2項参照）として捉えることができる。これは判例において安全配慮義務（安全確保義務）の根拠とされている考え方に相当するものである。判例法における安全配慮義務論の展開をみると，安全配慮義務は契約関係にない者に対しても認められている。

例えば，最判平3・4・11民集162号295頁は，元請企業は下請企業の労働者との間に特別な社会的接触の関係に入ったものであり，信義則上，下請企業の労働者に対し安全配慮義務を負うと認めた。ここでは，契約当事者の

関係ではなく,「特別な社会的接触の関係」が考慮されている。特別な社会的接触の関係は,損害賠償責任を導くための要件となっている。上記した環境立法,環境訴訟の展開をみると,環境配慮に関しては特別な社会的接触の関係が広がっているものと考えられる。ここに規範の濃密化を認めることができる。

環境問題あるいは地球環境問題の解決が課題となっている今日では,あらゆる主体に対して環境配慮義務が求められるべきであり,そうすると,この義務は特定の契約だけに要求されるのではなく,契約一般に及ぶものであろう。さらに,契約締結に至らなくても,一定の関係が認められれば法的関係が認められることがある。環境保全のための連携や公と私の協働などでは,合意に基づくことが要求される。環境保全を進めていくためには,規制手法などのほか,契約的手法が有益であろう。なお,環境保全の各種手法については,政策的手法として列挙するだけでなく,規範との関連を明らかにし,その根底に環境配慮義務が位置付けられなければならない。

5　環境法理論の展開と環境配慮義務

本章ではこれまでに,環境立法,環境訴訟,契約的手法を概観し,そこにおける環境配慮義務について検討した。環境立法と環境訴訟は相互に関連しつつ,環境法理論の骨格を形成している。また,契約規範の浸透にも貢献している。以下では,環境配慮義務が環境法理論においてどのような位置にあるかについて検討しよう。

5.1　環境権論の成果

環境権は,これを広義に捉えると,良好な環境を享受する権利ということができる。ここに「良好な環境」「享受する権利」がどのようなものかについては,法学だけでなく自然科学,医学など関係科学による総合的な解明を必要とする。

環境権論の視点は論者によって同一でない(以下に述べる環境権論とは別の視点から,参加権としての環境権が近時有力に主張されているが,本章で

は割愛する)。我が国において従来から主張されてきた環境権は、典型的には公害裁判において原告側から主張され、公害反対運動の論拠として一定の役割を果たした。すなわち、そこでの環境権は利益衡量を許さない絶対的権利として構成された。かかる絶対的環境権論は、個々の住民が地域における生活環境を破壊する行為に対して、その差止めや損害賠償を請求することができるとするものであり、公害訴訟の戦略として主張された。法理論として、大阪空港訴訟控訴審大阪高判昭50・11・27判時797号36頁は理解を示したが、上告審最判昭56・12・16民集35巻10号1369頁はこれを認めなかった。

　判例は絶対的環境権を私法上の権利としては認めていない。その理由は、例えば国道43号線訴訟1審神戸地判昭61・7・11判時1203号1頁に明快に述べられている。すなわち、物権など個々の権利を有する者に限って従来認められていた妨害予防及び妨害排除請求権の行使を、これら個々の権利を有しない者にも広く権利として行使することを承認し、訴訟における当事者適格や訴の利益に関する審査を経ることなく、すべて訴訟を通じて環境の保全を図るべきであるとする原告らの主張を否定し、現行法において環境保全を実現するためには、国民や住民の多数決原理による民主的選択に基づく立法及びこれを前提とする行政の諸制度を通じてなされなければならず、訴訟という限られた場や、限定された対立当事者間においてこれを実現すべきものとされていないこと、環境権には実定法上の根拠がないのみならず、その成立要件、内容、法律効果等も極めて不明確であり、これを私法さらには環境法上の権利として承認することは法的安定性を害すること、などを指摘した。かかる理由には、権利一般に関するものと、環境問題に特有のものとが考えられる。絶対的環境権論は、公害反対・公害告発運動に対する法律上の根拠を提供しようとしたが、その論理を裁判所は受け入れなかった。学説は評価が分かれた。判例が依拠する受忍限度論の立場は、事案処理の法解釈にあたり利益衡量を避けることはできないとし、絶対的環境権を否定する。これは民事法学の伝統的原則を確認するものであろう。

5.2 受忍限度論，新受忍限度論

　環境法理論は，環境訴訟に係る裁判例によって，紛争解決の理論として成熟した。例えば，人格権論，因果関係論（相当因果関係論，割合的因果関係論）などの法理論が発展した。絶対的環境権論については，上記のように裁判所はこれを認めず，諸利益を比較衡量する受忍限度論が導入されている。

　受忍限度論とは，不法行為の成立要件の一つである違法性を，社会生活上一般に受忍すべき限度を超えた侵害があったかどうかによって判断する考え方をいい，新受忍限度論とは，同じく成立要件の違法性と過失を，それぞれ独立した要件とは捉えず，受忍限度の判断枠組みで一元的に判断する考え方をいう[※5]。受忍限度論・新受忍限度論の構造は，利益衡量と多元審査の原則に基づいているとされ，そこでの判断要素が手続き，規制及び実体の3要素に類型化されている[※6]。受忍限度論は利益衡量論（利益考量論）を発展させたものとみることができよう。

　受忍限度論・新受忍限度論は，複雑化する都市環境問題に係る紛争処理のための柔軟な方法及び理論として，引き続き裁判実務において用いられるであろう。受忍限度の判断にあたっては，人々の都市生活のあり方，あるいは都市における財産権行使のあり方などがより精緻に吟味されることになる。受忍限度の機能は第一次的には都市環境紛争の解決にあるが，紛争の未然防止の機能を担うことが望まれるのではないか。

　ところで，受忍限度論と絶対的環境権論とは，私法理論としては両立し得ないものであり，環境権の構想にあたってはそのいずれに立脚すべきかを明確にすることが望まれる。この問題については，環境権が私権として認められ，かつ環境法における権利として認められるためには，利益衡量が不可欠であると考えるべきであろう（私的権利としての環境権の確立）。

　このような考え方は既に存在していた。すなわち，絶対権として構成され

※5　野村好弘「公害の私法的救済―故意・過失及び違法性」加藤一郎編『公害法の生成と展開』（岩波書店，1968年）387頁以下，同「環境訴訟における受忍限度の構造」『環境法研究』5号（1976年）157頁，淡路剛久「公害における故意・過失と違法性」『ジュリスト』458号（1970年）372頁。
※6　野村好弘『環境問題』（筑摩書房，1978年）18～19頁。

た伝統的環境権論から脱却すべきであるとし,自然資源の利用又は環境上の利益の享受が受忍限度を超えて侵害される蓋然性があるかどうかを中心にして,新しい環境権のあり方を展望する。そして,我が国において確立されるべき環境権の考え方は,受忍限度論の延長線上に見出されるべきであること,受忍すべき合理的な範囲を超えて原告の自然資源の利用又は環境上の利益の享受が侵害される蓋然性があるかどうかを判断の中心に据えるべきであることを主張する[※7]。また,判例において形成され,学説によって構成された受忍限度論の考え方は,環境権を相対的に捉えることを可能にし,利益衡量論としての環境権論の可能性を示唆している[※8]。

5.3 環境配慮義務論

　環境配慮義務の根拠は,上記した法律,判例,契約などに求めることができる。ここに法律,判例,契約などの規範の浸透・拡大による規範の濃密化を指摘することもできる。環境配慮義務は,環境行政法と環境民事法における環境配慮の要請から導かれ,人々が負担すべき義務といえる。環境配慮義務は行政法,民法,国家賠償法など実定法に明示され,あるいは,実定法の解釈・運用の結果として導かれるもの,判例法において導入されるもの,契約から導かれるものなどが考えられる。

　環境法において環境配慮義務が認められるべき実質的根拠は,環境保全に求めることができる。環境保全の価値を軽視すると,生態系(特に,生物多様性)を破壊し,人々(生物)の生存に脅威が及ぶ。このことを自覚すると,環境配慮の要請は単なる要請にとどまっていてはならない。地球環境問題の解決や,「将来世代への環境の継承」を最優先し,具体的な法的義務として構成し,環境法規範の基礎として位置付けることが不可欠である。それは一般的義務にとどまる場合と,特定の者に対して具体的に義務付けられる場合とがある。このような価値は,従来の議論では主として環境権の根拠論とし

※7　野村・前掲書『環境問題』15頁,18～19頁。
※8　高崎尚志「いわゆる『環境権説』(絶対権説)と受忍限度論―環境権説の受忍限度論への接近と吸収」『環境法研究』1号(1974年)131頁参照。

て主張されてきたが，義務の観点から捉えることもできる。そうすると，権利行使のあり方についても，環境配慮の要請のもとに私権制限を必要とする場合が考えられる。

環境問題が人々の生活・活動に起因することを考えると，私的生活において環境配慮が要請されなければならない。また，人々に対して環境保全のための一定の行為をなすべきこと（作為の規範），あるいは，環境に悪影響を及ぼす一定の行為をしてはならないこと（不作為の規範）を法的に明らかにすることができる。例えば，不作為の違法性の基礎として作為義務が明らかにされなければならないが，環境配慮義務は作為義務の根拠となり得る。契約締結，加害行為等の行為が，環境悪化又は被害発生に実質的に関与し，あるいは関与の程度が高いと認められる場合には，一定の法的効果が与えられるべきであり，それを導くものとして環境配慮義務が考えられる。

以上のように環境配慮義務論を深めることによって，環境問題をより深く理解することができる。環境配慮義務論は環境法に係る制度，訴訟，法理論の発展に資するであろう。

6 おわりに

人間が自然をコントロールするなどということは畏(おそ)れ多いことである。恐らく私たちは自然や生態系に寄り添って生きているのであろう。このことに深く思いをいたし感謝することは私たちの根源的な生き方を探ることになろう。ここに寄り添って生きるということは，何もしないということではない。何よりも環境保全のために努力し，行動することが重視されるのであり，そうした行動の過程に重要な意義を見出すことができる。そのために個人，団体を問わず環境保全活動を実効的に進めることが肝要であり，権利論に加え義務論が欠かせないのである。

環境保全は地球上のすべての生物が享有すべき基本的価値である。環境配慮義務は，企業活動における環境リスク管理を進める上においても，重要な視点を提供し得るものと考えられる。近代民法が対象としていた私たちの生活には，環境配慮という新しい要素が要請され，商法上も企業に対してより

高度の環境配慮の経営が要請されるようになった。環境配慮義務論は，環境法における理論的課題に応えるとともに，都市生活，企業法務等における現代的課題に応えるという実践的役割を担っている。

第**8**章　　　　　　　　　　　　　　　　　　　　　　柳憲一郎

欧州の製品規制政策と環境リスク管理

1　はじめに

　欧州諸国では，人の活動が環境に引き起こす損害や，その環境悪化の結果として生じる人々へのリスク又は生活水準の低下について認識を深めている。そこで，経済成長や社会進歩を同時に保証する一方で，環境損害のリスクを最小限にするために，ある程度まで措置を管理する必要性が認識され始めている。あるリスクが発生したとき，人の対応と環境間の相互作用は複雑で定量化し難く，環境保全と経済的・技術的進歩との間にあるバランスを判断することは容易なことではない。

　そこで環境リスク・アセスメント手法は，複合的な問題を評価するにあたって重要な要素となり，また透明でかつ公平な政策決定が採択されるように，問題を明確に述べ，伝達するために資するものと理解されるようになっている[※1]。

　このように，近年においては，生じた環境損害を改善するよりも，むしろ予防し未然に最小限にすることを目指すような革新的アプローチを試みようとしており，従来の環境保護の対症療法的施策から未然予防的施策へとシフトしてきている。この重要な変化は，特に持続的発展の観点から，環境管理にかかる決定には，統合的管理の手段として最初からリスク・アセスメントを利用することが組み込まれている。このようなアプローチがスタンダードである限り，リスク・アセスメントは従前では未確認であったリスクが明る

※1　Jane Holder and Maria Lee, Environmental Protection, Law and Policy (2nd) (2007), p. 15-1

みに出た場合において、遡及(そきゅう)して有効に適用することも可能となる。長期間にわたる情報収集のための環境測定やモニタリングは、将来に及ぼす影響を予測する条件を供給するとともに、従前には未確認であったリスクを発見するのに役立つであろう。

　欧州連合（EU）の基本的な目標の一つは持続可能な発展である。これは将来の人々のニーズを損なわずに現世代のニーズを満たすことを意味するもので、その目標は、環境の重要性が持続可能な発展の戦略という形をとってリスボンプロセス（Lisbon process）に追加され、2001年の欧州理事会で強化された[※2]。EUでは、これまで環境目標を設定し、その遵守を求める規制的な手法を多用してきたが、その限界もあり、新たな手法を模索してきた。

　1992年に提案された第5次欧州環境行動計画（1993～2000年）では、新たに持続可能な発展（サスティナブル・ディベロップメント）と政策手段の多様化を柱として、すべての経済的・社会的パートナーを取り込む方式（ボトムアップ型）を基本として、環境と持続可能な開発のための長期戦略を策定した。特に、この計画に基づく政策決定における指導的な原則は、汚染者負担原則の効果的な実施を含んだ予防的アプローチ（Precautionary Approach）と責任分担（Shared Responsibility）であった。責任分担の意図は、すべての社会セクター（行政、公・私企業、公衆）を適切に取り込むことによって、現在の生活行動様式を持続可能な発展型へと変えていくことにあったといえる。

　また、規制手段以外の自主的取組みを促すため、企業の申請に基づき、環境基準を遵守している企業を登録し、定期的に監査する環境監査制度（EMAS）や環境に配慮した製品基準を定め、企業の申請により表示できる「エコラベル」制度によって、企業の自主的取組みを支援することや環境に配慮した製品を普及させるという観点が重視された。そこで、第6次欧州環境行動計画（2001～2010年）では、ライフサイクル・アセスメントの考え方に

[※2] 2001年6月15日及び16日イエテボリ欧州理事会の議長総括第19-32パラグラフ、http://ue.eu.int/pressData/en/ec/00200-r1.en1.pdf。

基づき，環境上望ましい製品設計の選択を行い，それを情報公開するという統合的製品政策（Integrated Product Policy：IPP）の推進を図り，何が環境に優しい製品であるのかについて，消費者に商品選択の有益な情報を提供するという政策が記述された[※3]。そして，欧州理事会は，天然資源の管理の領域でさらなる責任を持って，「…資源使用の抑制と廃棄物の環境影響の削減を目標とする欧州連合の統合的製品政策は，企業と協働して実行されなければならない」ということを承認した。

ところで，IPP について最初にステークホルダーを交えて議論されたのは 1998 年の会議[※4]であったが，翌 1999 年のワイマール環境大臣非公式会合でも検討され，会合の議長総括として，グリーンペーパー（Green Paper）を採択するという欧州委員会の意思を歓迎した。そこでは欧州市場で環境により優しい製品のための市場環境を改善することにより，欧州企業の競争力の強化を支援すべきであることが強調された。

欧州委員会はグリーンペーパーを 2001 年 2 月に作成し，その内容についてステークホルダーとの協議を開始したが，そこでは持続可能な発展への貢献に向けて IPP が明らかに果たすべき役割のあることが明らかにされた[※5]。また 2003 年に IPP のコミュニケーション[※6]を公表し，その中で，環境政策における生産側面の必要性の理由や EU の IPP 戦略に関する指針原則，さらに，IPP 手法の理解を深めるために欧州委員会が行う施策などを明らかにした。

本章では，環境リスク管理の観点から，最初にリスク管理の一般論について述べ，欧州のこれまでの製品規制の取組みや統合的製品管理政策の現状と課題について検討することにしたい。

※3　第6次共同体環境行動計画を定める欧州議会及び欧州理事会決定 1600/2002/EC
※4　例えば，http://europa.eu.int/comm/environment/ipp/ippsum.pdf。
※5　松村弓彦「製品規制手法次世代に向けた環境法の課題」『法律のひろば』（2002 年 1 月号）は，グリーンペーパーに取り上げられた政策措置に関連する法制度上の対応について詳しい。
※6　COM(2001)31final: OJ L242, 10/09/2002 pp. 1-15 COM2003

2 環境リスク管理
2.1 リスク・アセスメントと予防原則

　1992年に環境と開発に関する国連会議で政府により採択されたリオ宣言の第15原則では，予防原則は次の通りに説明されている。

　「深刻な，あるいは修復しがたい被害が存在する場合には，完全な科学的確実性の欠如が，環境悪化を防止するための費用対効果の大きい対策を延期する理由として，使用されてはならない」[※7]

　この点，英国の持続的発展戦略である「A Better Quality Life」[※8]の第4章で設定された英国政府の解釈においても，それはリオ宣言にて定義されたものに基づいているということができる。そこでは，予防的措置には費用の評価とその措置の利点，さらには意思決定の際の透明性を必要とすることを表明している。

　予防原則は，ただ「重大な損害が起こることが確信できないので，それを予防する術は我々には何もない」ということは許されないことを意味している。事前対策はただ，環境損害と関連しているだけではない。例えば，野生生物に影響を及ぼすおそれのある化学薬品は，人の健康にも同じく影響を及ぼす可能性があるということである。

　それと同時に，予防的措置はその措置の費用対効果に関する客観的なリスク・アセスメントに基づく必要がある。この予防原則は，深刻な損害が発生しないか，あるいはその便益がすべての起こりうるリスクを上回るという証拠があると確信する場合にのみ，その措置を行うことが許されるという意味ではない。そうであるならば，生活の質の改善への歩みが著しく妨げられるであろう。

　予防的アプローチを実践的に適用する際は一般的合意が欠如しているため，環境保護に関する決定を知らせるためのリスク・アセスメントの役割は，時折，予防原則と矛盾することがある。実際にリスク・アセスメントは，問

※7　解説条約集2005（三省堂）427頁。
※8　A better quality of life: a strategy for sustainable development for the UK, http://www.sustainable-development.gov.uk/uk_strategy/index.htm

題が明確でなく予防的措置が保証されることを十分に検討した結果が確認されるような場面で用いられる。リスク・アセスメントは，たとえ多大な不確実性があるとしても，重大な環境損害の可能性を示していることがある。そのような場合においては，予防的措置を講ずることは特に有効であるとされる。

2.2 欧州における製品規制
(1) 廃電子・電気機器指令

廃電子・電気機器指令（WEEE指令：Waste Electrical and Electronic Equipment）は，2001年6月に採択され，2003年2月13日に発効している[※9]。当指令は，廃家電・廃電子機器を分別収集し，埋立処分量の削減や自治体のごみ焼却負荷の低下を図るものであり，製造メーカーは，消費者により地域の回収場所に廃棄された廃製品を回収・リサイクルする責任を負う。施行後の2005年8月13日までの1年間には，最終所有者からの廃品を無料で引き取る制度を各国で確立し，すべての廃棄物の収集，処理，再生，廃棄のコストはメーカーが責任を持つようになる。

また同日以降販売される製品については，各社が自社製品に対してコストを負担し，それ以前に市場流通した製品の廃棄物リサイクル・コストはメーカーの共同負担とする。ただし，メーカーは8年（冷蔵庫のような大型家電製品の場合は10年）の移行期間に限って廃棄物処理コストを新製品の価格に含むことを許されている。

適用製品分野は，大型家電製品，小型家電製品，情報技術・通信機器，家庭用電子機器，照明器具，電気・電子工具，玩具（がんぐ），レジャー用品，スポーツ用品，医療器具，モニタリング・コントロール機器（煙探知機，サーモスタット，計測器など），自動販売機（飲料，現金引出し機など）などとなっている。回収量をみると，構成国は2006年12月31日までに，国民1人あたりの年

※9 http://www.europarl.europa.eu/sides/getDoc.do?language=EN&pubRef=-//EP//NONSGML+JOINT-TEXT+C5-2002-0486+0+DOC+PDF+V0//EN

間平均で最低 4kg の廃棄物の回収を決定している。製造メーカーの廃棄物の再利用とリサイクル目標（重量ベース）は，大型家電製品の 75％，情報技術及び家庭用電化製品の 65％，その他大半の製品の 50％となっている。

(2) 電化製品への有害物質使用制限指令

電化製品への有害物質使用制限指令（RoHS 指令：Restriction of Hazardous Substances）は，WEEE 指令と同時に 2003 年 2 月 13 日に発効している[10]。この制度は，2006 年 7 月以降に販売される製品について，電子・電気業界は現在製品に使用している鉛，水銀，カドミウム，六価クロム，臭素系難燃剤のポリ臭化ビフェニール及びポリ臭化ジフェニルエーテルを使用停止し，代替物質の調達が義務付けられている。これらの化学物質の段階的廃止は，電球や蛍光灯にも適用されるが，代替物質がまだ開発されていないものについては例外措置が認められている。

廃棄物から分別を要する製品としては，電池，ブラウン管，携帯電話用回路基板，フッ化炭化水素，外部用電気ケーブル，及び臭素系難燃剤を含有するプラスチック類などがある。リサイクル製品を有害物質汚染から防止するため，特別な処理を必要とする部品は，廃棄物から分別をする必要がある。ただし，はんだや電子部品のガラス部分，圧電気装置，コンピューター・サーバーやその他のデータ保管システムに使用される鉛については，使用禁止の適用を除外している。

(3) 廃車指令

廃車（End-of-life Vehicle）指令（2000/53/EC）は，2000 年 10 月に発効している。この制度は，自動車メーカーに廃車の解体とリサイクルのコスト負担を義務付けるもので，優先的目標は可能な限り廃棄物を出さないことと設定されている。その目標のため，自動車メーカー及び素材・部品メーカーには，①車両設計段階で有害物質の使用を削減すること，②廃棄車両の解体，再利用，回収，リサイクリングが可能となる車両を設計・製造すること，③

※10　Directive on the Restriction of the Use of Certain Hazardous Substances in Electrical and Electronic Equipment (2002/95/EC)

車両製造においてリサイクル素材の活用を増大させること，④ 2003 年 7 月 1 日以降に販売される自動車部品に水銀，六価クロム，カドミウム，鉛を含めないようにすること（一部例外措置あり），等とされている。

　また，廃車の回収・リサイクル制度として，構成国に対し，廃車並びにこれに含まれる廃棄部品の回収システム，さらに認定の解体施設への移動，解体証明書の発行（無料）と車両登録からの抹消を行うシステムの確立を義務付けている。これは，廃車の所有者によるコスト負担はなく，自動車メーカーの負担となっている。廃車の保管及び処理については，廃棄物指令（2006/12/EC）[11]によって取って代わられた指令（75/442/EEC）及び廃車指令（附属書Ⅰ）に基づき，厳格な管理がなされる。処理作業を行う施設・事業所は，処理の前に廃車を解体して環境上有害な部品をすべて回収（リカバリー）することが義務となっている。

　このほか，経済的事業者（生産者，流通業者，収集業者，自動車保険会社，解体業者，破砕業者，リカバリー業者，リサイクル業者，部品と素材を含む廃車にかかるその他の処理業者を含む）は，自動車の構成部品のリカバリーとリサイクル，廃車の処理，再使用・リカバリー・リサイクルに関する進捗状況にかかる情報を消費者に提供する。その情報に基づき，構成国は 3 年ごとに欧州委員会に廃車指令の適用状況を報告し，委員会はそれらを取りまとめ，報告書を公表する。

(4) 環境責任指令

　環境責任指令（Directive on Environmental Liability）は，2003 年 1 月に採択されている[12]。この制度は，様々な産業活動が原因で引き起こされる環境破壊について，EU の「汚染者負担」の原則に則り，企業や事業者にその賠償責任を負わせることを目的とするものである。被害の浄化又は差し迫った被害の防止に対して，第一義的に責任を負うのは個々の事業者である。

　また，事業者に対する損害賠償保険への強制加入条項，損害に対する連帯

※11　Directive 2006/12/EC of the European Parliament and of the Council of 5 April 2006 on Waste, OJ L 114,27.4.2006.
※12　http://europa.eu.int/eur-lex/pri/en/oj/dat/2004/l_143/l_14320040430en00560075.pdf

責任条項,非政府組織(NGO)が企業を直接提訴することを認める条項が含まれている。その対象範囲は,原子力による損害,オイルタンカーによる損害,遺伝子組換え作物関連の損害などである。この制度化の背景には,ノルウェーの首都オスロ港での汚染,スペイン北西部ガリシア地方の海岸沿いで起きたプレステージ号沈没による海洋汚染などがあり,これらは環境に長期的にダメージを与え,従来の被害対策では対応できない事故であったことが挙げられる。この制度の課題として,生物多様性と環境への被害の測定方法,損害賠償保険への加入義務の問題が挙げられている。

(5) REACH 規則

REACH 規則(Registration, Evaluation and Authorization of Chemicals)が採択されている。2003年,欧州委員会が「予防原則」をベースとする新化学物質規制REACHを提案して以来,EU諸国だけでなく,世界各国の政府,産業界,環境NGO,消費者団体等を巻き込んで大きな議論を呼び起こしたが,2006年12月に採択され,2007年6月に施行されている。その目的は,人の健康と環境を有害な化学物質から保護することにある。制度の概要は,以下の通り。

a) 登録

テストされずに市場に出されている既存の化学物質を含めて,ある量以上製造されるすべての化学物質,又は危険と見なされている化学物質について,企業側が必要なデータを整えてEU当局に「登録」する。企業は扱う物質(1t以上)の固有の特性と危険性に関する情報,用途,及び初期リスク評価(製造量10t以上の場合)をまとめ,登録書類一式を提出して「登録」する。必要に応じてEU当局の「評価」及び「認可」を受ける。製品情報についての責任とそのために発生するコストは企業側に求められる。

b) 評価

「人間の健康と環境に大きなリスクを及ぼすおそれのある物質」につき,EU当局が評価する。それは,「書類審査」と「対象物質」の2種類が評価対象である。

c) 認可

非常に高い懸念があるすべての物質は「認可」の対象となる。発がん性物質，変異原性物質，生殖毒性物質，及び難分解性で環境中に蓄積する化学物質が含まれる。

認可は当該物質の個々の用途毎に与えられ，当該物質の使用が適切に管理される，あるいは社会経済的な便益がリスクより重要であると企業が証明できた場合にのみ，与えられる（後者の場合には代替物質の可能性の検討を推奨）。

d) 制限

社会経済的要素を十分考慮した上で，許容できないリスクを及ぼす物質は「制限」される。制限には，特定製品の使用禁止，消費者の使用禁止，又は完全な禁止などがある。

REACHの特徴として，基本指針には予防原則があり，1981年以前に上市された約10万種の既存化学物質も対象とされ，1981年以降の新規化学物質と同一の取り扱いとなっていること，安全性の立証責任は従来の行政機関当局（国）から企業側に移り，危険性のより少ない化学物質が入手可能な場合には，その代替物質が推奨されること，また，EU構成国と非EU諸国を化学物質に関して等しく扱うとしていること，関係者の参加，民主的で透明な手続きや情報公開を行うこと，等が挙げられる。

3 欧州統合的製品政策

3.1 IPPの目標

IPP手法は，ライフサイクルという考えに基づいており，製品のライフサイクルと製品の環境影響の削減の目標を揺りかごから墓場まで考えるというものである。つまり，すべてのライフサイクルでの影響とすべての環境側面を包括的に範囲に含めることを目標としている。これにより，ある環境負荷が単にある影響部分になること，あるいは他の環境影響タイプにシフトするという結果への対処として，サプライチェーンの個々の部分や影響を抑止することに用いることができる。これは最終的には生産の個々のステージ（原

材料の投入から廃棄まで)の環境影響が記録され,評価されることにより製品のライフサイクルにおける影響の総計が最終的には計算されることを包含している。すなわち,すべての製品やサービス[※13]はそれらの生産,使用または処分の間のいずれかで環境への影響[※14]を及ぼす。その影響の厳密な性質は複雑で定量化しにくいが,この問題の潜在的な重要性は明らかとなっている[※15]。

欧州で,環境政策の中に製品による環境負荷の削減という側面を内在化させようとする背景には,以下の七つの側面が指摘されている。すなわち,①製品の量の増加,②製品及びサービスの種類の増加,③技術革新による新たなタイプの製品の出現,④世界規模での製品取引,⑤製品技術の複雑化,⑥製品の不適正な使用及び処分による環境影響,⑦多様なステークホルダーの関与,などである[※16]。

3.2 IPP手法

IPP手法には,以下の五つの基本原則がある。

(1) ライフサイクル思考[※17]

IPPは製品のライフサイクルを考慮し,「揺りかごから墓場まで」の製品の累積的な環境影響の削減を目標としている。それによってIPPは,ライ

※13 コミュニケーションでは,単純化のために製品にのみ言及するが,一般的な対象にはサービスも含まれると理解される。
※14 環境への影響には人への健康影響を含むと理解される。
※15 例えば,製品の一つである自動車など,二酸化炭素(CO_2)放出が最も早く増えている領域である輸送部門からのCO_2放出量は,欧州連合(EU)全体の約8割を占めている。同時に住民あたりの自動車台数も1990年から1999年までの間に14%増え,生産のための資源及び道路や駐車のための場所的空間を消費し,さらに廃棄物処理問題を起こしている。しかし,自動車一台あたりの排出量は大きく減少している。また,2008年までにCO_2放出を25%削減するという自主協定など関係企業の相当な努力がみられる。さらに,ここ数十年間の間に,他の汚染物質は非常に大きな削減が図られている。
※16 COM(2003)
※17 これと異なるライフサイクルアセスメント(Life Cycle Assessment)に対して,製品のライフサイクルにわたってその製品への環境影響の定量化や評価を含む実用的な理由で狭く定義された区切りである。

フサイクルのそれぞれの部分で環境負荷を他の部分へ転移させる方法で扱われることのないようにすることを目的にしている。また，製品のライフサイクルの全体を俯瞰することによって，IPP は政策の一貫性を促進する。IPP は環境影響の削減や企業や社会のための費用の節約において最も効果的であるライフサイクルの時点における環境影響の削減の方法を奨励する。

(2) 市場との協働

環境適合的な製品の供給や需要を促進することで市場がより安定した方向に動くようにインセンティブを設定する。これにより，持続可能な発展に参加する革新的で前向きな企業に貢献する。

(3) ステークホルダーの関与

企業は，どうすれば製品の設計によりよく環境の側面を統合できるかを見抜くことができ，消費者は，環境適合的な製品[18]をどのように買うか，その製品をどのようによりよく使用し，処分できるかを評価できる。政府は，国家経済の全体に経済的及び法的な枠組みを設けることができ，また，環境適合的な製品を購入することを通じて，直接に市場に働きかけることができる。

(4) 継続的な改善

市場によって設定された変数を考慮して，製品の設計，生産，使用及び処分のいずれかにおいて，製品のライフサイクルにわたって製品の環境影響を削減するための改善がなされ得る。IPP は，達成すべき確定的な数値基準を設けることよりも，継続的な改善を目指している[19]。

(5) 政策手段の多様性

IPP 手法は，製品の多様性や様々なステークホルダーの関与のため，自主的取組から規制という政策手段や地方レベルから国際的なレベルまでの広い範囲に及ぶ。IPP は第一義に自主的手法によっているが，規制的な手法も，

---

[18] 環境適合的な製品とは，同じ機能をもつ類似製品と比べて，その製品のライフサイクル全体にわたって環境影響がより軽微なものと定義する。

[19] これは立法による数値目標の設定が継続的な改善を刺激するのに有効ではないという意味ではない。立法的な基準設定はただ柔軟性に欠けるところがあるが，場合によっては望ましい。

持続可能な発展に求められる結果を達成しうる有効なツールとして必要な場合もあり得る。

3.3 欧州連合のIPP戦略

IPPの戦略として、三つの重要な役割を担っている。その一つは、2002年9月のヨハネスブルクサミットで合意された持続可能な生産及び消費についてのプログラムの10年間枠組みに対する貢献[20]、一つは、ライフサイクルの概念的な枠組みを与えることで既存の製品関連の政策を補完すること、その三つめは、IPP政策が現在及び将来の環境にかかる製品政策手段に関する調整や統一性を強化することである。これらの役割を果たすためにはかなりの時間を要するが、欧州委員会は、①すべての製品の生産プロセスにおける製品の持続的な環境改善のための枠組み条件を構築すること、②環境改善のための潜在力の大きな製品に集中すること、という対応方向を示した。

効果的なIPPは、政府の最小限の干渉で経済的及び法的な枠組みにより製品が環境適合的になるように、または、購入されるように、可能な限り誘導するものとなる。欧州委員会は、この目的に合理的な政策ツールとして以下のものを挙げている。

① 税や補助金という政策手段。欧州委員会は、これまでに欧州レベルでエネルギー関係の税金についていくつかの提案をしている[21]。
② 自主的協定・標準化。製品を効果的に環境適合的にするために、規制的な立法の他に環境自主協定などの非規制的な手法を考慮している[22]。その一例として、2002年7月、欧州委員会は法律に頼らずに環境目標

---

[20] WSSD—ヨハネスブルク実施計画の第14条及び2002年10月30日の庶務及び国際関係理事会の結論第8条。

[21] 商業の目標で利用されるディーゼル燃料に対する特別税制度の導入、ならびに石油及びディーゼル燃料に対する消費税の調整を目的とする、92/81/EEC及び92/82/EEC指令の改正に関する2002年の共同体提案は理事会で協議されている。

[22] 規制環境の簡素化及び改善に関する行動計画の枠組みにおける共同体レベルでの環境協定に関する、欧州委員会から欧州議会、理事会、経済社会委員会、地方委員会へのコミュニケーション、COM(2002) 412 final, 17.7.2002。

達成を目指す自主協定を，EU 全域で産業部門とともに策定するための包括的な規則を提案した。このパッケージ提案では，一部の協定について，方針と日程計画は法律で定めて，企業には対応方法を決定する自由を与えるという中間的制度を提案している[※23]。

③　グリーン公共調達に関する立法。公共調達は共同体の国内総生産の約 16% を構成する。これは公共機関が製品のグリーン化に向け活動できることを示している。共同体の詳細なルールによって，域内市場における公共調達に関する手続きが定められている。環境及び公共調達について，委員会による「解説的なコミュニケーション」[※24]は法的状況を説明し[※25]，これらのルールの対象となる契約締結の際に，環境への配慮を考慮に入れる十分な可能性があることを示している。ちなみに，この状況は公共調達指令の改正によっても変更されないであろう。より環境合的な公共調達の真の任務とは，現存の可能性が公共調達の実施者によって活用されることを確保することである。

※23　文書では，欧州委員会が環境協定と呼ぶ協定に対して三つのタイプを認めている。一つは，欧州委員会が法制化の提案を行う意図のない範囲における，業界からの「自発的な関与」に基づくもの。二つめは，欧州委員会が法制化の意図を宣言した場合，それに対応して産業分野が自主合意を提案するというもの。これは，ポリ塩化ビニル及び電池廃棄物の分野で実際に行われている。三つめは，欧州委員会自体が法律の代わりとして自主合意を提案するというもの。二つめと三つめのケースでは，異なる結果が得られる。これらは，セルフ・レギュレーション及びコ・レギュレーション（coregulation）と呼ばれている。コ・レギュレーションという選択肢は，目新しいものである。これは議会に最もアピールする提案である。また，指令で中間目標を定めるという方法がある。中間目標を達成できなければ，指示的な要件（prescriptive requirements）を強化する。

　自主協定の下では，合意した目標が法的拘束力のない EU 勧告の中で規定され，おそらくモニタリングを必要条件とする指令が同時に制定されることになる。目標を達成できなかった産業部門に罰則は科されないが，欧州委員会は，この場合に法的拘束力のある指令を提案する権利を留保する。

　現行の EU 合意のほとんどはこのモデルに従っている。自動車メーカーが車両の平均 CO_2 排出量を削減するという 1998 年の取り決めが，その顕著な例である。

※24　欧州委員会（2001 年）公共調達に適用される共同体法と公共調達への環境配慮の統合の可能性に関する解説的なコミュニケーション，COM(2001) 274 final, 4.7.2001。http：//simap.eu.int/EN/pub/src/welcome.htm を参照。

※25　※16 でのウェブサイトを参照。

④ 他の立法。製品に関連する措置を定める共同体の立法が，特に市場の失敗が是正されない場合や単一市場が共同体の行為なくして影響を受ける場合には，環境問題を解決するために必要とされるであろう。これは，例えば電気・電子機器における有害物質の制限に関する指令[※26]について妥当することであり，化学物質に関する欧州委員会のホワイトペーパー[※27]のフォロー・アップに関連する。またさらに，エネルギー使用製品（EuP）の環境設計にかかる枠組みを定める指令案にも関係している。この指令案は，ライフサイクルの考え方，ステークホルダーの関与，法的な枠組みの継続的な改善といったIPP原則を記すものである。拡大生産者責任にかかる措置又はデポジットにかかるスキームが，ライフサイクルにわたる環境影響を低減させるために最も効果的な方法であると判断される場合にも，立法が必要となる。なお，欧州委員会は，廃棄物の発生抑制及びリサイクルにかかるテーマ別戦略において，これらをさらに進展させている[※28]。

3.4 ライフサイクル思考の適用の促進

　IPPを効果的なものとするため，それに必要なことは，製品関係者へのライフサイクル思考の徹底である。教育的な措置や意識向上のための措置は，国及び地域のレベルで，市民に最も近い方法で実施されることである。EUレベルでは，以下の三つの個別行動が必要とされている。

　それは，①ライフサイクル情報の体系的収集，②環境管理システム，③製品設計に関する義務，などである。①については，欧州委員会は現在進行中のデータ収集の取組みと既存の調和イニシアティブとの双方による調整イニシアティブを推進し，国連開発計画の推進するライフサイクル・イニシアティブに欧州としてのリンクの役割を果たそうとしている。ライフサイクルアセ

[※26] 電化製品又は電子的な製品での一定の危険物質の使用禁止についての欧州議会及び理事会の2002/95/EC指令，OJ L 37, 13.2.2003, pp. 19-23。
[※27] 将来の科学製品政策のための戦略についてのホワイトペーパー，COM(2001) 88 final。
[※28] EU廃棄物枠組み指令案（COM(2005) 667final）

スメント（LCA）は，現在利用可能な製品の潜在的な環境影響を評価するにあたって最善の枠組みを備えている。そのため，LCAは総合的製品政策の重要な支援ツールとなっているが，その利用にあたっての解釈については議論が継続されている。

②の環境管理システム（EMS）は，組織の活動にライフサイクル思考を組み込み，継続的改善を達成するための枠組みの一つである。環境管理・環境監査スキーム（EMAS）の2001年改正は，その視点を製造工程から製品へと向けさせるものであった。現在，製品は活動及びサービスと同様，明らかにEMS規則の対象となっている。つまり，その製品による重大な環境影響は，環境審査，管理及び監査システムの対象とされなければならない。その製品の影響はEMASの検証人によって検証され，製品情報は環境報告書に記載され，製品の環境パフォーマンスは継続的に改善されなければならないのである。欧州委員会は2006年までに実施される規則改正にEMASにおける製品に係る事項の実施についてモニタリングと評価を行うことを予定した。

③の製品設計義務は，IPPのグリーンペーパーの公表に続く環境領域での「新たなアプローチ」の適用についての議論を基礎とするものである[※29]。これには，最終消費機器の環境適合設計に関する指令案，及び電気・電子機器の環境設計に関する指令案への対応も併せて考慮される。また，EuPの環境適合的設計の要求事項の設定にかかわる枠組み指令案の交渉過程で得られた知見も考慮される。特に，ⅰ）適切な法的根拠，ⅱ）域内市場への配慮，ⅲ）国際条約上の義務，ⅳ）かかる行為の範囲，ⅴ）適当な製品または製品グループ，ⅵ）設計上の要求事項の詳細さについて求められるレベル，ⅶ）製品に係る最低限の基準の役割，ⅷ）履行・報告に関する適切な手段，ⅸ）かかるアプローチの費用と便益，ⅹ）生じうる環境場の影響，ⅺ）製品の環境面に影響を

※29　www.europa.eu.int/comm/environment/ipp/standard.pdf及びGodenman, G., Hart, J.W., Sanz Levia, L. (2002) The New Approach in Setting Product Standards for Safety, Environmental Protection and Human Health: Directions for the Future, Environmental News No. 66, Danish Environmental Protection Agency を参照。

与える政策及び措置に製品設計義務を統合させる方法，などである。

　エネルギー使用製品については，すでに十分な経験があり，その環境影響の増大も明らかになっている。そのため，欧州委員会はエネルギー使用製品の形式を用いた枠組みについても検討している。この枠組みは，個々の製品ごとの立法による措置を認めるものであり，また，立法によるよりも迅速かつ費用対効果が環境影響の低減に資する場合には，産業界の自主的取組みを認めるものといえる。

3.5　消費者への情報提供

　EUは，消費者に対して製品に関する選択の情報のための全体のツールと枠組みを提供する役割がある。そこで検討されている政策手法としては，①公共調達のグリーン化，②民間企業における購入のグリーン化，③環境ラベリング，などが挙げられている。公共調達のグリーン化のために，欧州委員会はより環境適合的な公共調達の範囲を決定し，構成国の公共調達のグリーン化の行動計画の策定を推進する。最近の動きでは，2007年3月にスウェーデンがIPP行動計画を公表し，グリーン公共調達を推進している。特に，民間企業の規制による負担を減らして，公共調達への参加を促している[30]。

　環境ラベリングとしては，エネルギーラベリング[31]が家電製品を中心にその貼付が義務付けられている。また，比較的新しいツールとして，環境製品宣言（EPDs）[32]は，欧州の枠組みとしても検討される必要が指摘される。この環境製品宣言は，標準化された方法に従い，製品の定量的なライフサイクル情報を表示する制度である。ただし，それは当該製品がどれほど環境適合的であるかの評価はなされず，消費者が定量的な情報で自ら判断を下すか，その情報をLCAにおいて利用するというものである。

※30　行動計画については，http://www.miljo.regeringen.se/content/1/c6/07/87/09/41eb66db.pdf．
※31　ラベリング及び標準製品情報による家電製品によるエネルギーその他の資源の消費の表示に係る1992年9月22日の理事会指令92/75/EEC, OJL297, 13.10.1992, p. 16．
※32　これはISOタイプⅢと呼ばれるものである。

4 おわりに

　以上のように，統合的製品政策では，2003年の欧州委員会によるIPPのコミュニケーションにみるように，環境政策における生産側面の必要性の理由や欧州連合のIPP戦略に関する指針原則，さらに，IPP手法の理解を深めるために欧州委員会が行う施策などを明らかにしている。

　2007年6月に発効したREACH規則（1907/2006）は，6か月間にわたる化学物質の予備登録期間を皮切りに，本格的に開始されるとともに，化学物質の分類・ラベル表示規則の改正に伴って新たな政策体系が構築されている[※33]。また，水銀の輸出禁止に関する合意が成立し，電子機器における難燃剤デカブロモジフェニルエーテル（deca-BDE）の使用をめぐって，長年繰り広げられてきた論争に一応の終止符が打たれた[※34]。これにより，金属水銀，硫化水銀鉱石，塩化水銀，酸化水銀，及び金属水銀と他物質の混合物（水銀濃度が少なくとも95重量%の水銀合金を含む）については，EU構成国による輸出は，2011年3月15日付けで禁止されることになった。

　また，新たに農薬のリスク管理に関する規則が改正され，持続可能な農薬の使用に関して，空中散布の一般的禁止や公園などの公共用地における使用の要件を厳格化することになった[※35]。広範なEuPに関するエコデザイン指令に関しては，優先的に対策が必要とされる製品群向けの環境基準が設定され，初めて具体的な成果が現れはじめている[※36]。

※33　EU農業閣僚理事会は，化学物質の分類・ラベル表示・梱包（CLP）に関するEU規則の改正を2008年12月に形式承認した。新規則は，国際的に合意された世界調和システム（GHS）をEU域内に導入し，新たなREACH化学物質政策を補完するものとなる。

※34　金属水銀の輸出禁止及び安全な保管に関する2008年10月22日付け欧州委員会規則（EC）No.1102/2008。

※35　directive of the European Parliament and of the Council establishing a framework for Community action to achieve a sustainable use of pesticides [06124/5/2008 - C6-0323/2008 - 2006/0132(COD)]

※36　http://ec.europa.eu/energy/index_en.htm 参照。2010年までに，最大待機電力消費量は，製品種により1ワットまたは2ワットに制限される。これらの上限値は2013年には半減される予定である。EU構成国は既にエコデザイン指令に基づき，他4種類の製品群を対象とした同様の実施措置を承認している。

さらに 2008 年末には，欧州委員会は，廃電気・電子機器指令[※37]，及びオゾン層破壊物質に関する EU 規則の改正案[※38] も発表するなど，この領域における着実な対応がみられる。後者は，オゾン層破壊物質（ODS）の回収及び破棄に関する規則の強化を図るものである[※39]。

こうした欧州における様々な規制を化学技術に対する足かせと考えるのではなく，環境にフレンドリーな技術開発については，より長期的な視点を持ち，リスク管理の手法を駆使しながら促進するという視座を明確に示すものと考えるべきであろう。

※37　RoHS 改正指令案（http://ec.europa.eu/environment/waste/weee/pdf/com_2008_809.pdf）
※38　改正規則（http://ec.europa.eu/environment/ozone/review.htm）
※39　http://eur-lex.europa.eu/LexUriServ/LexUriServ.do?uri=OJ:L:2009:021:0043:0052:EN:PDF
　　2009 年度の割当量は，2009 年 1 月 24 日付の EU 官報によって，CFC の輸入量は 1 万 1,227 t 以下，ハロンの輸入量は 1 万 1,231 t 以下とされ，臭化メチルの輸入量は 1,441 t 以下と決定されている。

第9章 （行政）刑法の未然防止機能

森本陽美

1　はじめに

　環境保全政策は，社会，経済の進展につれて変化し，環境法制度もこれとともに変化する。その観点は，①公害防止型から環境保全型へ，②事後措置から未然予防へ，③損害防止からリスク管理へと移り変わっている※1。刑事法の分野でも，環境問題の解決方法として未然防止的志向が影響力を強める傾向にある。

　1970年代から，ドイツではこの問題についての刑法的規制が注目を集め，1980年には環境刑法に関連する犯罪類型が一括して刑法典の独立した章に編入された。すなわち，第28章（第324条以下）の「環境に対する犯罪」規定であり，行政に依存する部分も含んではいるが，刑法典による社会の「安全性」（Sicherheit）の保障と市民の「不安」（Unsicherheit）の解消をスローガンとしている。その後も改正が続き，充実強化される方向が定着した。これは，終了した侵害行為に対処するよりも，法益保護の早期化を図り，環境の危険・危殆化に対する未然防止の観点から対処しようとするものである。この見解は，統一刑法典による環境規制により，環境犯罪も確かに犯罪であるとの認識を与え，結果的に社会倫理機能を高め犯罪予防に効果的であるとしている。

　一方，我が国には独立した環境刑法典は存在せず，「環境犯罪」の主な取

※1　松村弓彦『環境法』（2004年）4～5頁。EU条約の環境法原則の一つに未然防止原則が明記され（第174条第2項），オランダの第4次国家環境政策計画（NEPP-4）も環境政策の原則として未然防止原則を挙げている。NEPP-4, 63. 参照。

締りは,刑法第211条第1項の「業務上過失罪」[※2]ではなく,環境侵害に関する罰則に基づき行政庁が中心となって行ってきた。近年,法改正による「水質汚濁防止法」への直罰制度導入やその他の刑事罰強化の傾向はみられるが,それらは主に行政法規違反に基づくものであり,依然として行政従属型取締りへの支持が根強い。これは,行政機関が環境犯罪の現場に詳しい知識と対策を持ち合わせており,適切な判断を下せるとの見解に基づく。

本章では,環境ビジネスのリスクを考えた場合に,未然防止原則を有効にするのは刑法典による環境規制であるのか行政措置によるそれであるのかを検討する。環境犯罪取締りの流れから始め,双方の見解,「水質汚濁防止法」の刑罰規定,そして,特に2005年のJFEスチール「水質汚濁防止法」違反事件を題材にして考える。

2 未然防止原則

未然防止原則 (preventive principle) とは,環境への悪影響に対して,発生してから対応するのではなく,未然に防止すべきであるとの原則である。つまり,事後救済,事後的原状回復と対比した時間的先行性を意味するものと説明される。それは既に国際慣習法上の原則であり,1972年のストックホルム宣言の原則21やそれを確認した1992年のリオ宣言の原則2に象徴される。また,ある活動が環境に悪影響を与えることが科学的に確実である場合,それを回避するための措置が未然防止措置である[※3]。

未然防止原則は,我が国では,環境行政の第1の波であった1970年代前半に従うべき原則として認識されるようになった。1972年には,それを含んだ環境評価法の前身である「各種公共事業等に係る環境保全対策について」が閣議了承され,1か月後の四日市公害判決[※4]では,「企業が人間の生命,

---

※2 刑法第211条第1項 業務上必要な注意を怠り,よって人を死傷させた者は,5年以下の懲役もしくは禁錮又は50万円以下の罰金に処する。重大な過失により人を死傷させた者も,同様とする。
※3 予防原則とは,損害が生じる可能性について科学的不確実性が存在していても損害が生じた場合の深刻な影響を懸念し一定の措置をとるべきとする原則である。
※4 津地四日市支判昭和47・7・24判時672号30頁。

身体に危険のあることを知り得る汚染物質の排出については，経済性を度外視し，世界最高の技術・知識を動員して防止措置を講ずるべきであり」と判示されるに至った。また，1993年制定の環境基本法第4条にも「環境保全は……化学的知見の充実の下に環境の保全上の支障が未然に防がれることを旨として，行われなければならない」と明記されている[※5]。

3　環境犯罪の取締りの流れ

　1960年代後半までの我が国の環境犯罪に対する立場は，経済活動の自由に制約を加えるような義務付けを控えるため，規制の履行を直接刑罰で担保しないという消極的なものであった。警察も，行政の補充的役割を果たす場合のみ環境犯罪に直接対応するという意識が強く，行政指導や改善命令といった行政的措置が先行されるべきであると考えていた。それを裏付けるように，1973年8月の警察庁長官通達の中では，公害事犯の取締りについて行政機関の指導に反して行われる事犯に重点を置くことや，公害問題の解決はそれぞれの行政機関を中心とする施策によるべきであるが，警察としても公害防止に寄与する立場から行うことが述べられていた。その結果，未然防止とはほど遠く，環境にかなりの負荷を与えるまで汚染は野放しにされ，深刻な公害問題が発生し拡大していった。

　そのような状況を改善するため，1970年の第64回臨時国会（公害国会）では「公害対策基本法」の改正をはじめ，14の新法及び改正法が可決成立し，政策パラダイムの転換として「経済調和条項」[※6]の削除，直罰制度[※7]の導入

[※5]　環境基本法第17条・第19条・第20条及び環境影響評価法参照。

[※6]　「経済調査条項」とは，産業発展と調和する範囲で生活環境を保全するという考え方に基づく条文である。1958年制定の「公共用水域の水質の保護に関する法律」第1条第1項は「…国民の健康の保護及び生活環境の保全と産業の相互調和に寄与することを目的とする」，第2項は「前項に規定する生活環境の保護については，産業の健全な発展との調和が図られるようにするものとする」と規定していた。

[※7]　改善命令を経る間接罰方式ではなく違反に対して直接刑罰が適用されるという意味で直罰制度と呼ばれる。この制度には許可制をとる法律であっても，許可の附款違反についての刑罰規定（自然環境保全法第54条第1号，自然公園法第50条第2号），無許可行為や禁止行為に対する刑罰規定（文化財保護法第107条の3第1号，廃棄物の処理及び清掃に関する法律第25条第6号）

がなされた。これは,行政処分の発動を待つ間接罰では遅すぎるという行政不信に根ざすものである[※8]。

1990年代に入って制定・改正された環境法は刑罰強化の傾向にあるが,これは警察庁による罰則強化の要請が大きく影響している。その代表例は1997年改正の「廃棄物処理法」であるが,罰金刑及び懲役刑の上限を大幅に引き上げ,産業廃棄物の不法投棄をした個人に対しては3年以下の懲役,もしくは1,000万円以下の罰金,法人に対する罰金の上限は1億円とした。この改正は,保管基準に関して直罰がなく充分な規制がなされていないことや,罰則に関して不法処理で得る高額の報酬と比較すると罰金の上限が低すぎて抑止効果が充分ではないとの指摘に基づいて行われた[※9]。

その後も警察庁は環境法違反を重視し,1999年4月には「環境犯罪対策推進計画」を策定し,対応強化を都道府県警に通知している[※10]。その柱は,①悪質な環境犯罪の取締り強化,②産業廃棄物不法投棄事犯に対する広域捜査体制の整備,③国民の協力の確保,④関係行政部門との連携等である。これは地球環境を守る取組みの文脈下で,環境犯罪に対する取締り等を強化し,環境保全を求める国民の要望に応えようとするものである。2000年改正では,不法投棄罪の構成要件上の一般廃棄物と産業廃棄物の区別の取払い,停止命令前置となっていた野外焼却の直罰化,暴力団排除規定の新設等が盛り込まれ,2004年の改正で硫酸ピッチ問題について保管等基準違反として直罰が可能となった[※11]。

　　も含まれる。
[※8]　米田泰邦「公害・環境侵害と刑罰―公害刑法と環境刑法」『現代刑罰法体系』2巻（1983年）187頁。
[※9]　山田好孝「廃棄物処理法の改正と今後の警察の対応について」『警察学論集』第50巻第7号45頁以下。
[※10]　「環境破壊の拡大を早期に防止するため,環境行政部局に対し,行政命令や行政指導等の行政措置の早期発動を積極的に促す」との文言はこうした認識の一端を表している。北村喜宣『環境法学の挑戦』（大塚直・北村喜宣編）（2002年）177頁。
[※11]　相浦勇二「産業廃棄物事犯の現状と対策」『警察学論集』第57巻第6号4頁。

4 刑法典による環境保護

　刑法典による環境保護の目的は，環境汚染行為が反社会的性格を持つものであることを国民に強く認識せしめ，一般予防効果を高めることにある。それは，法律による義務付け違反を刑罰の威嚇効果を通して未然に防止し[※12]，国民に「環境犯罪」の重大さを自覚させ，人間中心的な法益概念から生態系中心のそれに転換することにより倫理形成機能を促進するものである[※13]。

　環境保護に対して刑法のとる立場は，かつての消極的な一般予防から積極的なそれへと移行しつつある。刑法の消極的一般予防とは，禁止ないし命令規範をその違反の反作用として刑罰が与えられることを（合理的損得計算をする）潜在的犯罪者に示すことで威嚇し，犯罪を思いとどまらせることを意図している。一方，積極的一般予防は，刑法を通して長期的展望の下に彼らの規範意識を強化，構築することにより犯罪を思いとどまらせることを目指している。例えば飲酒運転を例にとれば，2001年に新設された危険運転致死傷罪（刑法第208条の2）[※14]による処罰により，一般市民の中で以前より犯罪としての意識は高まり運転態度にかなりの影響を与えていると考えられる。環境汚染行為を未然に防ぐにも，それが刑罰を受ける犯罪であるという意識を高めることが（経済的制裁の軽重にかかわらず）大きな役割を果たすとする[※15]。

　また，環境という法益の保護を考えるならば，業法的性格の法律を脱する必要がある。例えば，行政法規に依存する現状では法律の規定に該当しないため，規制の対象から漏れてしまう業者には無力であり，法益侵害に対する刑事規制が行なえず，したがって予防効果も期待しえない。また，許認可を

※12　北村喜宣「環境刑法の制度と運用」『法学セミナー』531号58頁。
※13　伊東研祐『環境刑法研究序説』（2003年）19頁以下。
※14　刑法第208条の2第1項　アルコール又は薬物の影響により正常な運転が困難な状況で四輪以上の自動車を走行させ，よって，人を負傷させた者は十年以下の懲役に処し，人を死亡させた者は1年以上の有期懲役に処する。その進行を制御することが困難が高速度で，又はその進行を制御する技能を有しないで四輪以上の自動車を走行させ，よって人を死傷させた者も，同様とする。
※15　前野育三「現在の環境問題と刑罰の役割」西原春夫古希祝賀論文集3巻（1998年）477頁以下。

受けた業者による環境侵害の可能性があっても，行政監督組織が充実していない場合には違反の発見そのものが遅れたり[※16]，行政庁の対応が是正されるまでは法的規制が難しく，逆に行政庁の決定が刑事規制の防波堤として働くという困難が生じている[※17]。このような見地からも，刑法典による統括的な規制の必要性が認められる。

5 行政の規制による環境保護

環境行政の手法には，規制的手法，経済的手法，事業手法，啓発手法等があり，刑罰は規制的手法の補強的役割として使われる。一般に行政規制の基本的方法は次のような方法で行われる。

(1) 事前監督

事業や行為の開始前に「許可制」や「届出制」により監視下に置く。

「許可制」は，本来国民が自由に行えることを一般的に禁止し，社会公共への障害がないことを確認して禁止を解除するものである。許可制を逸脱する行為は形式犯[※18]であり，不作為義務違反として処罰されることが多い。無許可行為の法定刑は最高3年以下の懲役又は高額の罰金であり，行政法の罰則の中でも厳しい。他方，「届出制」は主に施設の設置等について行政庁が情報を把握するためのものであり，一般的な禁止が先行するものではない。こちらも形式犯であるが，行政指導のための根拠である場合が多く，現実に処罰される例はほとんど見当たらない。

(2) 事後監督

開始後も事業や行為遂行状況をみて，違反行為やそのおそれがある場合に措置命令等の行政行為により事業・行為をコントロールする。そのための報告義務や帳簿備付・記帳義務，立入・検査などの行政権限が認められる。

行政によるコントロールの手段は改善命令，原状回復命令，措置命令，一時停止命令等の行政命令である。行政命令の要件は，違反行為が行われたこ

[※16] 阿部泰隆「行政の法システム」(1997年) 169頁。
[※17] 京藤哲久「行政と環境刑法」『現代刑事法』34号43～44頁。
[※18] 形式犯とは，損害や結果の発生を要しない犯罪類型である。

と，あるいは基準に適合しないおそれがあると認められる場合である。これに従わない場合は間接罰と呼ばれる刑事罰が科される。これは抽象的危険のある行為について直ちに処罰せず，行政指導や行政命令を介在させ，警告を発した上で処罰するやり方である。このように命令という行政行為に処罰を依存させる性格を行政行為従属性と呼ぶ。一方，違反行為に対して行政命令を待つことなく直ちに処罰する方式は直接罰といわれる。行政行為に依存しないので行政行為独立型と呼ばれるが，行政規制を担保するためのものであり，絶対的行政従属型に含まれる。

6 「水質汚濁防止法」の刑罰規定
6.1 成立の経緯と目的

　この法は，1970年の公害国会において水質二法（「公共用水域の水質保全に関する法律」「工場排水等の規制に関する法律」）に代えて制定された。この法の目的は，工場及び事業場から公共用水域に流される水の排出を規制することによって公共用水域の水質の汚濁の防止を図り，国民の健康を保護，生活環境を保全することである（第1条）[※19]。水質二法の大きな欠陥は，ワンクッション・システムであった。すなわち，排出基準（当時は「水質基準」）違反者に対し，まず廃水の処理方法等について改善命令を発動してその対応を待ち，その命令に違反した場合にはじめて罰則が適用された点である。この排水基準は，行政指導基準の意味しか持たず，基準遵守措置としてはきわめて不充分であった。

　一方，本法では直罰制度により，改善命令違反を待つまでもなく排水基準違反の事実のみで刑罰の対象とすることが可能になった。こうした対応の意味は，①違法に環境負荷を与える行為の抑止，②行政処分の発動を待つこと

※19　第1条　この法律は，工場及び事業場から公共用水域に排出される水の排出及び地下に浸透する水の浸透を規制するとともに，生活排水対策の実施を推進すること等によって，公共用水域及び地下水の水質の汚濁（水質以外の水の状態が悪化することを含む。以下同じ。）の防止を図り，もって国民の健康を保護するとともに生活環境を保全し，並びに工場及び事業場から排出される汚水及び廃液に関して人の健康に係る被害が生じた場合における事業者の損害賠償の責任について定めることにより，被害者の保護を図ることを目的とする。

なく，影響が小さい時点での警察介入による違反行為の停止（抽象的危険犯[20]としての処罰），③従来の行政的措置に対しての義務履行の補強機能，④環境保護が社会の基本的価値であることの宣言機能等である。

6.2 排水基準違反に対する直罰規定

　排出水を排出する者は，排水基準に適合しない排出水を排出してはならず（第12条第1項）[21]，その違反があれば，実質的に被害が発生したりその危険がなくても直ちに罰則が科される（第31条）[22]。

　排水基準とは汚染状態の許容限度であって，この許容限度を超えて排出水を排出するならば，通常，公共用水域の水質は汚濁し，人の健康又は生活環境に被害が生じる可能性を持つという状態を数値あるいは指標などで示したものであり，いわば，被害発生のおそれを行政取締りの便宜のために基準として類型化，定型化したものに他ならない。したがって，排水基準違反に対する処罰は，排水基準を遵守させるという行政の取締り上の要請に基づくものであるが，被害の発生の可能性という抽象的な危険に対してなされるものである[23]。

6.3 排水基準を遵守させるための直接的手法

　行政命令のみが規定されている。すなわち，都道府県知事と政令市の市長は，排出水を排出する者が排水基準に適合しない排出水を排出するおそれがあると認める時には，その者に対し期限を定めて規制対象である特定施設の

※20　抽象的危険犯とは，具体的な危険発生を要件としない，また個人的法益である生命・身体の現実的侵害に係わらない犯罪類型である。
※21　第12条第1項　排出水を排出する者は，その汚染状態が当該特定事業場の排水口において排水基準に適合しない排出水を排出してはならない。
※22　第31条　次の各号のいずれかに該当する者は，六月以下の懲役又は五十万円以下の罰金に処する。
　一　第12条第1項の規定に違反した者
　二　第14条の2第3項又は第18項の規定による命令に違反した者
　2　過失により，前項第1号の罪を犯した者は，三月以下の禁錮又は三十万以下の罰金に処する。
※23　『改訂　水質汚濁防止法の解説』（環境庁水質保全局監修）（1988年）537頁。

構造や汚水処理方法の改善を命じ、又は、特定施設の使用や排出水の排出の一時停止を命じることができる（第13条第1項）[※24]。

行政命令の違反に対しては罰則規定がある（第30条）[※25]。行政指導について明示的規定はないが、それを排除する趣旨ではないと理解されている。

排水基準項目は、健康項目（シアン化合物・六価クロム・PCBなど9種類＋トリクロロエチレン・テトラクロロエチレン）と生活環境項目（水素イオン濃度（pH）・化学的酸素要求量（COD）・生物化学的酸素要求量（BOD）・浮遊物質量（SS）等12種類）に分けられている。

7　JFEスチール事件

7.1　事実の概要

2004年12月16日、海上保安庁千葉海上保安部（以下千葉海保とする）がJFEスチール株式会社東日本製鉄所（旧川崎製鉄・千葉市中央区）の護岸付近から強アルカリ（pH12以上）の違法排水を発見し、千葉県と千葉市に通報した。翌17日、県と市は合同立ち入り調査を実施し、その後のJFEによる内部調査により以下のことが判明した。

① 同工場の防波堤等から、「水質汚濁防止法」に基づくpHの排水基準に適合しない高アルカリ水が海に流出していた[※26]。

② 「水質汚濁防止法」上、検出されてはならないシアン化合物が排水1 *l*

[※24] 第13条　都道府県知事は、排出水を排出する者が、その汚染状態が当該特定事業場の排水口において排水基準に適合しない排出水を排出するおそれがあると認めるときは、その者に対し、期限を定めて特定施設の構造若しくは使用の方法も若しくは汚水等の処理の方法の改善を命じ、又は特定施設の使用若しくは排出水の排出の一時停止を命ずることができる。

[※25] 第30条　第8条、第8条の2、第13条第1項若しくは第3項、第13条の2第1項又は第14条の3第1項若しくは第2項の規定による命令に違反した者は、一年以下の懲役又は百万円以下の罰金に処する。

[※26] 同製鉄所は総面積823ha。東京湾に突き出る形で西工場、東工場、生浜地区の3エリアが形成されている。その西工場エリアの北西に位置する水抜きパイプから千葉海保、市などが前記強アルカリを検出した。原因は野積みの高炉スラグ（製鉄過程から出る鉱さい）に雨水が入り、排水溝以外から海域へ浸出したというものである。JFE全体で高炉スラグは年間1,560万t排出されている（2003年度）。

当たり 7.57mg 検出され[※27]，西6号線排水溝から六価クロム化合物が，これも基準値を超えて検出されていた[※28]。
③ 2001年4月から2004年末にかけ，水質管理データ8万9,642件のうち1,109件のデータ改ざん（基準値内のデータに書き換え）があった[※29]。

7.2　JFEスチールと行政措置の流れ

2月 3日　JFEスチールが排水データ書換え等を発表
　　　　　千葉市が同社に対し水質汚濁防止法第22条第1項に基づく報告徴収
2月 4日　環境省水環境部長名で全国の都道府県・政令市へ通知
　　　　　環境省より担当官が現地確認
2月17日　同社が千葉市への報告書を提出
3月 8日　千葉海保と千葉地検が工場の家宅捜査
3月10日　千葉市が本事案の原因と対策及び行政措置の内容等を公表
3月16日　千葉市が同社に対し，水質汚濁防止法に基づく改善命令等を発令
3月18日　水環境部長名で全国の都道府県・政令市へ通知
　　　　　「水質汚濁防止の徹底に関する通知について」
3月24日　千葉県・千葉市との確認書・細目協定が締結
4月20日　環境省大気環境局水環境課
　　　　　「水質汚濁防止法に基づく立入検査マニュアル策定の手引き」等について
4月28日　JFEスチールは千葉県知事，千葉市長に対し改善対策の実施状況報告を提出

※27　10年前，西工場にダスト精錬炉が建設された。これはステンレス製造工場から出るクロム，ニッケルダストを精錬し，再び同一金属を取り出す一種のリサイクル装置だが，炉の熱風中に含まれる窒素分と炭素分が反応してシアン化合物が発生。約700度の排ガスを冷却水に通すときシアンが水に溶け込み，霧状になって飛散する。このメカニズム以外にも排水設備の不完全さや防液堤の高度不足などが高濃度シアンの海域流出につながった。

※28　廃酸輸送のタンクローリー車の管理不徹底で漏れたろ液が舗装道路の雨水側溝に流れ込み，排水溝の水質異常をもたらした。

※29　2001年から2004年12月まで，基準値を超えたデータ1,109件をすべて基準値内に書き換え，市や県に提出する報告書を作成していた。「基準値内に書き換えて報告書をつくるように」との引継ぎが水質担当者間で十数年間にわたって続いており，「基準値を超えるデータが検出された場合，水質担当者は別部門の担当者と話し合った」（2月18日「毎日新聞」朝刊）水質管理担当者によるデータ改ざんは確認できただけでも3年余にわたっており，前任者の時代からほぼ10年間もデータ隠しが行われていた。

7.3 千葉市の対策[※30]

(1) 排水基準超過に関する行政措置

水質汚濁防止法に基づく排出水の排出の一時停止命令，施設の使用の一時停止命令及び汚水等の処理方法等の改善命令並びに改善勧告等の行政指導（表1）。

(2) データ書き換えに関する措置

水質管理を担当者任せにするなど，公害防止組織や環境管理体制が不適切で会社の責任は重大とし，「特定工場における公害防止組織の整備に関する法律」を踏まえ，環境管理に万全を尽くすことを求める行政指導文書を発出した。

(3) 公害防止協定関係の措置

JFEスチール㈱と県・市との平成17年4月以降の細目協定について，分析結果原本の提出や協定値超過の際の報告義務等を盛り込んで締結した。

また，併せてこれまでに提出された改善報告書に基づく対策の実施を担保するための確認書を締結した。

(4) その他の行政指導

測定データの管理の徹底，排水口等での有害物質等の監視強化及び周辺海域の環境（海生生物，底泥等）の追加調査並びに必要な対策の実施を求める指導文書を発出した。また，水質総量規制に関して，自動水質測定器の保守・管理の徹底と測定結果の検証，記録・保存等の確実な実施，総量規制基準の遵守，排水量の調査と変更の届出，浄化槽等の生活排水の汚濁負荷量の測定等について確実な実施を求める指導文書を発出した。

(5) シアン対策専門委員会

JFEスチール㈱が改善命令等の行政措置に対して改善を実施するにあたっては，事前に改善計画書を提出させ内容を審査したが，ダスト精錬炉関連施設からのシアン化合物の飛散・流出防止に関する改善計画書については，市がこれを審査するにあたり，専門的立場から調査・検討を行っていただき助

[※30] 千葉市環境白書平成17年度版より。

表1 排水基準超過に関する行政措置

措置の内容	排水口等	基準超過項目
排出水の一時停止命令	西工場護岸防波堤	pH
特定施設の使用の一時停止命令及び施設等の改善命令	ダスト精錬炉関係 西6号線,西7号線	シアン化合物
特定施設の使用の一時停止命令及び施設等の改善命令	ダスト精錬炉関係 特定地下浸透水	シアン化合物
汚水処理等の処理方法の改善命令	西5号線	pH
汚水処理等の処理方法の改善命令	新中1号線*	シアン化合物,ふっ素及びその化合物
排出水の水質改善のために必要な措置の勧告	西6号線	シアン化合物,六価クロム,COD, SS, pH
	西7号線	シアン化合物,COD
	北排水1号	ふっ素及びその化合物,窒素含有物
維持管理の強化等必要な改善措置の指導	東排水南1号	大腸菌群数,燐含有量
	西4号線	pH,ノルマルヘキサン抽出物質
	西5号線	ノルマルヘキサン抽出物質
	南1号線	ノルマルヘキサン抽出物質,SS
	南海水線南	ノルマルヘキサン抽出物質
	北海水線北	ノルマルヘキサン抽出物質
	南排水西1号	ノルマルヘキサン抽出物質,COD, pH
	東排水中央1号	ノルマルヘキサン抽出物質
	新中1号線	窒素含有量

* JFEケミカルに対する行政措置

言を得るため,千葉市環境審議会環境保全推進計画部会に「シアン対策専門委員会」を設置した。

専門委員会では4回にわたり,シアン化合物の飛散・流出の原因と対策及びダスト精錬炉関連施設の改善計画書について審議がなされ,その審議結果を踏まえて提出された改善計画書の内容は,「若干の修正を要するものの現

時点までに得られた知見の範囲ではおおむね妥当」とし，付帯意見をつけた中間取りまとめが行われた。

7.4 環境省の対策[※31]
(1) 特定事業場に対する監視指導関係
　特に問題であるのは，排出水の汚染状態及び汚濁負荷量の測定結果記録について，排水基準等を超える測定結果等があったにもかかわらず，長期間にわたり虚偽の記録を行っていたことである。測定及び記録は，基準遵守義務を担保するために不可欠なものであり，特定事業場に対する監視指導の一層の徹底を図る必要がある。このため，特定事業場に対し，法第22条の規定による報告徴収及び立ち入り検査を適切に行い，特定事業場における排水の監視について指導万全を期すよう都道府県及び水質汚濁防止法政令市に通知した。

　具体的には，
① 測定結果が複数の者のチェックを受ける体制になっているか否かの確認。
② 特定事業場の測定が採水後速やかに行われ，その結果が生産現場に適切に反映されているか否かの確認。
③ 特定事業場の排出水の汚染状態の測定結果について立入検査時に原簿等の確認とともに適宜報告を徴収すること，また，その値を立入検査による特定結果や届出値等との対比。
④ 特定事業場の排出水の汚濁負荷量の測定状況について，立入検査時に自動測定器の指示値及びその帳票並びに排水流量計の指示値及びその帳票を確認。また，その値と届出値等との対比。等

(2) スラグの体積場侵出水等の対策について
① 敷地境界線等の状況を調査し，届出書等に記載されていない排水口から排出水が排出されていないかの確認。

※31　環境省環境管理局水環境部長通知 平成17年3月18日「水質汚濁防止の徹底について」より。

② 届出等では「間接冷却水専用排水口」又は「雨水専用排水口」となっている排水口から届出等と異なる排出水が排出されていないかの確認。

7.5 法的処遇

千葉地検は，2005年10月26日「水質汚濁防止法違反(排水基準違反など)」の罪で，当時の製鉄部長ら社員3人を略式起訴した。また同日，当時の製鉄部長と製鉄工場長に罰金30万円，当時の環境防災室主任部員に罰金20万円の略式命令を下した。千葉海上保安部は，法人としてのJFEスチール(東京)も書類送検したが，地検は「会社ぐるみと認定できず，再発防止策も講じている」として起訴猶予にした。他に書類送検された当時の環境防災室長も起訴猶予にした。

8 JFEスチール事件の検討

環境汚染は圧倒的に事業者による経済的理由が多く，出費を抑え不当利益を上げようとして強制法規に違反する，いわば確信犯である(表2)。また，環境に対して不利益な影響を与える行為のほとんどは，それ自体が自明の「犯罪」として捉えられていないのも事実である[32]。刑法典に基づいて環境を保護しようとする見解は，環境侵害は犯罪であるという社会倫理形成を行うことが，犯罪の一般予防として未然防止に貢献すると主張する。

今回，JFEスチール事件は地検の捜査を受け，法人としての起訴は免れたものの，当時の責任者たちは罰金という略式命令を受けた。「水質汚濁防止法」第31条以降の罰則規定に基づき刑事罰を科したことは，一般予防からの未然防止に役立つと一応の評価はされるだろう。しかし，法人としての起訴を免れたことや低い罰金で終わったことは，威嚇力・感銘力が少なく手ぬるい法的措置として批判を受けるかもしれない[33]。また，データの改ざんは「水質汚濁防止法」で取り締まることができず法的措置はとられなかった。

---

[32] 当事のJFEスチールの担当者も「悪いとは思わなかった」と述べている(3月8日「News Drift」)。
[33] 中島勝利「水質汚濁事犯捜査に対する一考案」『警察学論集』第26巻5号(1973年) 109頁。

表2　産業廃棄物不法投棄事犯の投機者別，動機別内訳（平成19年）

動機＼投機者	総数	排出源事業者	許可業者 収集運搬	許可業者 処分	無許可業者
総数（件）	535	357	25	9	144
処理費節減のため	438	283	17	9	129
最初から不法投棄を企図	50	41	2	0	7
処分場が遠距離のため	4	4	0	0	0
その他	43	29	6	0	8
処理費節減のため	535	357	25	9	144

（出典）平成20年警察白書

　行政による環境保護を支持する立場からみると，環境を保全し汚染を未然に防止することこそが環境行政の目的であり，社会倫理的な否定である刑罰は，営業停止処分，莫大な民事賠償，大々的なボイコット等の経済的ダメージを与えるが，実際的な抑止効果にはならないとする。

　本件の行政措置（排水の一時停止命令，施設使用の一時停止命令及び汚水等の処理方法等の改善命令並びに改善勧告等の行政指導等）は，企業活動と密接に連動し非常に専門的かつ細部にわたっている。行政法規は多方面にわたって存在するので，効率を考えた場合に行政指導や勧告などによる問題解決の利点は明らかである。「水質汚濁防止法」の主体が都道府県知事であるように，違反行為に対しては原則として主務官庁の行政処分による抑止が本筋であり，その規制を活性化させ実効性を確保するのが効果的であるとの見解は[※34]，本件事案を考えても非常に説得力を持つ。会社を営業停止に追い込めば，実際問題として解決手段をとるのが遅れることとなり効果的とはいえない。

　JFEスチールは，今回の事件発生当時より2007年の12月28日までに，記者会見，住民説明会，既述のような行政措置に伴い公害防止協定に関する千葉県と千葉市宛(あて)の報告書，「水質汚濁防止法」に関する千葉市宛の報告書，

※34　中山研一『環境刑法概説』（2003年）28頁。

シアン対策専門委員会，千葉市環境審議会環境保全推進計画部会への資料提出を行う等の改善対策の進歩状況を明らかにしている。

データ改ざんについても，①環境管理部の独立と環境管理部門の人員増強，②測定データと異常監視の強化，③環境保全に関する教育の徹底・強化と意識の向上，コンプライアンスの再徹底，④本社担当役員・監査部門による定期的な監査の実施を行った。

9　おわりに

　本章は主に JFE スチール事件を題材に，環境犯罪を未然に防ぐためのより良い方法の検討を試みた。本件は刑事罰を受けたが，通常，環境犯罪で刑事罰に適するほどの悪質さであるとの判断基準は，中和剤の節約や汚濁除去装置の運転をしなかった等，本来かけるべきコストを節約した点にある。すなわち，環境や市民の健康を犠牲として自分たちの儲けを得た点を重視し，正直者が馬鹿をみないようにするため，遵法意識が下がらないようにするために摘発されるのである[※35]。本件はデータ改ざんもあり，これに匹敵する悪質さがみられたといえる。この刑事罰は，環境犯罪は犯罪であると内外に知らせる一つの助けとなったと思う。

　また，数々の行政措置も講じられたが，こちらは専門的であり実際的な解決方法であった。刑法典によってはカバーできない具体的な問題解決を図れるのは，行政による規制や事後処理であることは間違いない。ビジネスリスクを考慮するなら，主に企業と連動できる行政法規中心の対策が適切であると考える。

※35　北村喜宣「環境刑法の執行―水質汚濁防止法を例にして―」『刑法雑誌』32 巻 2 号 62 頁。

第10章 作本直行

海外投資と環境保全

1 はじめに

　我が国は貿易投資立国であり，資源確保，生産活動，マーケット等の確保において，海外との緊密な相互依存関係は不可欠である。グローバル化は，中国，インド，ロシア，ブラジルといった資源大国BRICSの台頭をもたらす一方，自由貿易協定（FTA）の締結やASEAN（東南アジア諸国連合）共同体といった新しい経済秩序を生み出しつつある。また，負の局面としての環境悪化も急速にグローバル化しつつあり，将来世代のニーズと現世代のニーズとの間の資源の垂直的公平配分を唱えた持続可能な開発の高邁な概念さえ，地球温暖化，森林伐採，生態系破壊といった著しい環境破壊の前で，警句になり下がりつつある。持続可能な開発概念の前提条件となるべき環境資源の水平的公平配分さえも維持できないためである。

　現代の行き過ぎたグローバル化社会において，声なき将来の弱者のために環境資源を確保することは極めて困難となりつつあり，人類の生存条件や生態系の維持にまでリスクは迫っているといえよう。地球はまさに病み，悲鳴をあげる状態に至ったといっても過言ではない。グローバル化した経済活動，人口増加，食料確保，エネルギー問題などのあらゆる地球規模の課題を，環境の目線から，改めてすべて見直すべき時期にある。

　海外投資に伴う環境問題は，当該社会と国際社会の双方に大きな軋轢と摩擦を生み出す。公害企業との不名誉なレッテルによってもたらされる経済的損失は測り知れず，商品ボイコットや不買運動に発展する事例も多々ある。国際社会での企業の投資・貿易活動は，地球環境問題への意識の高まり，企

業の社会的責任の議論やグリーン・コンシューマリズムといった消費者意識の高まりと変化に伴い，これまでのような自由かつ奔放な経済活動は環境保全にかかわる様々な角度から規制を受けることになった。とりわけ，大資本と高度な技術を駆使した先進国の民間投資や貿易活動に対して，国際的な関心が高まりつつある。

　国際社会における環境規制の変化は，次の3点において顕著である。第一は，途上国における環境法の急速な発展である。例えば環境アセスメントについては少なくとも世界の100か国以上が既に導入したとされ，東アジアでは戦略的環境アセスメント（SEA）の導入が積極化しつつある。

　第二は，グローバル化経済の中で，環境規制にかかわる国際的な先制が欧州連合（EU）ないしヨーロッパによって独占されている点である。つまり，EU発の国際条約さらに各種環境規制が世界各国に新しい規制の影響と圧力を及ぼしており，例えば，統合的汚染防止管理指令（IPPC指令），環境影響アセスメント指令（EIA指令），化学事故にかかわるセベソII指令（セベソ指令），環境管理・監査スキーム（EMAS規則）がある。また，最近では化学物質に関するREACH（欧州化学品規制），有害物質の使用制限に関するRoHS，電子および電子機器廃棄物（WEEE）に関する指令，省エネ製品等に関するEup/ERPの一連の規制があり，環境規制の国際化の波を作り出している。

　第三は，国際標準化機構(ISO:International Organization for Standardization)といった民間機関がISO 26000シリーズとして企業の社会的責任（CSR：Corporate Social Responsibility）を取り込む動きに象徴されるように，民間企業の社会的責任に対する規制がCSRの枠組みを通して既に体系化されつつあり，環境規制は，人権，労働，企業ガバナンス，消費者保護などの企業の社会的責任分野とともに，このCSR議論に組み込まれられつつあることである。このCSRの下で，サプライチェーンにまで及ぶ環境配慮の実施，産業別の環境配慮の実施，環境報告書の作成など，民間企業に対する新しい国際的展開が始まっている。

　これまでの環境社会配慮は，概して政府開発援助（ODA）分野における

環境問題の議論に限定されがちであり，経済協力開発機構（OECD），国連環境計画（UNEP），世界銀行やアジア開発銀行等の国際金融機関，さらに主要先進国の援助実施機関の取り組みが議論の中心となり，我が国の国際協力機構（JICA）や国際協力銀行（JBIC）等の援助事業に関しても，それぞれが策定した環境社会配慮ガイドラインに基づき，環境社会配慮の組み入れを個別に論じてきたに過ぎなかった。しかし，現在，OECDの多国籍企業の行動基準，国連グローバルコンパクなどの企業の社会的責任に関する国際的な議論の流れを引き継ぐCSRが，民間企業の事業活動における環境配慮議論の中枢を占めつつあるといってもよい。

　これまで，対途上国投資では，環境規制の緩さは，安価な労働，大きな市場，投資可能性，税制上の優遇措置などと並ぶ投資インセンテイブとして考えられてきたが，もはやこれは当てはまらない。汚染された生活環境，下水や有害廃棄物の処分場などの社会インフラの不備，利用可能な人材や技術者の不足，環境行政の停滞や汚職の蔓延等の問題は，企業活動にとって決して好ましい条件といえないだけでなく，環境問題の発生は当該社会における反社会的な行為として不買運動やバッシングのリスクを抱え込むことになる。かつて途上国の緩い環境規制や法の抜け穴を利用することは，現地法に照らして合法でありさえすれば問題なしと理解されがちであったが，企業経営あるいはCSRの立場からは，直ちに反社会的企業といった国際的なレッテルを貼られる素地ができあがることになる。このためには，国際的な標準に立って，問題発生を未然に予防ないし防止することが最善の策となる。

　そこで，途上国における事業活動といえども，例えば，前述のREACHやRoHSさらに戦略的環境アセスメント（SEA）等のEU発の環境規制，さらに多数の先進国またはEUで既に使用制限されているアスベスト，有害な化学物質，フロン・ハンダ付け用の鉛などの使用制限に自発的に対応することが必要となる。

　ただし，このような環境制約を新しい技術開発や経済活動の追い風に利用することも可能である。例えば，環境ビジネスと呼ばれるエタノールやバイオの開発，廃棄物処理やリサイクル，蓄電池や石炭の油化，省エネ，クリー

ン・エネルギーの開発,浸透膜の利用による造水技術等の分野では,日本の技術力を活かした有望な事業が次々に誕生しつつある。さらに,それにも増して,世界は新しい資源獲得競争の時代に突入しつつある。2007年の我が国ODA供与額の最大部分の約33%はアフリカ地域に振り向けられている。それは原油・天然ガス(LNG)等のエネルギー資源やレア・メタル開発等の戦略的な資源関連分野であり,いずれも資源確保に際して著しい環境影響が予想される分野である。

　以下,本論では,海外投資と環境規制のあり方を順次検討する。我が国の対外直接投資状況をみた上で,グローバル化経済の動きをみるためにFTAの動きを若干みることにする。その上で,先進国の投資企業がアジアの途上国において環境裁判まで引き起こした代表的な事例を参照し,さらに我が国の海外投資における規制の枠組みと国際社会における環境規制の動向を把握し,その内容を検討したい。なお,海外投資の主な対象地域は,多くの日系企業がその重点を置くアジア地域を念頭において検討したい。

2 我が国海外投資の現状と環境問題の事例
2.1 我が国の海外投資の現状

　日本貿易振興機構(ジェトロ)が2008年度に発表した対外直接投資データ(2007年が対象年,単位は億ドルで四捨五入)によると[※1],世界の対外投資総額は2兆ドルを超え(21,522億ドル),前年比36.3%の伸びであった。内訳は,米国が1位(3,333億ドル),2位以下は,英国(2,298億ドル),フランス(2,246億ドル),ルクセンブルグ(1,818億ドル),ドイツ(1,699億ドル)の順であり,日本は9位(735億ドル)で,その投資額はアメリカの4分の1にも満たない(ちなみに,2006年は第10位)。他方,対内直接投資額の第1位は,オランダ(2,516億ドル),2位以下は,米国(2,375億ドル),英国(1,859億ドル),フランス(1,580億ドル)の順で,10位以内にはアジ

※1　日本貿易振興機構(ジェトロ),『ジェトロ貿易投資白書2008年版』(2008年)15頁以下及び巻末資料編384頁以下。

アの5位の中国（1,384億ドル）と8位の香港（598億ドル）が含まる。日本以外のアジア諸国の経済加熱ぶりが読み取れる。また，前年の2006年の日本の対内直接投資額も10位以内には含まれていない。

　日本の対外直接投資735億ドルは，前年の502億ドルを46.5%上回った数字であり，貿易額も輸出入ともに過去最高額（通関ベースで，輸出が10.31%増の7,127億ドル，輸入が7.2%増の6,211億ドル）を記録した。対外直接投資を，地域別にみると（国際収支ベース，ネット・フロー），西欧が最大で27.8%（204億ドル），アジアが26.4%（194億ドル），北米が23.7%（174億ドル），中南米が12.9%（95億ドル），大洋州（オセアニア）が5.7%（42億ドル），アフリカ1.5%（11億ドル），中東1.3%（10億ドル），東欧・ロシア等0.7%（5億ドル）の順であり，日本の外国投資全体の8割は，西欧，アジア，北米の三地域で支えられていることがわかる。日本の対アジア向け投資では，中国向け8.5%（62億ドル）とASEAN10か国向け10.6%（78億ドル）がその大半を占めている。

　分野別の対外直接投資をみると，製造業が53.8%（395億ドル）で，内訳は，食料品が17.4%（128億ドル），輸送機械器具11.8%（87億ドル），電気機械器具6.4%（47億ドル）である。他方，非製造業は46.2%（3,397億ドル）で，その内訳は，金融・保険業195億ドル（26.5%），卸売・小売業6.5%（48億ドル）であり，運輸業2.9%（21億ドル）であった。2007年の企業買収（M&A）件数は9,878件で2004年以降の拡大傾向がみられるが，現下の国際不況の煽りを受け，当面の内外投資には大幅な落ち込みが見込まれている。

　他方，FTAや経済連携協定（EPA）締結の動きは1990年代以降勢いを増し，世界貿易機関（WTO）に登録・発効された世界のFTA締結総数は148件（2008年8月1日現在）に達している[※2]。その内訳は，欧州・ロシアCIS（独立国家共同体）・中東・アフリカが75件，米州が20件，アジア大洋州が29件，地域横断が24件である。FTAの締結は，WTOを中心とする多角的な自由貿易体制を補完し，対外経済関係の発展と経済的利益の確保を目的にする。

※2　同上38頁。

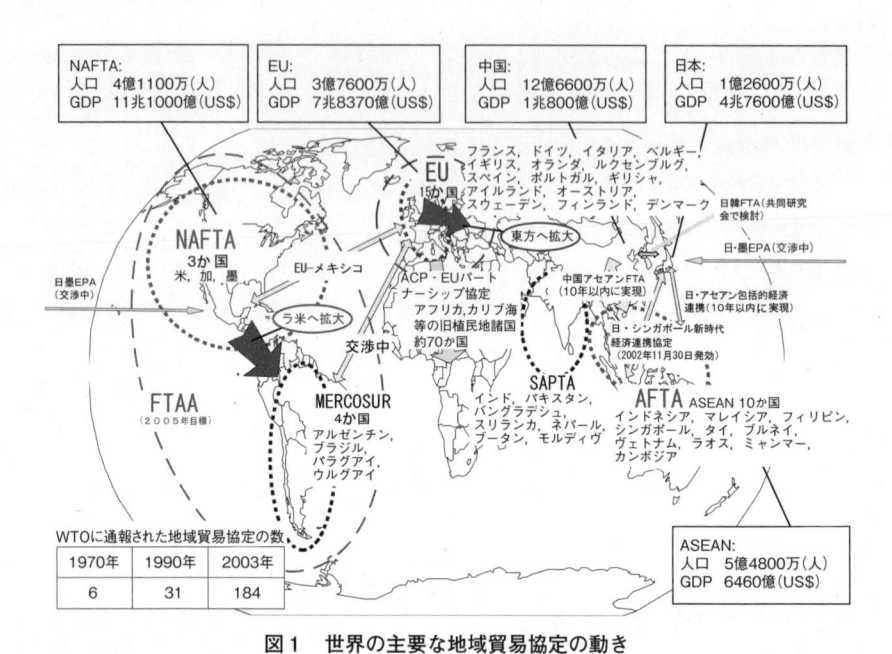

図1 世界の主要な地域貿易協定の動き
（出典）通商白書2003年版（http://www.meti.go.jp/policy/trade_policy/epa/html/ugoki.html）

我が国も，図1にみるとおり，アジア諸国へのFTA外交を図っており，我が国の経済活動と戦略的な経済外交を展開するための有力なツールとして役立てている。これは，平成16年12月21日の経済連携促進関係閣僚会議の決定に基づき，東アジア共同体を中心とした経済統合構想を想定して進められてきたものである[※3]。なお，前述のとおり，アジアでは中国，インドといったBRICsが台頭し，2010年にASEAN自由貿易地域（AFTA）において原加盟のASEAN6か国が域内関税を廃止し，2015年には残りのASEAN諸国がその廃止を決定している。ASEANでは，中国やインドといった大国の台頭とグローバル化への迅速な対応を図るため，2008年にASEAN憲章を

※3 外務省「東アジア諸国との経済連携協定交渉の現状と課題」（2005年6月），http://www.mofa.go.jp/mofaj/gaiko/fta/pdfs/kyotei_0504.pdf（Last visited March 1, 2009）。

発効させ，ASEAN共同体（ASEAN Community）の実現を2015年に繰り上げた。

2.2 海外投資に伴う環境問題の事例

　海外投資との関連で，環境問題が国際紛争に発展した事例は多数ある。まず不買運動に発展した事例として次のものがある。ナイキ社の靴製造がベトナム等の東南アジア諸国で児童労働を利用したとの理由で，1997年に環境NGO（非政府組織）から労働・人権の批判を受け，商品の不買運動が始まった事件，1970年代にネッスル社が製造する粉ミルクが途上国の衛生事情や授乳条件などを顧みずに大々的な宣伝の下に販売したために乳児への衛生安全問題が生じ，国際消費者機構（IOCU）等の消費者団体によって同社の粉乳商品に対する不買運動が発生した事件，その後も同社のコーヒー栽培にかかわるフェアー・トレード問題に端を発した商品不買運動事件が起ったことがある。さらに最近では，中国の粉ミルクへの工業用メラミン樹脂混入事件で多数の乳児が入院したり，餃子等の冷凍食品への有害物質混入等により，中国食品や中国製玩具に対する不買運動が国際的に広まったことがある。

　他にも，英国NGOのカトリック系国際協力機関（CAFOD：Catholic Agency for Overseas Development）が，DELL，HP，IBMの3社を相手に発展途上国での生産工場における劣悪な労働条件を2004年に発表し，国際労働機関（ILO）並みの労働規約の制定をサプライチェーンにかかわるエレクトロニクス業界に対して要求した事例，1988年にフィラデルフィア市の都市ゴミが大型船に載せられ，処分地を探すために世界各地を彷徨したが，各地で受け入れを拒否された事例，1999年に我が国の廃棄物処理業者（ニッソー）が医療廃棄物や建設廃棄物を含むコンテナ122個分，2,200tの廃棄物をフィリピンに輸出したところ，マニラ港から送還されてきた事件，さらに南太平洋地域への核廃棄物の投棄問題や違法な伐採森林の輸出問題などがある。

　また現在，インドネシア国内で問題になっている事例として，北スラベシでの米国系ニュー・モント社の鉱山開発によるブヤット湾の海洋汚染の問題，西パプアでの米国系のフリー・ポート・インドネシア社の鉱山開発に伴う土

壌汚染の問題，オーストラリア系のサントス社が18%を出資するバクリー系・ラピンド・ブランタス社による東ジャワ・シドアルジョでの泥火山噴出問題[※4]がある。

　海外投資に伴う環境問題の発生に関しては，過去の経験は活かされず，失敗のみが繰り返されている。ここでは，アジアへの民間投資関連で極めて代表的な3事例を紹介する。これらはいずれも著名な公害輸出事件であり，先進国企業が外国投資に伴い発生させた事件で，訴訟にまで発展した事例である。ただし，これらはいずれも構造的な性格をもっており，先進国と途上国の対比や公害輸出の現象だけをみて，先進国の個々の企業を批判の的に据えるだけでは問題は解決しない。国家間に環境法規制とそのエンフォースメントをめぐるギャップがあり，問題は，これに対する認識欠如と不知の濫用により，発生しているためである。これまで民間企業の環境配慮に関する議論は原則論に留まり，投資受け入れ国の規制水準や行政の裁量に任されてきた感があり，企業側の環境意識が希薄であることもあり，実効性に乏しかった。ただし，CSR議論の登場は企業の自主性を尊重してはいるものの，国連グローバル・コンパクトやISOの議論とともに国際的な関心の高まりとなり，大きなうねりに発展しつつある。

　しかし，BRICsの登場に伴う新たな問題群として，中国をはじめとするいわゆる経済新興国が，かつての先進国の失敗例に漏れず，他の途上国への公害輸出を繰り返していることがある。台湾の中央電力が北朝鮮に放射性廃棄物を輸出決定した事例[※5]，中国が東南アジアでの違法森林伐採に拍車をかけている問題，シンガポールが海洋埋め立てを行うために隣国インドネシアから大量の土砂を買い入れていることなどの最近の事例に表れている。とりわけ国土の狭いアジア諸国やこれまでの経済中進国は，環境技術の開発や有

※4　拙稿「シドアルジョ泥火山と環境問題」(仮題)，東洋経済新報社「アジア環境白書2009・10」(2009年印刷予定)。海外環境協力センター (OEEC) OECCニュース「インドネシアの環境問題 (巻頭言)」(2008年12月号)。

※5　施信民「廃棄物の輸出を許さない，台湾が他国の敵にならないために」, http://japan.nonukesasiaforum.org/japanese/backno/no25/taikan.html (Last visited March 1, 2009)。

害廃棄物処理の点で行き詰まりを示しており、地域環境協力の点からも突破口の発見が期待されている。

(1) エイシアン・レア・アース社（ARE）のマレーシア・イポー州での問題事例

マレーシアのイポー州ブキ・メラにおいて、日本側の三菱化成は1980年に35%の株式を保有して、エイシアン・レア・アース社（ARE）を設立した。ハイテク金属の最先端ともいえる希土類をモナザイトから採取しようとして、半減期が140年ともいわれるトリウムという放射性廃棄物を排出し、適切な処分場がないために、敷地内にこれが放置され、降雨によってその土砂が水田などに溢れ出し、近隣住民に白血病による身体被害を発生させたというものである。高等裁判所では1985年に仮処分として操業停止命令が出され、操業の一時停止が行われたが、仮処分場が設置されたので、操業が再開された。その後、1992年にARE社が最高裁判所に上告し、企業側の勝訴が確定したという事件である。

子供を中心に白血病患者が生じ、流産や乳幼児死亡率も高まった。我が国の進出企業がアジアの現地で公害裁判の当事者として登場した最初の事例とされており、杜撰（ずさん）な有害廃棄物管理が問題になったモデル事例である[※6]。環境法の整備・執行が不透明かつ不十分であったり、環境影響の測定や技術的な制約がある国でレア・メタル等の資源採掘を行ったりする場合に、将来も再発が危惧（きぐ）される問題群である。

(2) ニュー・モント・ミナハサ・ラヤ社のインドネシア・スラベシでのブヤット湾汚染の問題事例

インドネシアのスラベシ・ブヤット湾周辺のミナハサ・ラヤ鉱山において、アメリカ系企業ニュー・モント社が金の採掘を行い、この過程で水銀、砒素（ひそ）、シアン等を大量に排出し、その鉱さいが河川、海水、土壌等を汚染したものである。企業側は汚染していないと主張するが、NGOの調査によると、

[※6] 野村好弘・作本直行編『発展途上国の環境法と行政制度—南・東南アジア編 改訂版』（アジア経済研究所、1997年）。本書の資料3が、AREに関する高裁判決と最高裁判決の全訳を掲載している。

海水中の汚染は，水銀が10倍で砒素が12倍といった結果や，砒素濃度が許容レベルの100倍といった報告（アメリカのNGO, Earthworks Action），さらに17tの水銀が空中に放出され，16tが水中に排出されたといった報告もある。ブヤット湾近くのラタトト地区の66家族が既に130キロメートル離れたドウミナンガ地区に移転した。

インドネシア政府が行った水質調査は，警察が調査した砒素と水銀の汚染濃度数値よりもはるかに低く，2004年の大臣令が定める基準値との比較でも安全だとの報告を行うものの，政府は，国会の第8環境科学技術委員会の議論を受けて，汚染の度合いは裁判所の判断にかかわるとしながらも，同企業による汚染発生を認める見解を示し，告訴を決定した[※7]。1997年の環境管理法違反に該当した場合には，15年以下の懲役，8万ドル以下の罰金，さらに違法な利益の没収の罪条が適用される。

会社側は，環境活動家ケオラ基金代表リグノルダ・ジャマルデイン博士に対し，同氏が会社による汚染と患者を発生させたとの主張を行い，会社側の名誉を毀損したとしてマナド地方裁判所に損害賠償を訴えたところ，2005年8月3日付の判決で名誉毀損罪の適用が認められ，同氏への罰金75万ドルの支払いと，支払い遅延金1日あたり500万ルピア，3日間の中央および地方新聞での謝罪広告が命じられた。しかし，同8月2日付の記事によると，最高裁判所はマナド地方裁判所のウルフール所長を含む判事二人を環境問題の判断を行う資格がないとの理由で，直前に辞任させたと，報道する。

他方，8月3日にインドネシア政府が，同社に対し不法投棄を理由にマナド地方裁判所に刑事告訴を行い，8月5日の初公判で水銀汚染や身体への被害事実が紹介され[※8]，その後8月19日にニュー・モント側の弁護士から訴

[※7] Jakarta Post, "Government concludes Buyat Bay Polluted"（2004年11月25日），同2005年6月1日，Global Response. "Update:NewMont Court Cases/Indonesia"（2005年8月3日），Jakarta Post "Manado Court Rejects Newmont Request"（2005年9月21日）他。

[※8] 適用法規には，1994年5号の工業法21条（1）違反，1995年51号環境大臣令水質基準違反，1997年23号環境管理法の14（1）条，16（1）条，41（1），14条，46（1）条，47条への各違反，1999年19号海洋汚染法18条違反，2000年パベダル規則b 1456号の水質基準違反，2004年環境大臣令51号の海水質基準順違反が予定されている。

訟の根拠なしとの主張が行われ，9月6日には検察官が環境法に照らし違法であるとの主張を行った。1996年から2004年まで操業した同社について，2007年5月までの21か月間裁判が争われたが，現地会社ニューモント・ミナハサ・ラヤ社（PT Newmont Minahasa Raya）とリチャード・ネス社長には，二重の危険（double jeopardy）原則違反と基準値以内の汚染排出で住民への健康被害に対する十分な証拠がなかったとの理由で，無罪が言い渡された。

複数の裁判が提起されており，2005年11月には，南ジャカルタ地方裁判所に対して政府が1億3,300ドルの民事賠償を提起していたが，政府は2005年12月初旬，当事者間での仲裁・和解が進行中であるとの理由で，これを取り下げた。これはインドネシア政府が事実上，民事訴追を取り下げたことを意味するが，刑事訴追への影響はないと発表している。

ニュー・モント社は，このミナハサ以外にも，スンバウワ島で日系資本も含めたアジアで二番目の規模のバトゥー・ヒジャウ金・銅山開発事業を実施しつつあり，出資比率を巡って現地地方政府との間で対立を繰り返してきた[※9]。なお，同社は，ペルー，ガーナなどの途上国でも鉱山開発事業を行っており，多国籍企業による公害輸出としてNGO等から批判を受けている。

(3) ユニオン・カーバイド社によるインドでのボパール化学工場爆破事故の問題事例

1984年にアメリカの化学工業会社ユニオン・カーバイド社が，インド中部のボパールにおいて，イソシアン酸メチルという有毒ガスを漏出し，工場周辺の2万人近くを被災させ，住民3,828名を死亡させた「世界最悪の化学工場災害」と呼ばれる事件である。公害天国の言葉にも象徴されるように，環境規制の緩い国で危険な農薬製造事業を行い，管理上の不注意が大規模な事故に繋がったものである。

ユニオン・カーバイド社は，50.01％の株式を保有し，その他はインド政府をはじめとする国内の金融機関などが保有していた。ユニオン・カーバイド

※9 http://www.newmont.com/en/operations/ghana/ahafo/docs/envsocimpaccess.asp (Last visited March 1, 2009)。

社の声明文によると,インドの最高裁によって15年前に和解された事件であり,当時のアンダーソン会長が誠意を尽くしたと報告しており,会社側は救援基金を設置し,ボパール・メモリアル病院を設置し,インド政府側に対し4億7,000万ドルの和解金を支払ったと伝えている[※10]。しかし,2004年においても,利息収入分の3億2,700万ドルを被害者側に提供するようインド最高裁が政府側に命じており,この事件の解決の困難さは現在にも引き継がれている。なお,会社側の原因究明としてのエンジニアリング・コンサルタント会社アーサー・D・リトル氏の報告(1988年)は,ガス貯蔵タンクに誰かが故意に水を入れ,その結果化学反応が生じたと報告しているが,いまだに原因は明らかではないとする。

この事件の後,1984年にボパールガス漏出被害法,環境基本法に相当する環境保護法,公害企業に強制保険への加入を義務付ける法律等が次々に制定された。有害化学物質の安全やレスポンシブルケア,PRTR(化学物質排出移動量届出制度)を考える場合に,最も重要な事件となっている。

3　外国投資の受入国側から見た環境規制の態様

外国投資を行う場合,投資受入国の国内法に基づく環境規制が最も基本となる。まず,外資規制業種として,投資の受け入れに関するネガティブ・リストなどで環境に有害な業種を制限する方法がある。これは,公序良俗や麻薬禁止など,さらに国益重視の産業保護策などとともに,事前に投資業種を制限する手法である。環境関連の申請手続きが投資手続きの一部にあらかじめ組み込まれている場合が多い。

初期段階の最も包括的かつ統合的な手続きとして環境アセスメントの適用がある。環境影響を回避ないし減少させる立場から,事業の種類と規模,環境への影響度合い,対象となる地域の特性等を勘案して,環境アセスメントの実施を義務付けるものである。この手続きを通して,事業実施のための許

※10 「ユニオン・カーバイド社の声明」,http://www.bhopal.com/ucs.htm 参照。マドヤ・プラデシュ州政府が1990年に正式にインド最高裁に提出した死亡者数であり,同会社データによる。その他の資料多数(Last visited March 1, 2009)。

認可を取得する。環境アセスメントにおいては，手続きの効率性や厳密さが一般的に要求されることになるが，各国の手続き内容とその方法は千差万別であり，スクリーニングの手続き，カテゴリー分け，スコーピングによる環境項目の洗い出し，公衆参加，モニタリングや事後調査，代替案，ステークホルダーの範囲などは，国により態様が大きく異なる。さらに最近では，通常の環境アセスメントよりも評価・測定の範囲を拡大したり，実施時期を早めたりする戦略的環境アセスメント（SEA）を採用する中国，韓国，ベトナムといったアジアの国が増えている。SEA の内容や手続きの方法は同一ではないものの，途上国の方が日本よりも制度面で一歩先んじてしまった感がある。さらに，社会環境アセスメント(SIA)や健康影響アセスメント(HIA)といった人間や社会の側面をより重視した評価手法も登場している。

しかし，環境アセスメントの実施との関連でしばしば問題となるのは，途上国におけるエンフォースメント（法執行）の課題である。途上国に対して先進国の立場からしばしば批判される点は[※11]，手続き遵守の欠如，さらに非効率かつ不透明で非民主的な合意形成のあり方である。許認可手続きにかかわる汚職などの蔓延も批判される。他方，例えば，インドネシア等の途上国からは，環境アセスメント報告書自体の精度向上，厳格で透明な手続きやモニタリング実施にかかわるエンフォースメントの強化，あるいは罰則強化等を要求する声が高まっている。ただし，排出基準値自体が経済的，技術的にバイアブル（実行可能）でなかったり，適用対象事業の特定方法が曖昧であったり，重要な環境項目（例えば，アスベスト，ダイオキシン等の有害化学物質や特定の有害廃棄物）が脱落しているといった制度そのものの欠陥もある。

投資国での事業展開との関連では，環境法だけでなく，他の関連法規の適用も受ける。各対象事業との関連で，農林漁業，工業，製造業，エネルギーや鉱物資源開発関連など，各事業分野に沿った法適用を受け，許可の取得が必要となる。これらの中には，用地確保，立地規制，建築規制，労働環境，

※11　拙稿「アセアン諸国における環境アセスメント制度の発展とねじれ現象」『環境アセスメント学会誌』3巻1号，76～82頁参照。

保健衛生，リスク管理，賦課金など，間接的な方法を通して環境保護の実現を要求する規定も多い。あらかじめ準備された工業団地の中に工場等を設置する場合も多く，電力確保，排水処理，産業廃棄物処理等が集中的に管理される方式が多い。

アジア諸国をみた場合，環境法の整備は相当にかつ急速に進んでおり，水や大気，騒音，悪臭といった典型公害にあたる環境分野のみならず，環境アセスメント，有害廃棄物，森林伐採，生物多様性，生態系の保護や海岸保護，エコラベルや環境監査，さらに省エネ，有害な化学物質管理，廃電子製品の処理といった比較的新しい分野で，急速な進展を示している。しかし，下位法令や地方条例の不備，適用段階での行政の適用能力不足または予算・技術の問題がある。

環境法の枠組みを全体的にみた場合，多くの国でフレームワーク方式を採用する傾向が強い。環境基本法に相当する基本法を制定し，これを中心に体系的な法整備を進めるというものである。ただし，コモン・ロー系の国においては，法令間の序列が必ずしも要求されないため，事情が異なる。また，ガイドラインなどのソフト・ローによる規制も広く採用されている。例えば，ISOの普及，企業の表彰制度，環境教育，環境意識向上のための啓蒙プログラム等である。

環境法規の適用との関連では，環境法以外の法体系全体の不備，裁判制度の不透明さ，司法や行政機関における汚職蔓延等の質の問題によって，法の趣旨さえも歪められてしまう場合が多い。このため，海外投資にかかわる環境問題は，進出企業側が仮に最大限の注意を払った場合でも，現地での予期せぬ条件，例えば，法整備上の欠陥，有害棄物処分場の有無，公害防止技術の利用困難，技術者確保の問題，環境意識の欠如等の理由で，問題に繋がってしまう場合がある。

しかし，特に途上国への投資企業にとっての基本原則はまず国内の環境規制を最低限遵守することであり，次にリスク管理の点から先進国並みのレベルで対応することが必要である。現在，議論の的となっているグローバル・サプライ・チェーンに対する環境批判等は予見困難な課題であろうが，グロー

バルな企業経営を行い，企業プレゼンスが上昇する場合には，企業のリスク管理の一環として，CSR等の枠組みを自主的に取り入れ，これを予見しておくべき必要があるといえよう。

途上国投資でしばしば問題となるのは，投資国の国内法制遵守の問題でなく，むしろ非法律的な要因に基づく場合である。この場合，環境規制を含む現地の法制度の緩さは，投資リスクの一つとして理解される必要があり，環境紛争の解決手法にも十分注意する必要がある。

例えば，前述のインドのボパールでの化学工場事故の場合には，企業の説明によると，操作ミスというよりも，企業に反感をもった従業員のサボタージュ結果であると説明されているが，株主であるインド政府をも巻き込んだ一大国際環境問題に発展してしまった。むしろ経営の立場において，現地の文化，宗教観，社会価値，人々の暮らしにまで配慮して操業を実施すること，つまり現地への環境社会配慮に十分な関心と注意を持って投資活動を行うべきことを原則に据えるべきものであり，これが国連グローバルコンパクトや企業の社会的責任論といった国際的な理解や意識の潮流に最も沿った立場といえよう。

この点では，環境保護の関心と対象の範囲は，狭義の公害防止だけでなく，当該社会の人と社会生活にまで拡大しつつあるといえ，社会問題の発生予防の段階にまで企業の環境対策を遡らせる必要がある。この点で，途上国での企業経営において，わが国のCSRが強調するような法令遵守の強調は予防対策のための一条件に過ぎず，むしろ非法律的な政治的，社会的な要因までも広く配慮することが必要といえよう。

アジア諸国の環境関連法と行政はかなり整備されてきた。環境裁判所，戦略的環境アセスメント，環境権，人権裁判所，人権委員会，透明性の要求，環境監査，環境情報へのアクセス権，NGOの参加，さらに，環境意識の啓蒙，公衆参加制度，経済手法，警察の積極的関与，紛争解決手法，罰則強化を図っている場合など，先進的な保護内容や管理手法が獲得されてきている。他の国内法分野よりも，概して環境法体系がより先進的であったり，国際的な環境法原則に馴染んでいたり，さらに民主的な要素を多分に採り入れていたり

することが多い。

　しかし，これは，環境法の国際的な発展に影響された結果，拙速に採用され，発展した場合も多く，他の国内法のみならず，全般的な政治発展や民主化段階と必ずしも調和していない場合がある。環境法は，一国の法体系の一部にすぎないのであり，全体的な法体系，つまり憲法，行政法，労働法，民商法，刑法などの支えの上に築かれたものであり，これを支える司法，行政，経済等の脆弱さと発展段階を無視して，先進的な理論と環境法に基づく知識だけで途上国の環境規制を議論することの危険性は高い。これは，先進国一辺倒の理論や議論に依拠しがちな知識人の間でしばしば陥りがちな点であり，また，現地の知識人においてさえ，彼らの知識や学問水準が国際的な法原則や先進国の知識で満たされている場合に起りえる盲点となりかねない。

　次に，ジェトロの投資関連資料等から[※12]，アジア諸国での外資への環境規制と優遇策を概観する。

　フィリピンにおける外国資本の参入や外国人の就業を制限する第7次ネガテイブ・リスト（2004年12月8日公布，2007年1月発効）によると，専門職の免許を必要とするとの理由で，環境計画，景観設計が禁止分野とされ，また，群島内・領海内・排他的経済海域内での海洋資源の利用，河川・湖・湾・潟での天然資源の小規模利用も禁止される。また，外資が40％に制限される業種として，天然資源の探査，開発及び利用がある。他方，奨励対象の分野では，大気汚染防止法（1999年，RA第8749号）第13条に基づく2004年8月のガイドラインにより，汚染管理装置の新規導入または既存装置の改善を行う企業に対する税の優遇措置がある。減価償却の加速，研究開発費の控除，汚染管理装置や供給品・資材等の購入・輸入にかかわる課税額の支払い猶予等が認められる。エネルギー関連の奨励策として，公共交通機関向け天然ガス車プログラム（NGVPPT）やバイオ燃料法に基づく優遇措置もある。

[※12]　日本貿易振興機構（JETRO）の外資に関する投資規制及び外資に関する奨励策に関する国別のホームページ参照，http://www.jetro.go.jp/world/asia/。なお，カンボジアとラオスについては，日本アセアンセンターの資料を参照，http://www.asean.or.jp/invest/guide/vietnam/02inv.html（Last visited March 1, 2009）。

タイでは,外国人事業法（1999年改正,2000年3月施行）により,天然資源・環境に影響を及ぼす業種は,内閣の承認と商業大臣の許可があった場合にのみ可能となる。例えば,サトウキビからの精糖,塩田・塩土での製塩,岩塩からの製塩,爆破・砕石を含む鉱業,家具及び調度品の木材加工が対象に含まれる。他方,投資奨励業種に,環境の保全と対策にかかわる事業が含まれる。
　ラオスでは,外国人が事業を行うための土地取引に制限はないが,環境配慮により取引が制限されることがある。
　カンボジアでは,改正投資法の施行細則Ⅲ（2005年12月）により,評議会または州・特別市投資小委員会には,国益または環境影響のある投資プロジェクトの登録延期を行う権限が認められ,禁止業種には,有害化学物質,農薬・農業用殺虫剤,および公衆衛生と環境に影響を及ぼす化学物質使用の商品の製造,輸入廃棄物を利用した電力の加工・発電,森林法により禁止された開発事業が含まれる。さらに投資優遇措置の対象にならない業種として,種の多様性,人の健康および環境に危険を及ぼす遺伝子組換え生物がある。投資申請書に提出が義務付けられる環境情報として,原材料・完成品の輸送方法,廃棄物や排気ガスの排出量・内容・処理方法,騒音・振動の発生源,従業員等の居住環境や健康衛生,安全面の内容がある。
　ベトナムでは,2006年の共通投資法および施行細則（108/2006/ND-CP）が,ベトナムの国防,国家安全および公益に損害を与える投資事業,ベトナムの歴史文化遺産及び習慣,伝統を損ねる投資事業,さらに国民の健康,生態環境を損ねる投資事業,有害廃棄物処理にかかわる事業を禁止投資分野として規定する。逆に奨励分野には,新素材,代替エネルギー,ハイテク製品,バイオ技術製品,太陽光,風力,バイオガス,地熱,潮流のエネルギーを使用する施設の建設投資,ハイテク技術関連の環境保護,環境汚染処理及び環境保護,リサイクル資源の回収処理,排水及び有毒廃棄物処理などが含まれる。なお,2005年に改正された環境保護法の第2条は領土内で活動に従事する外国の組織及び個人への法適用を明らかにし,第46条は海外からの廃品の輸入等を原則的に禁じ,リサイクルやゴミの分別,戦略的環境アセスメント,有害廃棄物の処理などについて規定する。

シンガポールでは，シンガポール・グリーンプラン2012に基づき，廃棄物管理，公衆衛生，水供給，国際協力などの8分野に重点を置いた10か年計画を実施する。シンガポールは，特に水需要が逼迫したために，奨励投資分野として，環境エンジニアリング部門に優れた外国企業を誘致し，環境技術部門で淡水化処理，再生水処理などを発展させてきた。

インドネシアでは，2007年の新投資法に基づく大統領令第76号，同第77号により，環境に影響を与える化学原料分野への民間投資がすべて禁止された。また，大統領令第111号で，特別許可（生産プロセスと廃棄物加工について環境省よりリコメンデーションを取得する）が必要な投資分野として，黒スズ精錬と沈没船の積荷からの有価物の引き上げが追加された。また，自動車に対する排ガス規制（2003年環境国務大臣決定第141号）により，2005年にユーロⅡ基準が導入され，これに沿って新型自動車への適用（2005年）と中古車への適用（2007年）が段階的に実施された

中国では「産業政策および貸付政策の調整をさらに強化し，貸付のリスクを管理することの関連問題に関する通知」に基づき，環境汚染の著しいプロジェクトは禁止される。また「外商投資希土類業種管理暫定規定」により，外国投資による希土類鉱山企業の設立は禁止され，希土類の製錬・分離は合弁・合作に限定され，企業の類型ごとに異なった参入条件が採用される。また，外資に関する制限として，2002年国務院の「外商投資の方向を指導する規定」（国務院令第346号）に基づき，中国と外資の合弁事業（中外合弁事業）と単独の外資事業（外資独資事業）に対し，「環境を汚染・破壊し，自然資源を破壊し，または，人体の健康を害する」事業（第7条）は禁止される。逆に，奨励・優遇される外資事業として，汚水処理，ゴミ処理事業などがあり，認可を経て，関連の経営範囲を拡大できる（第9条）。

香港では，外資規制業種は，危険・公害など公衆衛生上の問題がある業種だけに限られ，これら業種には関連当局の許可が必要となる。また，インドでは，1951年産業法により，危険性のある化学製品産業（シアン化水素酸，ホスゲン，イソシアン酸およびジイソシアン酸）について，ライセンスの取得が義務付けられている。

4 海外投資と環境配慮に関する国際的な動向と我が国の動き

我が国の海外投資と環境配慮を考える上で，注目される行動指針や議論となっている動きを3点ほどみておきたい。

4.1 国際機関の動き

(1) OECD 多国籍企業行動指針[※13]

2000年6月に発表されたこの指針は，その序文において，勧告としての意味を持つとしながらも，一般方針の冒頭で「持続可能な開発を達成することを目的として，経済面，社会面，環境面の発展に寄与する」と投資行動の基本原則を宣言する。さらに第5章には，「環境」に関する特別の章を設け，「企業は，その事業活動を行う国の法律，規則及び行政上の慣行の枠内で，また関連する国際的な合意，原則，目的及び基準を考慮し，環境，公衆の健康及び安全を保護する必要性，並びに，持続可能な開発というより広範な目標に貢献する方法で，一般的な活動を実施する必要性に，十分な考慮を払うべき」と指摘し，環境面の具体的な行動として，次の8点を規定する。①当該企業が環境管理制度を設立，維持する，②費用，事業場の秘密および知的所有権保護の関する関心を考慮する，③意思決定に際し，企業の工程，製品およびサービスのすべての段階で生じ得る環境，健康及び安全に対する予見可能な影響を評価し，考慮する。提案された諸活動が，環境，健康及び安全に重大な影響を与える可能性があり，その所管官庁の決定に服する場合には，適切な環境影響評価を準備する，④危険性に関する科学的および技術的理解に則しつつ，人の健康および安全を考慮に入れ，十分な科学的確実性を欠いていることを理由として，損害を予防し最小限にするための費用効率の高い措置を先送りしてはならない，⑤事故および非常事態を含め，事業活動から生じる環境または健康への重大な損害の防止，緩和および管理のための非常事態対策計画を維持し，所管官庁への即時通報のための機構を維持する，⑥活動を奨励して，企業の環境面での行動改善を継続的に追及する，⑦有害物質の

[※13] OECD「OECD 多国籍企業行動指針」, http://www.oecdtokyo2.org/pdf/theme_pdf/finance_pdf/20000627mneguidelines.pdf#search (Last visited March 1, 2009)。

取り扱いおよび環境事故の防止を含め，環境，健康及び安全に関する事項につき，また，環境影響評価手続き，広報関係および環境技術などの一般的環境管理分野について，従業員に適切な教育訓練を提供する，⑧環境認識や環境保護を強化するための連携または発意を通じて，環境上有意義で経済的に効率的な公共政策の発展に貢献する。

4.2 国連グローバル・コンパクト

　国連グローバル・コンパクトとは，1999年の世界経済フォーラム（ダボス会議）の場で，コフィー・アナン前国連事務総長が提唱したもので，2000年7月の国連総会で決議された環境を含む企業活動に関する諸原則である。提唱時には人権，労働，環境分野の9原則だけであったが，2002年に腐敗防止に関する透明性の原則が追加されて10原則となった。これは，法的な規制を前提とした手段でなく，各企業の責任ある創造的なリーダーシップによって持続可能な成長を実現するための世界的な枠組み作りを提示した「自発的なイニシアチブ」であり，各当事者のネットワークにより成り立っており，国連が初めて直接企業に対して提唱したものである。

　環境に関しては，三つの原則を宣言する。原則7は「企業は，環境上の課題に対する予防原則的なアプローチを支持」，原則8は「環境に関する大きな責任を率先して引き受け」，原則9は「環境に優しい技術の開発と普及の奨励」である。なお，目標達成のための四つのメカニズムとして，①政策対話（Policy Dialogues）―現在，直面する課題の解決,②ラーニング（Learning）－実践活動の共有，③ローカル・ネットワーク（Local Networks）―国・地域レベルのネットワークづくり，④パートナーシップ・プロジェクト（Partnership Projects）―協同プロジェクトによるサポートが想定されている。なお，この国連グローバル・コンパクトがもたらした大きな効果に，前述のCSRの議論がある。企業の社会的責任論であり，我が国にも多大な影響をもたらしている。改めて別項目で検討する。

4.3 我が国の動き
(1) 経済団体の動き：経団連の「海外進出に際しての環境配慮事項」と経済同友会の「新世紀企業宣言」

これまで経済団体連合会（経団連）は，1990年に「海外進出に際しての環境配慮事項」，1991年に「経団連地球環境憲章」，1996年に「経団連環境アピール」など，環境に関する一連の見解を発表してきた。特に「経団連環境アピール」は，その「4.海外事業展開にあたっての環境配慮」の中で，海外生産・開発輸入をはじめ，我が国企業の事業活動の国際的展開は，製造業のみならず金融・物流・サービス等に至るまで急速に拡大しており，経団連地球環境憲章に盛り込まれた「海外事業展開における10の環境配慮事項」の遵守，さらに海外における事業活動の多様化・増大等に応じた環境配慮に一段と積極的に取り組むべきと述べている。海外での事業活動においては，経団連が指摘したこの10の環境配慮事項，我が国の産業界に大きな意義と影響を与えていると考えられるので，これを次に検討する。

この環境配慮事項の策定趣旨は，次のように説明されている。経団連などの関係経済団体は，1960年代後半から発展途上国における海外投資活動を多面的に展開することになった。1973年に「発展途上国における投資行動の指針」を策定したが，その後先進国での投資活動が展開されるようになり，1987年に「海外投資行動指針」を策定した。しかし，この両指針とも環境配慮について，投資先国社会との協調，融和のために「投資先国の生活・自然環境の保全に十分に努めること」という僅かな一行を設けたにすぎなかった。そこで，経団連として，当時の日本企業の国際的展開および発展途上国での経済開発に伴う公害問題の発生などから判断して，この一文をさらに詳細化する必要があったと説明する。

経団連としては，途上国に進出する場合には，途上国政府の政策的な面もあり現地企業との提携・合弁会社となる場合が多く，経営主体が現地途上国企業側にあり，環境保全への投資より生産設備への投資が優先される。だから，環境規制値はあるものの，技術面，監視組織面で管理が十分でない場合があり，基礎的データの不備や入手の困難等，日本企業だけで解決できない

問題も多いといった事情があるが,投資先国の環境保全に万全の策を講じることは,良き企業市民としての進出企業の責務であり,各企業がこの配慮事項を参考に具体的方針等を策定すべきことを期待すると述べる。

経団連が指摘する 10 の環境配慮事項[※14]は,次のとおりである。①環境保全に対する積極的な姿勢の明示,②進出先国の環境基準等の遵守とさらなる環境保全努力,③環境アセスメントと事後評価のフィードバック,④環境関連技術・ノウハウの移転促進,⑤環境管理体制の整備,⑥情報の提供,⑦環境問題をめぐるトラブルへの適切な対応,⑧科学的・合理的な環境対策に資する諸活動への協力,⑨環境配慮に対する企業広報の推進,⑩環境配慮の取り組みに対する本社の理解と支援体制の整備である。

他方,経済同友会は,1991 年に「新世紀企業宣言」を発表し,超伝導や燃料電池,核融合など地球に優しい大型技術の開発,途上国の発展段階に応じた低公害・低環境負荷技術の積極的な提供と移転,資源リサイクル・システムの採用による省資源化社会モデルの実現について提言する。

(2) 環境配慮促進法

2004 年 6 月に制定されたこの法律の正式な名称は「環境情報の提供の促進等による特定事業者等の環境に配慮した事業活動の促進に関する法律」[※15]であり,事業活動に係る環境配慮の実施を期するため,環境報告書の作成及び公表を毎年度求めるものである。この法律は,本文 16 カ条と附則 4 カ条から構成され,冒頭の 1 条の目的は,「事業活動に係る環境の保全に関する活動とその評価が適切に行われることが重要であることにかんがみ,事業活動に係る環境配慮等の情況に関する情報の提供及び利用等に関し,国等の責務を明らかにするとともに,特定事業者による環境報告書の作成及び公表に関する措置等を講ずることにより,事業活動に係る環境の保全についての配慮が適切になされることを確保し,もって現在及び将来の国民の健康で文化

※14 経団連のホームページ http://www.keidanren.or.jp/japanese/profile/pro002/p02002.html (Last visited March 1, 2009)。
※15 環境省。環境配慮促進法に関する法律の概要,http://www.env.go.jp/policy/hairyo_law/gaiyou.pdf。

的な生活の確保に寄与する」と規定する。

　しかし，1993年の環境基本法で，環境主体となる4当事者（国，自治体，事業者，国民）に対する環境責務のレベルは一律に規定されたが（第6条〜第9条），この法律においては，責務レベルにつき，義務に近い責務と努力義務に近い責務といったような区別が行われている。第1章の総則では，国と独立行政法人等を含む特定事業者に対する責務は義務レベルとして扱われ（それぞれ第3条，第1条），環境配慮等への状況公表についても義務レベルとして扱われる（第6条，第9条）。他方，地方公共団体，民間事業者，国民に対する責務のレベルは努力義務として一段引き下げられており（それぞれ第3条，第4条，第5条），環境配慮等への状況公表の具体的な義務付けでは，地方公共団体では努力義務（第7条），民間事業者については規模区分が設けられ，大企業向けでは環境配慮等の状況公表が努力義務として（第11条第1項），中小企業向けでは，環境配慮等の状況の公表努力義務さえもなく，単に国側にだけその公表を容易にさせるための情報提供その他の必要な措置を講ずる義務が片面的に定められているに過ぎない（第11条第2項）。ただし，製品等の環境負荷の低減に係る情報提供については，事業者が大企業であれ中小企業であれ，努力義務を課せられることになる（第12条）。

　環境省が示す法律解説※16では，民間事業者には環境報告書の作成・公表を義務付けない理由として，「事業者の創意工夫によって行われるべき環境報告書の作成・公表が形式的なものとならないように，この法律では国の関与を最低限とし，事業者の自主性が最大限活かされるような形とした。そのため，大企業は環境配慮等の状況の公表を行うように努めることとされ，中小企業については，国が支援を行うことが規定されている」と説明されているが，責務概念に明確な基準を示さずに格差を設けたこと，環境負荷で最も問題となる民間事業者による事業活動に対して，環境配慮義務の事実上の免除ないし軽減を行い，さらに中小企業に対しては国の支援義務だけを一方的

※16　環境省「環境コミュニケーションの更なる広がりを目指して：環境配慮促進法について」，http://www.env.go.jp/policy/hairyo_law/pamph.pdf （Last visited March 1,2009）。

に享受する規定を定めるなど，環境基本法の枠組みさえも変更してしまった嫌いがある。この法律に対して「不完全」[※17]との批判もあり，改正議論が始まったとのことである。

(3) 企業の社会的責任論（CSR：Corporate Social Responsibility）

「企業の社会的責任」（CSR）に関する議論が，OECD，ISO，我が国の政府，産業界を中心に高まっている。経済産業省の定義によると，「法律遵守にとどまらず，企業自ら，市民，地域および社会を利するようなかたちで，経済，環境，社会問題において，バランスの取れたアプローチを行うことにより事業を成功させること」[※18]と理解されている。我が国では，2000年ごろから企業のCSRへの取り組みが経団連や経済同友会で始まっている。また，経済産業省の企業の社会的責任に関する懇談会」（2004年度），環境省の「社会的責任に関する研究会」（2004年度）が行われている。

「環境にやさしい企業行動調査」（2003年に環境省実施）によると，CSRを意識した経営を行うと答えた企業が48.2%，また今後行う予定と答えた企業が27.6%あったとされ，極めて企業の関心が高い点が注目される。他方，日本・アメリカ・イギリスの3か国比較調査において，企業の社会的責任への関心の高さを調査した場合，日本でおよそ85%，アメリカで80%，英国で67%の各国企業が，関心をもっていると答えている（図2）[※19]。また，企業の取り組む社会的責任を果たすべき領域として，環境分野が70%近くで，最大の割合を示している。

この点からも，環境への配慮は，労務，汚職，消費者保護などと並びつつ，高い関心が払われている分野といえよう。さらに，OECD等の国際機関，国際標準化機構ISO 26000シリーズが欧米の企業行動に関する評価機関等で，CSRに関する基準・規格を策定する議論が高まっている[※20]。デンマーク政府はCSR政府戦略を発表し，国家政策に取り入れている。このCSRを

[※17] 江間泰穂・吉田賢一『環境ファイナンス』（環境新聞社，2005年）56頁。
[※18] ㈶地球・人間環境フォーラム「企業の社会的責任」（2005年）2〜4頁。
[※19] 環境省「社会的責任投資に関する日米英3カ国比較調査報告書」（2005年6月）。
[※20] CSRに関するホームページ参照，http://www.csrjapan.jp/ （Last visited March 1,2009）。

図2 企業の社会的責任についての関心
（出典）環境省「社会的責任投資に関する日米英3か国比較調査報告書」

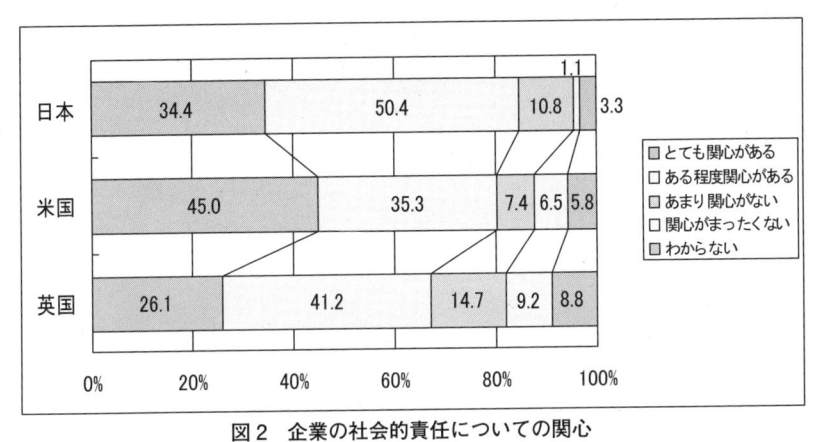

めぐる理解方法には，ヨーロッパ，アメリカ，さらに日本で異なりがあるものの，大きな流れとしてCSRが影響力をもちつつあるといえよう。

第11章 自然起因の健康リスク管理のための法政策
―花粉起因リスクを素材として

勢一智子

1 はじめに―自然起因の健康リスクとしての花粉症

　自然生態系において，人間は他の生物と相互に影響を与え，あるいは受けつつ共存する環境にある。環境と人間との間にある支障を環境問題として捉えれば，広義の環境問題には，人間の活動が生態系に与える悪影響と並んで，他の生物に由来する作用が人間に悪影響を及ぼすものがある。前者は，環境汚染リスクとして公害法をはじめ従来から法規制等により対応されてきた。後者についても，自然現象から人間が受けるリスクとみれば，環境法政策の関心事である。

　このような自然現象に起因するリスクは，多くの場合，自然的要素が原因となることにくわえて，自然影響を受ける人間社会側の問題と複合的に作用する特徴を持つ。そのため，人間や社会の側が適切に対応すれば，自然起因のリスクは低減・回避が可能な局面もありうる。ここでは，社会的なリスク対応の手段として，法政策を通じたリスク管理が登場することとなる。自然起因リスクには多様なものがあるが，より身近な健康リスクの典型例として，花粉症を挙げることができる。

　日本でスギ花粉による花粉症が初めて学会で報告された1964年から[※1]花粉症患者が激増し，現在では国民の4人に1人が罹患しているといわれる「国民病」となっている[※2]。花粉症の問題は，患者個人の不利益にとどまらず，

[※1] 斎藤洋三，井手武，村山貢司『新版・花粉症の科学』（化学同人，2006年）5頁。花粉症の歴史につき，参照，石崎達編『花粉アレルギー』（北隆館，1979年）1頁以下。
[※2] スギ花粉症の有病率は，26.5％（2008年）となっている。参照，鼻アレルギー診療ガイドライン作成委員会『鼻アレルギー診療ガイドライン―通年性鼻炎と花粉症（改訂第6版, 2009年版）』

医療費や労働力などの社会的損失を引き起こす点にある。スギ花粉症にかかる直接・間接の医療費は年間総額2,860億円に上り[※3]，また，スギ花粉症による労働損失は600億円になるとの推計がある[※4]。

他方で，花粉症の直接原因となる花粉は自然界に通常存在し，それ自体は有害物質ではなく，花粉の飛散も自然現象である。しかしながら，事業活動等により，その作用に変化を及ぼす可能性があり，また，花粉に反応する人体的作用については，受け手側である人間がある程度コントロールすることもできる。この点では，花粉症はリスク管理の対象となりうる。本章では，このような花粉症問題を素材として，花粉のような自然現象に起因する健康リスク[※5]にどのように対応すべきか，そのリスク管理のあり方を検討したい。

2 花粉起因の健康リスクの特徴
2.1 花粉症の発症メカニズムと健康リスク

花粉に起因する健康被害の典型である花粉症は，花粉をアレルゲンとするアレルギー疾患である[※6]。これは，花粉に対して人体が起こす異物反応であり，体内に花粉に反応する抗体（IgE抗体）が生成・蓄積されることにより，

（ライフサイエンス，2008年）10頁以下，環境省「花粉症保健指導マニュアル2008」（2008年2月）20頁。東京都の調査では，都内スギ花粉症患者は，1996年に約19％（5人に1人）から，2006年には約28％（3.5人に1人）まで増加している（東京都福祉保健局調査）。

※3　新田裕史「我が国における花粉症対策の展望」Science&Technology Trends February 2006（2006年），科学技術庁研究開発局編「スギ花粉症克服に向けた総合研究・成果報告書」（2000年）を参照。

※4　川口毅，星山佳治，渡辺由義「スギ花粉症の費用について」『アレルギー臨床』21号（2001年）178頁以下，環境省・前掲※2，永濱利廣「花粉症が日本経済に及ぼす影響」『労働の科学』61巻3号（2006年）38頁以下。

※5　リスクは，「物質又は状況が一定の条件の下で害を生じうる可能性」として定義され，二の要素，具体的には，①よくない出来事が起きる可能性，②そのよくない出来事の重大さを掛け合わせたものとされる（リスク評価及びリスク管理に関する米国大統領・議会諮問委員会編（佐藤雄也，山崎邦彦訳）『環境リスク管理の新たな手法』（化学工業日報社，1998年）4頁以下）。本稿では，リスク概念の議論は行わず，このような一般的な概念として用いる。

※6　いわゆる花粉症とは，「花粉アレルギーのうち，主に鼻及び眼又はそのいずれかに起こる疾患を意味し，花粉喘息やその他の臓器に起こる花粉に由来するアレルギー疾患を除外して用いられる」。日本花粉学会編『花粉学事典（新装版）』（朝倉書店，2008年）65頁（宇佐神篤執筆）参照。本稿でもこの定義に従う。

免疫が花粉に対して過剰に作用するようになり、鼻水やくしゃみなど花粉症の症状が引き起こされる[※7]。このような発症メカニズムから、花粉による健康リスク要因は、①アレルゲンである花粉の存在及び、②花粉に対する体内アレルギー反応の発生に大別できる。

なお、スギ花粉以外にもアレルゲンとなる花粉は四季を通じて約60種類が確認されているが[※8]、日本における花粉症患者の約7割がスギ花粉症であり、国等による施策もスギ花粉症を主要な対象としているため、本章では典型であるスギ花粉症を中心に取り上げる（以下、単に「花粉症」とする）。

2.2 花粉症のリスク要因増加とその背景

現在花粉症が増加している要因をその背景とともにみてみたい。以下では、主要なリスク要因を3点取り上げる。

(1) 環境要因

花粉症増加の直接的環境要因として、アレルゲンとなるスギ花粉の絶対量の増加がある。この原因は、一つは、戦後の林業政策により大量に植林されたスギが消費されないこと、二つには、植林スギ林から花粉産出が盛んになったことにある。

日本の森林では、戦時中の物資供給と戦後の戦災復興需要を背景として、増大した木材需要に対応するため、天然林を伐採し、木材利用価値の高いスギ・ヒノキを植林する拡大造林政策が進められた。その結果、人工林面積は、国土の約7割を占める森林面積の約4割に達する[※9]。政策により急増したスギ人工林が1980年前後から花粉生産が盛んな樹齢になる一方で、1960年前

※7 花粉症発症メカニズムにつき、参照、斎藤・前掲※1の73頁以下。
※8 環境省・前掲※2の1頁、6頁、斎藤・前掲※1の19頁以下。日本の花粉抗原は、スギ以外にイネ科、ヨモギ属、ブタクサ属などがあり、これらを含む花粉症全体の有病率は29.8％（2008年）となる。ガイドライン・前掲※2の65頁参照。
※9 日本の森林面積（2,512万ha）のうち、人工林面積は、約4割（1,036万ha）であり、スギ人工林は森林面積の18％（人工林面積の44％）に上る。データにつき、林野庁編『森林・林業統計要覧2008』（林野弘済会、2008年）、渋谷晃太郎「花粉症発生源対策の現状と今後の展望─林野庁の取組みから」『公衆衛生』72巻3号（2008年）198頁以下参照。

後の木材輸入自由化を伴う経済構造の変化により[10], 国産植林スギへの需要が激減した[11]。

また，林業の衰退により，人工林に不可欠な間伐等の適正な管理が欠けていることも花粉増加の一因とされる。くわえて，温暖化による植生変化も指摘されており，これらの結果として，スギ花粉量が増加している。

(2) 社会的要因

花粉の絶対量の増加という環境要因にくわえ，都市化などによる社会環境の変化が花粉曝露(ばくろ)機会の増加を招き，これはリスク増加の社会的要因といえる。コンクリートやアスファルトに覆われた都市建造物，ビル風やヒートアイランド現象に伴う上昇気流など都市特有の構造や気象が花粉の再飛散を促す原因となり，花粉に長時間接触する生活環境を作り出している[12]。樹木から放出された花粉（一次花粉）は，飛散時に衝突などにより破損し，分解される。その状態で風などで舞い上げられた再飛散花粉（二次花粉）は，放出時より花粉数が増加し，また粒子が小さいため飛散しやすくなり，他の粒子状物質に付着することも多い。そのため，都市部に多い二次花粉は，一次花粉とは異なる影響が懸念される[13]。

くわえて，自動車交通量の増加などに伴う大気汚染，とりわけディーゼル排出微粒子も花粉症の症状悪化への関与可能性が指摘されている[14]。

(3) 人体的要因

花粉症は体内で発生するアレルギー反応に起因するため，個人差を含む人

※10　戦後の林業が変遷する経緯につき，参照，畠山武道『自然保護法講義（第2版）』（北海道大学図書刊行会，2004年）65頁以下，笠原義人，香田徹也，塩谷弘康『どうする国有林』（リベルタ出版，2008年）30頁以下。

※11　拡大増林政策の「失敗」につき，林野庁監修『国有林野事業の抜本的改革』（日本林業調査会，1999年）参照。

※12　斎藤・前掲※1の14頁以下。

※13　牧野国義，佐野武仁，篠原厚子，中井里史，原沢英夫『環境と健康の事典』（朝倉書店，2008年）227頁（牧野国義執筆）。

※14　東京都環境局環境改善部計画課「ディーゼル車排ガスと花粉症の関連に関する調査委員会報告書」（2003年7月），村中正治，小泉一弘他「花粉アレルギーの増加と大気汚染」『日本医事新報』3180号26頁（1985年），伊藤幸治編『環境問題としてのアレルギー』（日本放送出版協会，1995年）84頁以下（鈴木修二執筆）。

体的要因も影響が大きい。人体的要因としては，遺伝要因と並び，生活環境の変化などの生活環境要因が挙げられる。現代型のライフスタイルは，花粉症を含むアレルギー疾患を増加させている要因とされ，食生活の変化にくわえ，衛生状態の改善による免疫過剰反応も指摘されている[※15]。また，飲酒・喫煙や住環境の変化により，ダニアレルギーなど他のアレルギー疾患も増加し，それらとの複合的な反応により花粉症が発病・悪化する傾向もみられる[※16]。

2.3 花粉起因リスクの特徴と管理枠組み

以上のような花粉症メカニズムとリスク増加要因から，花粉起因の健康リスクの特徴をまとめてみたい。以下ではあわせて，それぞれの花粉症リスクに対応する管理枠組みも概観する。

(1) 自然要因を伴う複合型リスク

花粉自体は自然界に存在し，花粉の飛散は自然現象である。この点で花粉症は，自然現象に起因して発生する健康リスクであり，事業活動に伴う汚染排出など，汚染排出者が特定できる人為的汚染による健康リスクとは異なる。

他方で花粉症は，造林政策や都市化などの人為的な作用により，そのリスクが高まる面がある。また，生活環境やライフスタイルによっても発症や症状に影響が出る。そのため，花粉起因リスクは，自然現象に起因する要因と人為的な作用による要因との両方を伴う複合型の特徴を持つ。それぞれのリスク要因に対してどのような管理が可能であるかが問題となる。

(2) 人体メカニズムに内在するリスク

発症メカニズムに着目すると，花粉症は，免疫反応という人体メカニズムが本来備える機能から発生する症状である。人体にとって有害物質ではないはずの花粉に対して発症する点については，人体メカニズム側の問題と捉えることができる。免疫反応が発生するまでには，IgE抗体が花粉との接触を繰り返すうちに体内に徐々に蓄積される過程があり，それが一定量に達したときに発症条件が整った状態になると考えられている（アレルギーコップ理

※15　斎藤・前掲※1の15頁以下。
※16　洲崎春海「花粉症の疫学」『日医雑誌』136巻10号（2008年）1951頁参照。

論)[※17]。発症に至る抗体量には個人差があるが,花粉症メカニズムからアレルゲンとなる花粉が存在する限り,誰もが罹患するリスクを有する(花粉症予備軍)。そのため,花粉との接触を可能な限り回避することがリスク管理に必要となる。

(3) 多様な要因による不確実な発症リスク

花粉症には,自然要因以外に社会的要因や人体的要因など,多様なリスク要因の関与が指摘されている[※18]。例えば,大気汚染物質やダニ・ハウスダスト等のアレルギー物質など,発症や症状悪化には複数の遠因(アジュバント効果)[※19]が従来の研究から指摘されているものの,各因子の作用条件や因子相互の作用関係などは現時点では充分に解明されておらず,不確実な発症リスクが前提となる。ここでは,個人差に依存する多様なリスク要因を適切に回避・低減できれば健康リスクを抑制することが可能となることから,個人対応型のリスク管理が必要となる。

(4) QOL 低下リスク

花粉症は,生命への直接的危険度は一般に低いが,発病者に日常生活における身体的・社会的・精神的機能への支障,いわゆる生活の質(Quality of Life: QOL)[※20]の低下をもたらす[※21]。自然治癒はあまり期待できず,発病後は毎年一定期間にわたりその症状とともに生活していかなければならない。従来の公害規制の枠組みでは,一定限度を超える健康被害の有無が基準となり(受忍限度論),QOLの観点は充分反映されない。花粉症の場合,QOLの向上もリクス管理における重要な要請となる。他方では,定量化などQOL低下リスクに対する評価は容易ではなく,どこまで政策的対応をするかという施策の正当化と費用対効果が問題となる。

※17 牧野・前掲※13の228頁。
※18 松尾理恵,和泉京子,上野昌江「花粉症をもつ人の生活実態と症状の変化に関連する要因の検討」『大阪府立大学看護学部紀要』14巻1号(2008年)18頁。
※19 洲崎・前掲※16の195頁,斉藤昌郎「スギ花粉感作のメカニズム」『医薬ジャーナル』37巻1号(2001年)106頁。
※20 荻野敏「花粉症とQOL」『日医雑誌』136巻10号(2008年)1,961頁以下。
※21 松尾・前掲※18の17頁以下。

3 花粉起因リスク管理の手法

すでにみたような花粉起因の健康リスクに対して、以下では、これまでの政策・施策を概観しながら、花粉リスク管理の手法を検討する。まず、花粉リスク対策の沿革に触れた後（以下、3.1で述べる）、現行の花粉リスク管理の手法につき、①アレルゲンである花粉の発生抑制（発生源対策）、②花粉曝露の回避・低減及び、③花粉症の予防・治療に大別して取り上げる（以下、3.2で述べる）。

3.1 花粉症対策の政策系譜

花粉症患者の増加が認識されるようになった1970年代以降、国レベルでは各省庁による調査研究が始まり、厚生省では、花粉症研究として1975年から国立病院・療養所ネットワークを利用した空中花粉調査や、耳鼻咽喉科・呼吸器科を中心とした臨床医学者による疫学的研究などが進められ、林野庁では、1987年からスギ花粉動態調査事業を開始し、発生源調査や飛散調査など林業面から調査が進められた[※22]。

省庁横断的な取組みの契機は、1990年の関連省庁担当者連絡会議の設置であり、花粉・花粉症の実態把握、原因究明、対応策についての連絡検討を行い、1997年からは関係省庁連携費用による「スギ花粉症克服に向けた総合研究」（2期6年間）が実施された。2004年からは、会議の名称を「花粉症に関する関係省庁担当者連絡会議」へと変更し、また、総合科学技術会議のもとに関係省庁と専門家による花粉症対策研究検討会が設置された[※23]。

地方自治体においても独自の取組みがみられ、例えば、1983年に花粉症対策検討会を立ち上げた東京都は、花粉飛散状況の測定や患者実態調査を進めてきた。花粉観測や住民への情報提供に対しては、地域の医師会や大学との連携による先駆的な取組みが各地で進められ、後に国レベルの制度化につ

※22 新田・前掲※3、林野庁「スギ花粉動態調査報告書（平成元年度）」（1990年）を参照。
※23 中央省庁の取組みの概観につき、斎藤・前掲※1の161頁以下も参照。政治レベルでは、1995年に自由民主党の「花粉症等アレルギー症対策議員連盟」（通称ハクション議連）が設立され、国に対策を促す契機となった。

ながった[※24]。ここでは，計測・予測の精度向上や規格統一など，地域レベルのボランティア活動を基礎として形成された部分も大きい[※25]。

長期にわたる調査研究から，花粉症の原因や発症メカニズムが解明されるにつれて，花粉飛散予測精度の向上，対症治療から根治療法や発生源対策にシフトした政策が近年みられるようになった。現在の国における対策状況は表1の通りである。

3.2 花粉リスク管理の手法類型
(1) 花粉の発生抑制（発生源対策）
a) 花粉の少ない森林への転換

花粉の発生抑制には，既存のスギ林を伐採して花粉発生量の少ないスギ林（少花粉スギ林等）あるいは広葉樹林に転換する方法がある。例えば林野庁では，今後10年間で4万6,000haのスギ林を少花粉スギ等に植え換える計画である。花粉発生源には採算がとれず放置された民有林も多いため，花粉の少ない森林への転換を図るための伐採・植林に対して協力金を交付し，森林所有者の理解と協力を得て転換を奨励する制度も利用される[※26]。これらは，保全対象とならない生産型人工林に対する措置であり，偏った植林による悪化要因の排除を目的とする長期的手法である。

b) 花粉の少ない品種等の開発・普及

花粉の少ない森林への転換には，少花粉スギの品種開発・苗木供給体制の整備が不可欠である。品種開発や苗木生産は，森林転換と同様，施策成果が得られるまで長期間を要する。

林野庁の試算では，少花粉スギ苗木の供給量は9万本（2005年度）から，

※24 先駆的な取組みとして，北陸地域の花粉症研究会 http://www.med.u-toyama.ac.jp/pubhlth/pollen/kafunsho.html，青森県花粉情報研究会 http://www.kafun-aomori.jp/，山梨環境アレルギー研究会 http://www.ykafun.umin.jp/2.html などがある。
※25 代表例として，NPO花粉情報協会 http://pollen-net.com/。システム構築の沿革につき，三好彰『花粉症を治す』(PHP新書，2003年) 104頁以下参照。
※26 林野庁の施策につき，参照，渋谷・前掲※9の200頁以下，東京都のように基金を活用する例もある（花粉の少ない森づくり基金）。

2012年度には100万本,2017年度には1,000万本に増加することが推定される。これにより,首都圏等へ飛散するスギ花粉発生地域では,10年間で花粉発生源のスギが5割減少することが見込まれ,この結果,首都圏等への花粉量は2割程度減少する計算である[※27]。

c) 既存森林の適正管理

花粉量の増加には,林業衰退による既存林の管理不足も原因の一つとなっている。雄花の量が多い木の伐採・間伐など適切な森林管理により,花粉飛散量を抑制することも可能となる。例えば東京都では,間伐や枝打ちなどの森林管理を進め,多摩地域から発生するスギ花粉の量を10年間で2割削減することを目指す[※28]。

ただし,施策実施には財源や作業人員確保の問題が残り[※29],この点は,上述の森林転換と共通する。

d) 伐採木材の利用促進

伐採を伴う施策は,伐採木材の需要を確保するため,副次的な発生源対策として木材の利用促進をあわせて実施する必要がある。東京都の場合,多摩産木材の需要喚起をあわせて花粉発生源対策と位置づけ,2006年から多摩産材の認証制度を設けている[※30]。これは地域産材のブランド化を目指す試みであり,あわせて植林ボランティアなど市民参加型の施策を通じた知名度向上も重視されている。

(2) 花粉曝露の回避・低減

発生源対策以外に,花粉に接触する機会を回避・低減することも有効なリスク管理手法である。花粉症は,飛散開始前から曝露予防策や薬物投与を開

[※27] 渋谷・前掲※9の203頁。
[※28] 東京都重点事業「総合的花粉対策:2006年度開始」,「花粉の少ない森づくり」プロジェクトによる。
[※29] 例えば,2005年度の地球温暖化対策の森林整備・保全費用は640万haで2,500億円であり,花粉発生源対策にも同レベルの費用が予想される。また,林業従事者は大幅に減少し,高齢化も進んでいる。新田・前掲※3を参照。
[※30] 多摩産材認証制度では,森林関係団体,森林所有者,製材業者,木材利用者,学術経験者等から構成される認証団体である多摩産材認証協議会が木材の産地を証明する認証を行い,認証木材には製材所からの出荷時に認証書類とシールが添付される。

表1 花粉症に対する政府の取組み

施　策	具体的内容	担当省庁
花粉及び花粉症の実態把握	① 花粉飛散量予測・観測 ② 気象の予測等 ③ スギ花粉発生源調査等の実施	環境省 気象庁 農林水産省
花粉症の原因究明	① 病態解明 ② 研究拠点の整備	文部科学省・厚生労働省 文部科学省・厚生労働省
花粉症の対応策	① 予防・治療法の開発・普及 ② 花粉症対策品種の開発・普及 ③ 広葉樹林化など多様な森林づくりの推進 ④ 花粉症に対する適切な医療の確保 ⑤ 花粉・花粉症に関する情報の提供	文部科学省・厚生労働省 農林水産省 農林水産省 厚生労働省 厚生労働省・農林水産省・環境省
花粉症対策研究の総合的推進	関係省庁における花粉症対策研究の推進	内閣府・関係省庁

(出典)「平成20年春における花粉症に関する政府の取組」(2008年1月31日関係省庁了解)より作成

始することにより，症状を緩和することが可能となる（初期治療）。このためには，自然現象である花粉飛散への対処方法として，花粉観測，飛散データの収集と飛散予測，その提供により自衛対策を促す手法が中心となる。

  a) 花粉観測と飛散データの収集

花粉にかかわる観測・情報収集は複数の国家機関により実施されており（表1），さらに，地方自治体レベルの取組み，とりわけ大学や拠点病院との地域連携による地域花粉情報の収集がある。前年の夏や秋の観測データは翌年の花粉飛散予測の基礎となり，また，観測データを利用したシュミレーションにより，人口集中地に花粉を多くもたらす地域を特定することができるため，このような調査は花粉発生源対策においても重要な役割を担う[31]。花粉観測とデータ集積の手法は，海外でも花粉症対策に実施されている[32]。

※31　渋谷・前掲※9の220頁。発生地域の特定につき，林野庁「平成19年度スギ花粉発生源調査事業報告書」(2008年3月) を参照。
※32　例えば，ヨーロッパの花粉飛散情報の提供ホームページ（http://www.polleninfo.org/）を参照。

b）花粉飛散予測の公表

　観測データを分析した花粉飛散予測はホームページ等により広く情報提供されている。花粉飛散開始時期の予測・公表は初期治療には欠かせない情報であり、飛散開始後は、リアルタイムの花粉飛散量の予測・公表が花粉曝露の回避・低減に必要となる。

　代表的な国の仕組みである環境省花粉観測システム（愛称「はなこさん」）は、2002年度から構築が進められ、2007年度に全国体制が確立された。「はなこさん」では、1時間ごとに最新の花粉飛散量、飛散方向などがホームページ上で公表される[※33]。同様の情報提供システムは各地にみられ、生活地域に密接した情報入手に有益である[※34]。

　c）セルフ・コントロールの啓発

　花粉の飛散情報や予測を市民に提供することは、各自に花粉に対する予防措置を促す、セルフ・コントロールの啓発を目的としており、情報を活用した曝露対策である。花粉曝露機会を低減するためには、花粉飛散状況に応じた自衛行動が不可欠である。個人レベルでは花粉の飛散状況を把握することは不可能であるため、社会的に情報提供が確保される環境が前提となるが、それにより、各自が一定範囲でリスク管理をすることが可能となる。

(3) 花粉症の予防・治療

　治療等の医療的対策は、健康リスク管理に不可欠な手法である。医療分野では、花粉症は季節性アレルギーとして免疫・アレルギー対策の一環に位置づけられており、調査研究も他のアレルギー疾患とあわせて実施されることが多い。

　a）原因究明の調査研究

　花粉症の発症や症状には花粉量に対する反応関係など引き続き究明を要する点も多く、予防・治療法の開発を進めるためには、病態解明など継続的な基礎的調査研究が必要となる。そのための研究拠点の整備・運営もリスク管

[※33] 環境省花粉観測システムホームページ（http://kafun.taiki.go.jp/）を参照、2008年より携帯電話版も開始された。

[※34] 現在、全国で20か所以上の花粉情報システムがあり、独自に活動している。日本花粉学会・前掲※6の66頁（岸川禮子執筆）参照。

理の一環である。

b) 予防・治療法の開発・普及

原因究明の調査研究を基礎として，花粉症の予防・治療法を開発・普及させることはリスク管理を進展させる手法である。花粉症の治療には，症状を改善する対症療法にくわえて，近年では，症状を発生させないようにする根治療法の開発が精力的に進められている。これまでの取組みは，舌下減感作療法，CpG ワクチン療法，花粉症緩和米の開発など多岐にわたる[※35]。

また，診療や治療法の普及を目的として，非専門医のもとでも適切な診療が受けられるようにするために医療担当者に向けたガイドラインが作成・提供されている[※36]。

c) セルフ・ケアの促進

医療分野では，アレルギーは「自己管理可能な疾患」と位置づけられており[※37]，適切な措置をとれば，花粉による健康被害も一定程度自己コントロール可能なリスクとされる。

自己管理をサポートする仕組みとして一つは行政による花粉症に関する管理マニュアルの作成・提供があり[※38]，もう一つが患者自身が市販薬により対処するセルフ・メディケーション（Self-Medication）である。後者は，薬剤師のアドバイスのもとで，自分の症状，身体状態，ライフスタイルなどに合った一般用医薬品（Over the Counter: OTC）を選ぶ方式である[※39]。このよう

[※35] 根治療法の代表例である舌下減感作療法は，舌下から花粉エキスを段階的に吸収させていくことにより，花粉症の症状が出ない体質に改善する方法であり，花粉に対し防御する免疫を獲得することで症状を抑制する治療法である。個別の治療法につき，斎藤・前掲※1の123頁以下，免疫アレルギー疾患予防・治療研究事業（平成19年度総合研究報告書）「リアルタイムモニター飛散数と現状の治療によるQOLの関連性の評価研究と花粉症根治療法の開発」（2008年3月）参照。

[※36] 「鼻アレルギー診療ガイドライン」（1995年作成，2005年改訂）。ガイドラインも含めて参照，「特集／花粉症の最近の考え方－ガイドラインをふまえて」『アレルギー・免疫』14巻3号（2007年）9頁以下。

[※37] 厚生科学審議会疾病対策部会「リウマチ・アレルギー対策委員会報告書」（2005年10月）。

[※38] 例として，厚生労働省「花粉に関する相談マニュアル（Q＆A）」（2005年），環境省・前掲※2がある。

[※39] 斎藤・前掲※1の150頁，日本OTC医薬品協会（http://www.jsmi.jp/）。

なセルフ・ケアは，症状の個人差の大きい花粉症治療には有効であるが，リスク管理主体としての患者自身の積極的取組みが欠かせず，それを促す施策も必要となる。

4　花粉起因リスク管理の法政策上の課題

　以上，これまでの施策による花粉リスク管理の手法を概観した。行政による取組みは徐々に進められているが，自然現象に起因するリスクに対する管理には，従来の環境規制と異なる理論上・実務上の課題が残されている。ここでは，花粉起因リスク管理に見受けられる政策上の課題について 3 点取り上げたい。

4.1　リスク管理の費用負担
（1）費用負担ルールの欠如
　すでにみたように，花粉症対策には，長期間にわたって多額の費用を要する。そのための財源確保と費用負担のあり方が問題となる。個別法には花粉症対策を求めるものはなく，従来の施策は，個別の事業計画に予算措置をとる形で実施されている。

　環境問題として花粉症を捉えると，環境問題の原因を作った者に費用負担を求める環境法の原因者負担原則[※40]の適用が考えられる。しかし，2 節でみたように，花粉症の原因者を特定することは現時点では難しい。たとえ戦後植林された人工林が花粉の発生源となる社会的作用の点に着目した場合でも，天然林による花粉との関与度は不明確であり，因果関係の科学的証明も充分ではない。そのため，公害対策のような費用負担の仕組みを直ちに採用することは困難な状況にある。

（2）財源調達の工夫
　このような状況から，花粉症対策の財源は事実上税金による公共負担に依存しているが，財源確保は容易ではない。
　財源調達の工夫として，基金やボランティアの活用がみられる。例えば東

※40　大塚直『環境法（第 2 版）』（有斐閣，2006 年）60 頁以下参照。

京都では，企業の協力金や市民からの募金などによる基金を設立し，花粉対策を含めた森林整備費用に充当している。これらは「花粉の少ない森づくり運動」として展開されており，市民参加型の「PASMO募金」や「スリーコイン・ワンツリー運動」，企業のCSR活動を利用して森林整備を進める「企業の森」などが実施されている[41]。こうした施策は，花粉発生源対策の資金や労力を都市住民等が提供する仕組みとしての側面もある[42]。

(3) 費用負担の正当化

　基金などを活用した場合も含めて，個別の施策に対する支出の妥当性については，費用負担の正当化が必要である。とりわけ発生源対策では，林業の衰退から民有林の管理を公共負担で実施する場合もある。また，多額の費用を要する発生源対策をどの程度実施するかについても一定の基準はまだ存在しない。制度の萌芽期であるから，一層費用負担の正当化が肝要である。

　自然生態系の公益的機能に着目すれば[43]，花粉対策を含めた森林管理は住民が享受する自然恩恵である生態系サービス（エコロジカル・サービス）[44]を維持するために不可欠なコスト負担と捉えることができ，この点では，公共負担を是認できる。近年自治体で導入が相次いでいる森林環境税[45]はこうした視点に立った制度である。今後は，このような公共負担の射程範囲を

---

[41] 特徴的な施策を紹介すると，PASMO募金とは，東京都交通局加盟店でPASMO電子マネーを利用すると，売上金の一部が募金として森づくりに活用される制度である。スリーコイン・ワンツリー運動は，500円玉3枚＝1,500円で山中のスギを1本切り出し花粉の少ないスギを植林できることから募金やボランティアを募る制度である。また，企業の森は，林地所有者と費用負担をする協力企業，財団が協定を締結して，森林整備を行う事業である（2008年8月現在4事例）。

[42] この点は，花粉発生源対策プロジェクトチーム検討報告「今後の花粉発生源対策の推進方策について」（林野庁，2007年8月）でも指摘されている。

[43] 森林の有する多面的機能には，生物多様性保全，地球環境保全，土砂災害防止・土壌保全，水源環境，保健・レクリエーションなどが挙げられ，その価値を貨幣換算すると，年間70兆円を超えるとする試算がある。日本学術振興会答申「地球環境・人間生活にかかわる農業及び森林の多面的な機能の評価について」（2001年11月）参照。

[44] 国連によるミレニアム生態系評価（エコシステム・アセスメント）http://www.millenniumassessment.org/en/index.aspx, Millennium Ecosystem Assessment編（横浜国立大学21世紀COE翻訳委員会責任訳）『生態系サービスと人類の将来』（オーム社，2007年）参照。

[45] 森林環境税は，2009年4月現在30県で導入されている。森林環境税の制度構造につき，諸富徹「地域環境政策の新展開：森林環境税の課税根拠と制度設計」日本地方財政学会編『分権型社会の制度設計』（勁草書房，2005年）を参照。

含めて，個別施策の吟味とそれに相応する費用負担の理論化が必要である。ただし，公共負担による生態系サービス維持を前提とした場合，そうしたサービスを事業活動等に利用する場合には，応分の利用者負担が求められることになろう[※46]。

4.2 リスク対応型政策実施体制の整備

3節でみたような花粉リスク管理の手法には地域や組織間の連携が必要であり，そのための政策実施体制の整備が課題となる。

(1) 横断的政策実施体制の確保

複数分野にわたる花粉リスク管理の各施策を効果的に推進するためには，領域横断的な行政組織対応が必要となる。東京都では，2005年に副知事を本部長として14関連部局により構成される「東京都花粉症対策本部」を設置しており（図1），先駆的取組みとなった[※47]。これは多岐にわたる花粉対策において，情報共有と施策相互間の連携を確保するため，横断的組織をおく形式である。

また，行政内外で連携を確保する要請もある。例えば発生源対策に関して，首都圏，近畿圏で圏域別に花粉対策推進会議（仮称）を開催して，国，都道府県，森林組合，種苗生産組合等との連携を図ることが提言されている[※48]。

このような組織横断型リスク管理体制の確保は，同様に行政組織管轄の縦割り構造を有する食品リスクや化学物質リスクなどにも共通し，現代型リスク管理の組織体制への要請となっている[※49]。

(2) 広域連携型行政の必要性

[※46] 環境資源の利用による損失とそれに対する補塡を連結させた制度として，アメリカのミティゲーションやドイツのエココントなどが比較法的観点から注目できる。参照，北村喜宣『行政の実効性確保』（有斐閣，2008年）112頁以下（初出1997年），勢一智子「補償原則―ドイツ環境法にみる持続的発展のための調整原理」『西南学院大学法学論集』37巻1号（2004年）71頁以下，水原渉『進化する自然・環境保護と空間計画―ドイツの実践，EUの役割』（技報堂出版，2008年）。
[※47] 東京都花粉症対策本部ホームページ（http://www.sangyo-rodo.metro.tokyo.jp/norin/kafun/sugikafun.html）。
[※48] 検討報告・前掲※42，渋谷・前掲※9の203頁。
[※49] 現代型リスク管理の法的諸問題につき，岩間徹，柳憲一郎編『環境リスク管理と法』（慈学社，2007年），長谷部恭男編『法律からみたリスク』（岩波書店，2007年）参照。

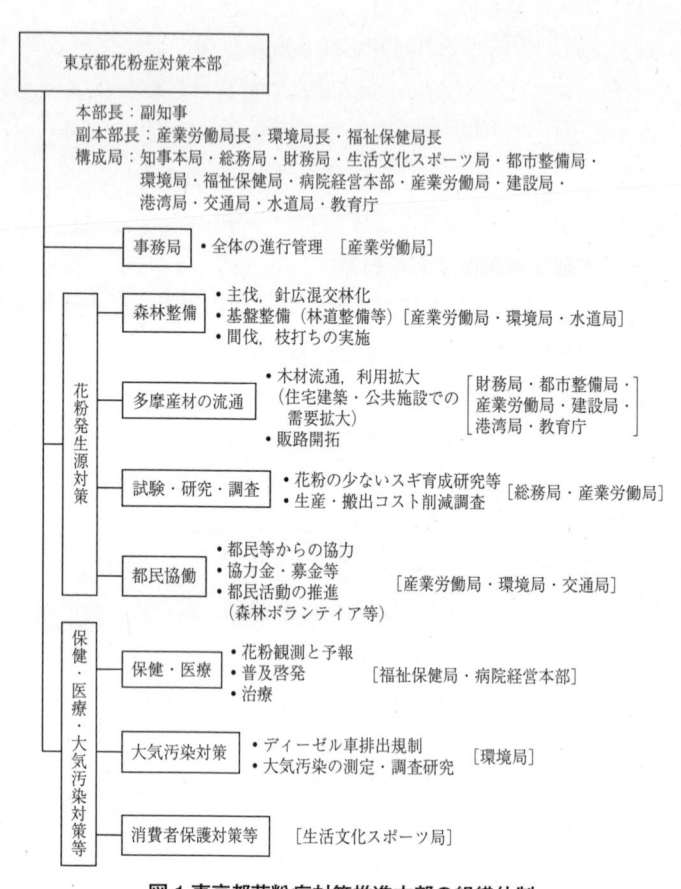

```
                ┌─────────────────────┐
                │  東京都花粉症対策本部  │
                └─────────────────────┘
                 │ 本部長：副知事
                 │ 副本部長：産業労働局長・環境局長・福祉保健局長
                 │ 構成局：知事本局・総務局・財務局・生活文化スポーツ局・都市整備局・
                 │       環境局・福祉保健局・病院経営本部・産業労働局・建設局・
                 │       港湾局・交通局・水道局・教育庁
                 │
                 ├──[事務局]──● 全体の進行管理　［産業労働局］
                 │
         ┌───────┼──[森林整備]──● 主伐，針広混交林化
         │       │             ● 基盤整備（林道整備等）［産業労働局・環境局・水道局］
         │       │             ● 間伐，枝打ちの実施
         │       │
       花粉      │              ● 木材流通，利用拡大        ［財務局・都市整備局・
       発生 ─────┼──[多摩産材の流通]（住宅建築・公共施設での    産業労働局・建設局・
       源対策    │                  需要拡大）             港湾局・教育庁　　　］
         │       │              ● 販路開拓
         │       │
         │       ├──[試験・研究・調査]● 花粉の少ないスギ育成研究等 ［総務局・産業労働局］
         │       │                   ● 生産・搬出コスト削減調査
         │       │
         │       │              ● 都民等からの協力
         └───────┼──[都民協働]──● 協力金・募金等
                 │              ● 都民活動の推進　  ［産業労働局・環境局・交通局］
                 │                （森林ボランティア等）
       保健      │
       ・────────┼──[保健・医療]──● 花粉観測と予報
       医療      │                ● 普及啓発　［福祉保健局・病院経営本部］
       ・        │                ● 治療
       大気      │
       汚染 ─────┼──[大気汚染対策]──● ディーゼル車排出規制
       対策      │                  ● 大気汚染の測定・調査研究　［環境局］
       等        │
                 └──[消費者保護対策等]　［生活文化スポーツ局］
```

図 1 東京都花粉症対策推進本部の組織体制
（出典）東京都花粉症対策本部ホームページ及び東京都資料より作成

　花粉リスク管理には，花粉の飛散範囲を考慮した広域連携も不可欠である。例えば，関東圏における東京都の森林面積はわずか6％であり，花粉発生源対策において，都は周辺自治体の協力を得る必要がある。関東圏では，従来から，八都県市共同で国に抜本的な花粉症対策を要望してきた経緯があ

り[※50]，発生源対策等についても連携した取組みが進められている。その連携や施策具体化を図るフォーラムが八都県市首脳会議であり[※51]，2007年に10か年目標，2008年に10か年計画を定め，3万2,400haのスギ林（域内スギ林の約25％）を対象として，花粉の少ないスギ等への植え替えや広葉樹との混合林化を進める予定である（計画期間は2008年度から10年間）[※52]。

(3) 地域密着型協働体制の充実

花粉情報の収集と提供に関しては地域密着型システムが有効である。地域レベルの連携は，90年代から先駆的な取組みがみられ，大学や拠点病院，医師会などを中核とする地域内連携を基軸として，花粉飛散状況の観測・予測，治療法の開発が進められてきた。地域の自然環境に関する情報は，花粉症対策に関しても地域に多く存在し，地域のデータ・知見の蓄積も可能となる。

地域レベルでは，特定の大学や拠点病院のみでなく，地域の医師や研究者などが幅広く参加・協力した地域ネットワークが形成されている点に特徴がある。調査研究にくわえて，病院間の連携や市民への啓発などに取り組む事例も多く，地域差の大きい自然現象によるリスクへの対応には市民にも身近な地域システムの整備が有効である。

4.3 複合的不確実性を前提としたリスク管理

花粉症リスクは，自然現象に起因する点及び個人差の大きいアレルギー反応にかかわる点から，複合的不確実性を前提とした管理が必要となる。

(1) 協働型リスク管理の活用

花粉起因リスクに対しては，リスク管理の基準設定が極めて難しいという問題がある。花粉飛散は自然現象によるため，季節や年による変化が大きい。また，花粉症は，個人差の大きいアレルギー疾患であるため，一定量の花粉

[※50] 八都県市首脳会議「花粉症対策の推進に関する要望」(2005年10月13日, 2006年10月27日)。
[※51] 会議は，東京都，埼玉県，千葉県，神奈川県，横浜市，川崎市，千葉市，さいたま市により構成される。2005年5月に都知事の呼びかけにより設立され，年2回春秋に会議を開催し，事務局は持ち回りの担当となる。首長が政策提言をし，事務局レベルで施策を具体化する方式がとられている（東京都ヒアリング調査：2008年7月）。
[※52] 「八都県市花粉発生源対策10か年計画」(2008年4月21日)。

曝露があったとしても必ず発症するわけではないが，誰もが潜在的リスクを負う。さらに，花粉症の発症や悪化には多様なリスク要因の関与が考えられるため，花粉の発生源対策を進めたとしても，リスク低減効果がどの程度期待できるかは明確ではない。公害のような環境汚染リスクが行政による科学的専門的管理を前提としてきたのに対し，花粉起因リスクは，このような点から，行政による画一的管理手法では充分な施策効果が得られない面がある。これを補うため，行政施策による対応と市民個人レベルの対応との連携が必要となり，その役割分担やリスク管理基準は，社会的合意を基礎とすることが要請される。

(2) リスク・コミュニケーションの重視

くわえて，花粉症がQOL低下を伴うリスクであることも踏まえると，リスク管理基準の設定には，社会的に受容可能なリスクレベルを社会全体で決定していく方式が望ましい。リスク情報と施策内容を社会で共有し，多様な主体が関与する，いわゆるリスク・コミュニケーションを通じたリスク管理が，花粉起因リスクにも求められる。

この方式のメリットは，受容可能リスクレベルの検討において，削減リスクの優先順位を設定したり，施策の社会的なコストパフォーマンスを考慮することができ，また，ある施策を実施することにより別のリスクが発生するようなリスク・トレードオフを踏まえた施策を社会的に選択していくことが可能となる構造にある。

リスク・コミュニケーションによるリスク管理の先駆的法制度は，化学物質管理に見受けられる[※53]。リスク・コミュニケーションは，社会的受容可能リスクを決定するために協働を活用することでリスク管理の実効性と透明性

※53　化学物質排出把握管理促進法（PRTR法）第1条，第3条，第4条及び第17条。化学物質管理につき，織朱實監修／オフィスアイリス編『化学物質管理の国際動向：諸外国の動きとわが国のあり方』（化学工業日報社，2008年）参照。リスクコミュニケーションにつき，黒川哲志『環境行政の法理と手法』（成文堂，2004年）64頁以下，高橋滋「環境リスク管理の法的あり方」『環境法研究』30号（2005年）3頁以下，奥真美「環境リスク管理とリスクコミュニケーション」『環境法研究』30号（2005年）70頁以下，増沢陽子「環境リスクコミュニケーションの推進と法」前掲※49の67頁以下参照。なお，簡潔な用語解説として，黒川哲志，奥田進一，大杉麻美，勢一智子編『確認環境法用語230』（成文堂，2009年）64頁以下。

の確保を図る仕組みであり，まだ制度運用上課題も多いが，今後，複合的不確実性を伴う現代型のリスク管理システムの一雛形となる枠組みである。このようなリスク管理システムにおいては，社会的なリスク認知や判断が，花粉リスクと同じく受け手側の対応にも依存するため，いかに制度設計し，理論化するかが今後の課題となる[※54]。

(3) 動態的リスク管理の必要性

　自然現象に起因する花粉リスクは気候や社会活動などにより影響を受けるものである。また今後，温暖化などにより花粉にも不測の影響が及ぶ可能性もある。そうした動態性を前提としたリスク管理システムが不可欠である。

　発生源対策では，間伐等にくわえて花粉の少ない品種への転換など森林の生態系に変更を加える施策が予定されている。自然生態系に対する施策は，予測できない変化を想定して対応する必要がある。例えば，近時進められている自然再生への取組みは，自然生態系に手を加えるものであり，そこでは，事業経過をモニタリングしながら評価・修正していく，順応的管理による慎重な事業手法が法律上要請されている[※55]。同様の配慮は，花粉症のような自然起因リスク管理においても重要な要素となろう。

　戦後の拡大造林政策で予見できなかった現在の花粉症という環境問題に鑑(かんが)みれば，自然現象に起因するリスクへの対応は，現状を変更するリスクに対する配慮の観点から一層慎重さが求められると考える。

5　おわりに──自然起因リスク管理の原則について

　以上，花粉起因の健康リスクを素材とした検討から，自然現象に起因する

[※54]　例えば，北村喜宣『現代環境法の諸相』（放送大学教育振興会，2009年）59頁以下，行政法学からのアプローチとして，山本隆司「リスク行政の手続法構造」同ほか編『環境と生命』（東京大学出版会，2006年）3頁以下，大橋洋一『都市空間制御の法理論』（有斐閣，2008年）191頁以下。

[※55]　自然再生における順応的管理の要請につき，自然再生推進法第3条第3項，自然再生基本方針1（2）エ。同旨として，生物多様性基本法第3条第3項がある。自然再生事業の手法につき，参照，環境省編『釧路から始まる自然再生』（ぎょうせい，2004年），谷津義男・田端正広編『自然再生推進法と自然再生事業』（ぎょうせい，2004年），自然再生に関する法制度構造につき，勢一智子「協働型政策決定の法構造──自然再生推進法を素材として」『西南学院大学法学論集』41巻3・4号（2009年）197頁以下を参照。

リスク管理の法政策において基本となる考え方に言及してまとめとしたい。

一つは、持続性原則が挙げられる。生態系と人間とのかかわりについて「持続可能な発展」が環境法政策の基本理念となっているが（環境基本法第4条）、リスク管理目標や手法の選択においてもこれを基礎とすることが求められる。例えば、リスク管理には生態系の機能を極力損なわない手法の選択などとして具体化され、とりわけ、生態系における「共存」の観点から重要な要請である。

二つめとして、多様な主体による協働型リスク管理の要請がある。不確実性を伴う自然生態系の影響には、因果関係が明確でない要素が残るため、そのようなリスクには、影響を受ける社会側のリスク受容レベルがリスク管理の指標の一つとなる。ここでは制約を伴う行政施策を市民行動と連動させる方式により効果的にリスクに対応していく協働型のシステムが構築される必要がある。これには、不確実性を伴うリスクに対して行政中心による情報収集や対処措置が充分に機能しないという理由から、リスク管理に社会全体の知見と行動を活用する意義もある。

三つめに、順応的管理の原則を挙げることができる。自然生態系に影響を及ぼす施策に関しては、人間社会との時間軸の差異への配慮が要請される。生態系の現状を変更することに伴うリスクを踏まえた上で、生態系の長期的かつ複雑な変化に対応可能な柔軟性を備えるリスク管理の仕組みが求められることになる。こうした慎重なリスク管理は、生態系の中の一員としての人間にとっても次世代配慮から法政策形成に必要であると考える。

＊本稿は、「花粉起因の健康リスク管理のための法政策のあり方」として環境管理44巻12号（2008年12月）に掲載されたものに加筆修正したものである。また、本稿は科学研究費補助金（若手研究B）による研究成果の一部である（「協働型環境国家の法構造分析」（課題番号：17730028, 期間：2005年度～2007年度）及び「環境行政法における費用負担の法理と手法」（課題番号：20730030, 期間：2008年度～2010年度））。

第12章 環境コンプライアンスとリスク・マネジメント

立川博巳

1 はじめに

本章では，持続的な企業活動を目的とした環境コンプライアンス及び環境コンプライアンスを推進するために有効な環境リスク・マネジメントの手法について論じる。

企業が行う事業活動は，所在地を問わず不可避的に環境に影響を及ぼす。それらは，組織による生物資源及び非生物資源の利用，公害及び廃棄物の発生，また組織の活動，製品及びサービスが結果的に与える自然環境への影響などに関連する。

企業と公害の関係に目を向ければ，いざなぎ景気など，高度経済成長の恩恵を受けていた1960年代から，いわゆる産業型公害が顕著となった。これらの環境問題に対して，1967年の公害対策基本法，1968年には大気汚染防止法，騒音規制法等が制定され，いわゆる「典型7公害」と呼ばれる公害を防止するための国内法整備が実施された。公害の防止に加え，現在，社会全体が取り組む環境課題は，都市生活型公害，化学物質管理，循環型社会への対応，地球温暖化対策へと広がりをみせている。

2 環境課題と環境管理システム

このような環境問題に対する対応必要性があらゆるステークホルダーに求められるにつれ，企業を取り巻く環境分野における状況は，急激に変化していく。そこで環境課題を整理すると，図1のようになる。

このように，環境に関する課題と企業活動を含む社会活動の接点が広がり

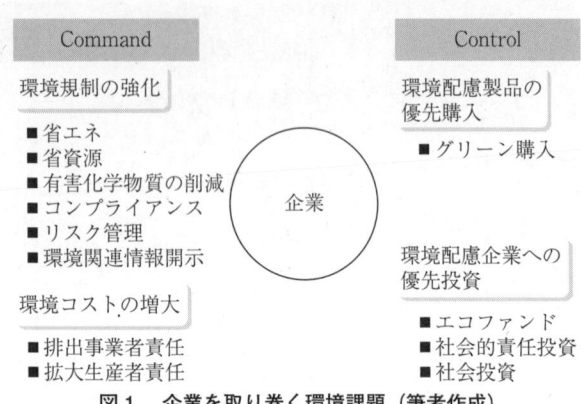

```
        Command                          Control
    環境規制の強化                  環境配慮製品の
                                    優先購入
      ■ 省エネ
      ■ 省資源                       ■ グリーン購入
      ■ 有害化学物質の削減
      ■ コンプライアンス    企業
      ■ リスク管理
      ■ 環境関連情報開示            環境配慮企業への
                                    優先投資
    環境コストの増大
                                    ■ エコファンド
      ■ 排出事業者責任              ■ 社会的責任投資
      ■ 拡大生産者責任              ■ 社会投資
```

図1　企業を取り巻く環境課題（筆者作成）

をみせる中で，企業は自社の事業活動による環境影響を管理し，環境パフォーマンスを改善するために，環境管理システムを導入，運用している。特に日本の多くの企業は，英国の環境管理システム規格 BS 7750 を基盤とした国際規格 ISO 14001 を 1990 年代中盤より導入した。2006 年 12 月現在，日本認証事業者数は 2 万 2,593 事業者で，世界最多である。

2.1　環境管理システムの環境管理への実効性

ISO 14001 取得後，企業は社会に対して，自社が「ISO 14001 認証を取得した環境に優しい企業」であるというメッセージを発信する。一方で，環境管理システムを導入した企業の環境管理の実態をみてみると，様々な環境不祥事が発生していることがわかる。例えば，一般的な新聞等のメディアで公表されている情報だけを確認してみても，次のような環境不祥事が確認される（表1）。

これらの不祥事を引き起こしているのは，いずれも ISO 14001 を認証取得し，社内で環境管理システムを導入，運用している企業である。それでは，なぜこのような ISO 認証取得企業が，不祥事を引き起こすのだろうか。その原因は多岐にわたるが，筆者のこれまでの様々な業種の製造現場に対する環境監査経験に基づけば，次のような要因が共通する。

表1 国内における環境不祥事の例

業種	不祥事の例
鉄鋼関係	排水基準超過・データ改ざん
不動産関係	土壌汚染隠蔽
飲料関係	汚泥流出
建材関係	産廃物委託違反
製紙関係	排水・排ガス基準超過・データ改ざん
食品関係	排水基準超過
化学関係	大爆発事故
非鉄関係	ばい煙データ改ざん・土壌汚染
住宅関係	産廃物委託違反
自動車関係	排水基準超過

（出典）国際環境安全衛生ガバナンス機構資料

　第1点目は，環境管理システムは導入しているが，枠組みを構築することが一義的な目的となっており，その運用を実施する管理運用担当者の環境管理に関連した知識・実務スキルが不足しているという点である。特に，バブル経済崩壊後の厳しい経済状況下で，企業のリストラ策による人員削減に伴い，いわゆる，公害防止のプロと呼ばれるベテラン社員が現場から消えていった。そして若手社員の知識や実務の具体的な継承や教育が十分に実施されず，環境管理に関する現場力の低下を引き起こしている。

　現場力の低下は，現場における活動と全社的な環境方針に乖離をもたらす。会社トップが「環境保全を的確に実施する企業にする」と宣言しても，その方針を理解し，現場で展開するための現場力や専門家が存在しない。例えば，過去にヒアリングを実施した国内の某大手電機メーカーの環境管理担当者によれば，「環境管理担当者は，公害防止が社会的に盛んにいわれていた時代の担当者に，そのスキルや知識が集中している。現在，これらの継承が脆弱であり，ベテラン担当者が定年退職した後の，現場における環境管理活動に不安を覚える」と述べている。

　第2点目は，日本のISO 14001の認証プロセスが書類を中心にした認証活動になっていることが挙げられる。筆者はこれまで，欧米のプロトコルをベー

スにした環境コンプライアンス監査を第三者の立場で実施してきた。具体的には，A社の国内，海外本社からの要請によって，A社の工場に対してコンプライアンス監査を実施するという形態である。つまり，直接的に工場の環境管理担当者と監査員の間に，明白な利害関係は存在しない。実際の監査では，現場のプロセスや環境管理状況の観察を監査の主体とし，そこに担当者からのヒアリング及び書類のレビューを実施し，潜在的な問題点の精査を実施するという流れが主である。

一方，ISO 14001の認証プロセスの場合には，認証機関及び被認証機関の間に営利関係が存在し，認証機関側には，競合の認証機関との間に市場競争原理が働く。そのため，安く効率的に認証サービスを提供することを一義的な目的とするため，書類，マニュアルを中心にした定型的な監査となる傾向がある。そして，現場の実際の環境パフォーマンスに基づく環境管理状況の確認については，ほとんど実施されることがない。つまり，本来なら環境管理パフォーマンスの向上を促進するための活動である監査が適格に実施されていない可能性が高い。

上記の理由のため，環境管理システム構築における適合性について認証取得をしたとしても，実際の現場における環境管理が的確に実行されているとは，必ずしもいえない状況が発生する。

2.2 グローバル化と環境管理

近年の企業の事業活動は，国境を越え，経済合理性に基づき，より原価の安い場所や様々な優位性のある場所で事業活動を実施し，収益を最大化しようとする。これは，一般的にグローバル化といわれる。このような事業活動のグローバル化に伴い，日本でも，国外の企業に対して市場を開放するために，様々な分野で規制緩和が実施されてきた。具体的な例として，1990年代後半から2000年にかけて実施された金融ビッグバンや，国鉄民営化などがある。

このように，様々な規制が緩和され，外国企業及び国内企業における競争が促進されるにつれ，社会と企業の関係にも変化が生じた。規制緩和前の日

本では，銀行の護送船団方式のように，民間企業の意見を政府官庁が積極的に取り入れ，失敗がないように根回しを実施するような状況があった。言い換えれば，国の発展という目標のもと，官と民の距離が非常に近かったといえる。

　しかしながら，国外の企業に対して市場開放が実施されると，このようなアプローチは有効に機能せず，明文化されたルールに基づいた自由競争が事業活動の前提となった。つまり，企業は自由競争に参加するために，自己責任のもとでルールを遵守し，事業活動を営むこととなった。

　この点を環境管理という文脈に当てはめれば，企業は，環境に関するルールが遵守できていることを確認し，社会に対して伝達する必要が出てくる。つまり企業自身の透明性及び説明責任を果たすために，自社の環境管理状況を継続的に確認し，自社がコンプライアンスを達成していることを，社会に対して説明する必要が出てきたのである。

　次節では，環境コンプライアンス及びコンプライアンスを達成するために管理すべき環境リスクについて論じ，4節では，環境リスクを管理する手法について述べる。本論文における環境リスクとは，特に製造現場における土壌・地下水汚染，大気汚染，水質汚濁，騒音・振動障害，悪臭，地盤沈下といった典型7公害を引き起こす各企業の事業活動に基づくリスクと定義し，これらのリスクに焦点を当てる。

3　環境コンプライアンスとリスク・マネジメント

　企業は株主・消費者・政府・非営利組織等様々なステークホルダーに囲まれ営利活動を営む社会的存在である。前述のとおり，規制緩和に伴って，企業は，ルールを守るという自己責任に基づいた自由競争という市場環境におかれることになった。

　企業の事業活動におけるルールには，法令・規制・条例に基づくもの，業界における自主的協定，さらには社会規範・社会的倫理・社会的公序良俗に基づくもの等がある。これらを分類すると，図2のようになる。

　企業は，図2のように，環境管理活動に影響を与える様々な社会的要求に

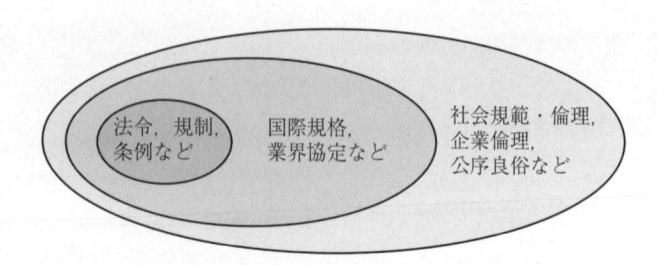

図2 企業の環境管理活動に影響を与える社会的要求
(出典) 国際環境安全衛生ガバナンス機構資料をもとに筆者作成

囲まれている。これらの社会的要求に基づき，環境リスクは，環境汚染・環境破壊リスク，リーガルリスク，マーケットリスク及びレピュテーション（イメージ低下）リスクの四つに分類することが可能である。次節では，それぞれのリスクの概要を論じる。

3.1 環境リスクの概要
(1) 環境汚染・環境破壊リスク

土壌・地下水汚染，大気汚染，水質汚濁，騒音・振動障害，悪臭，地盤沈下といういわゆる典型7公害による物理的な自然環境への悪影響が，環境汚染・環境破壊リスクである。産業廃棄物の不法投棄なども，結果として環境汚染・環境破壊に結びつく。近年，最もリスクが高いのは土壌・地下水汚染である。ひとたび汚染が生じれば，莫大な調査・修復費用を要する。土壌・地下水汚染の例として，2006年に発表されたセイコーエプソン株式会社から王子製紙株式会社に対する，購入敷地における過去の産業廃棄物の埋め立てに関する調査・浄化費用に関する損害賠償の訴訟提起がある。損害賠償請求額は，6億4,000万円である。

(2) リーガルリスク

環境法令対応や法令違反による潜在的な事業障害をリーガルリスクという。法令違反の代表的な事例としては産業廃棄物の不法投棄が挙げられる。排出事業者は適切な法対応を怠り不法投棄されると措置命令（4章参照）の対象となり原状回復の責を負うこととなる。また，産業廃棄物処理業者は即

座に許可停止と5年以下の懲役又は1,000万円（法人には1億円まで加重可能）以下の罰金という措置を受ける。

前述のように環境問題に対する社会の関心は近年高まってきており，このような社会状況を反映した法令改正もリーガルリスクになり得る。例えば排水中のフッ素や亜鉛の規制強化は，排水中にそれらを含有する組織にとっては規制値クリアのために多大な工程変更費用や排水処理施設への投資費用を要する契機となり得る事業リスクである。

(3) マーケットリスク

リーガルリスクが法令対応であることに対し，法令ではないものの市場の要求への対応に関する潜在的な事業障害をマーケットリスクという。マーケットリスクの代表的なものとしてはグリーン調達への対応がある。特に近年は欧州の化学物質規制への対応として化学物質の含有規制管理が強化されている。小さな部品や梱包材にまで有害化学物質の含有量を把握することは想像以上に厳しいものである。多くの大企業は独自のグリーン調達ガイドラインや監査制度をつくり，取引先に対して適切な対応を求めている。多くの取引先の少しずつ異なる要求事項に対応することは大変な労力，費用を強いられることとなる。

中小企業にとっては，大企業のグリーン調達ガイドラインに対応するためにISO 14001や環境省のエコアクション21ガイドラインに対応する環境マネジメントシステムを構築・運用することも大きな障壁となっている。

(4) レピュテーション（イメージ低下）リスク

環境汚染や法令違反，またその後の対応を誤ることにより社会，消費者の信用を失い，事業収入や取引機会を損失するリスクをレピュテーションリスク又はイメージ低下リスクという。リスクが顕在化して対応を迫られる事態をゼロにすることは不可能であるが，事態が発生した場合に適切な対応をとれずに事態を悪化させることは避けなければならない。消費者の環境意識が高まり，マスコミの報道が過熱する中で，事態への対応を誤ると消費者の不買運動など収益を低下させる，潜在的な事業障害となる。事故後の記者会見における経営トップの不用意な発言により信用を失墜し，不祥事を引き起こ

した企業が，大きなダメージを受けた例も数多く存在する。

　上記のように様々な環境リスクが存在する中で，生産現場において発生し得る環境不祥事は，主に環境汚染・環境破壊リスク，リーガルリスクに基づくものである。前節2.1で示したように，日本のISO 14001を中心とした環境管理システムにおけるアプローチは書類におけるレビューを中心としたものであり，実際の事業プロセスの一部である薬品の使用や廃棄物管理等を観察し，リスクを監査するプロセスが欠如している。次節では，実際の事業プロセスに基づき潜在的なリスクを評価するのに有効な，リスク管理アプローチをみていく。

4　リスク管理

　図2で示したように，企業は，環境管理活動に影響を与える様々な社会的要求に囲まれている。上記の種々の環境リスクをさらに掘り下げれば，法に基づくリーガルリスクは，社会的に様々なステークホルダーによって一定程度共有される社会的要請に基づくリスクといえる。一般的に，コンプライアンス（compliance）とは法律遵守を意味しており，法律を遵守し，リーガルリスクを管理することがコンプライアンス活動と考えられることも多い。しかし法は，社会の様々なステークホルダーの要求事項に，必ずしも十分に応えているものではない。つまり，リーガルリスクを管理することは，企業の事業活動存続という観点で，必要条件であるが十分条件ではない。

　社会の様々なステークホルダーの要求事項は社会的規範・倫理と考えられるが，規範や倫理の基準は明文化されておらず，曖昧である。だから，明確なリーガルリスクの把握は，曖昧な社会的規範・倫理に関連した環境リスクを管理するための第一歩と考えることができる。つまり，企業が的確な環境管理を通じて持続的な事業活動を担保するには，リーガルリスクを管理することを前提にしながら，その法を構成する理念に基づく要求事項を捉え，企業自身が，能動的かつ創造的に法の意図を読み解き，積極的に行動することが重要である。

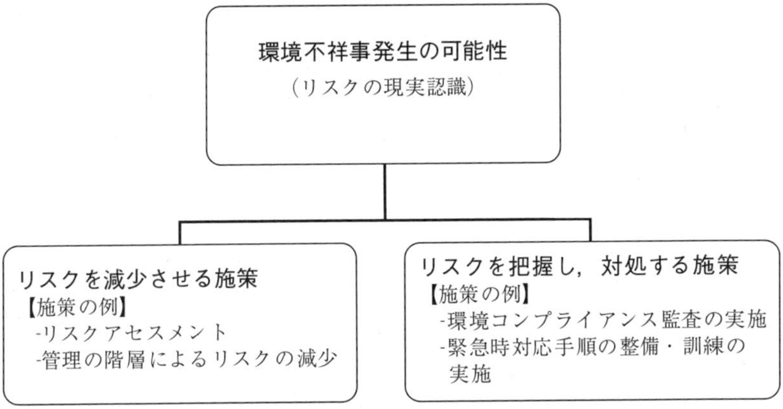

```
                ┌─────────────────────┐
                │  環境不祥事発生の可能性  │
                │  （リスクの現実認識）   │
                └──────────┬──────────┘
                    ┌──────┴──────┐
┌───────────────────┴──┐      ┌───┴────────────────────────┐
│ リスクを減少させる施策  │      │ リスクを把握し，対処する施策   │
│ 【施策の例】           │      │ 【施策の例】                 │
│  -リスクアセスメント    │      │  -環境コンプライアンス監査の実施 │
│  -管理の階層によるリスクの減少 │  │  -緊急時対応手順の整備・訓練の │
│                      │      │   実施                      │
└──────────────────────┘      └────────────────────────────┘
```

図3　環境リスクに対するアプローチ
(出典)（國広，五味，2005 年）をもとに筆者作成

それでは，社会的要請を含んだコンプライアンスを達成し，環境リスクを管理するためには，具体的にどのような方法が有効だろうか。リスクを完全にゼロにすることは不可能である。つまり，どんな手段を講じてもリスクは存在する。その現状を認識した上で，リスクを特定し，低減するための措置を講じ，継続的な管理及び緊急対応措置を講じる必要がある。具体的には，図3の通りである。

4.1　環境コンプライアンス監査

環境リスクを低減するためには，リスクとなり得るあらゆる潜在的原因（ハザード）とアセスメントを実施するための潜在的なリスクを捉える必要がある。その手法として環境コンプライアンス監査がある。具体的な手順の概要は，次の通りである。

①　予備調査
② 　監査の実施
③ 　評価・監査報告

ここでは，環境リスクの把握に焦点を当てて論じるため，詳細な監査プロセスは省略し，重要なポイントに焦点を絞って論じる。

(1) 予備調査

実際の監査を実施する前に予備的な調査を実施し,敷地内の潜在的な問題点,リスクの存在し得るポイントを特定することで,効率的な監査の実施が可能となる。具体的には,環境管理側面にかかる予備調査質問状及び監査時に必要な書類依頼状の送付などが当該活動範囲に含まれる。具体的な予備調査における質問の例は,次のとおりである。

a) 大気汚染にかかる環境管理
- 大気汚染防止法にかかる特定施設の種類と台数,排出及びモニタリング状況(物質の種類,量)
- 焼却炉の有無(有る場合には,台数及びダイオキシン特別措置法にかかるモニタリング状況)

b) 産業廃棄物にかかる環境管理
- 廃棄物の処理及び清掃に関する法律にかかる産業廃棄物(種類と量)
- 廃棄物の処理及び清掃に関する法律にかかる特別管理産業廃棄物(種類と量)
- 過去及び現在の敷地内における廃棄物埋め立ての有無
- PCB廃棄物の有無(PCB含有機器の種類,届出状況,処理予定)

予備調査において,上記のような情報を各々の環境要素について収集し,実際の監査時に現場での事業活動と照らし合わせることで,不足している情報の確認及び監査時にポイントとなる質問をあらかじめ検討しておく。

(2) 監査の実施

実際の監査では現場プロセスに関する概要を確認し,主に事業所の屋内外の製造プロセスに沿って環境に影響を与える要素を確認していく。さらに,製造エリアの周辺付帯施設の状態確認をする。ここでは,現場でみられる状況から潜在的なリスクを想像し,知覚する能力が求められる。

例えば,屋外の未舗装エリアに,使用済み薬品入りの200l廃ドラム缶が存在していると仮定する。ドラム缶には薬品が入っており,そこには潜在的な化学物質漏洩に関連した未舗装エリアにおける環境破壊・環境汚染リスクが存在することは明白である。しかしながら,さらに注意を払うべきは,ド

ラム缶から薬品の漏洩が発生した場合のリスクである。化学物質が特定有害化学物質に該当する場合には土壌汚染対策法に，雨水による潜在的な薬品の漏出及び地下浸透又は敷地外への漏出が発生する場合には水質汚濁防止法に抵触するおそれがある。さらに，工場周辺エリアにおける上水普及率が低ければ，日常生活での井戸水の使用可能性が考えられ，地下浸透した薬品による健康被害の可能性も否定できない。

つまり，リスクを捉えるには，該当する環境関連法を縦割りで知識として理解するのではなく，生活環境の保全や健康被害の防止という環境関連法に共通する理念を念頭に置き，柔軟かつ横断的に，起こり得る事象を想像する力を養成することが重要である。

(3) 評価・監査報告

監査後には，現場において確認した情報をベースに，現場担当者からのヒアリング及び提供された関連書類（届出，許可証，測定記録等）を重ね合わせ，潜在的な問題の有無を複合的に精査する。

例えば，水質汚濁防止法にて規定される特定施設が存在する場合には，現場で確認した台数及び稼動状況と届出状況の整合性を精査し，関連する排水測定記録に基づき整合性（特定施設で使用されている物質とモニタリング実施活動の有無など）等を評価する。これらの評価に基づき，潜在的なリスクを洗い出す。

また，実際にリスク低減活動を実施した後も，活動状況を確認・把握するために監査は実施される。企業の事業活動状況によって，環境管理活動におけるリスクも異なる。このような変化や潜在的なリスクを捉えるためにも，定期的な監査の実施は，必要不可欠である。

4.2 リスクアセスメント

リスクの種類は，規模や製造する製品によって著しく異なる。例えば，食品工場と化学工場ではその使用薬品の種類，量が異なり，結果的に薬品の取扱いに関するリスクも異なる。現場における様々な環境管理リスクを評価するのに有効なツールとして，図4のようなリスクマトリックスがある。

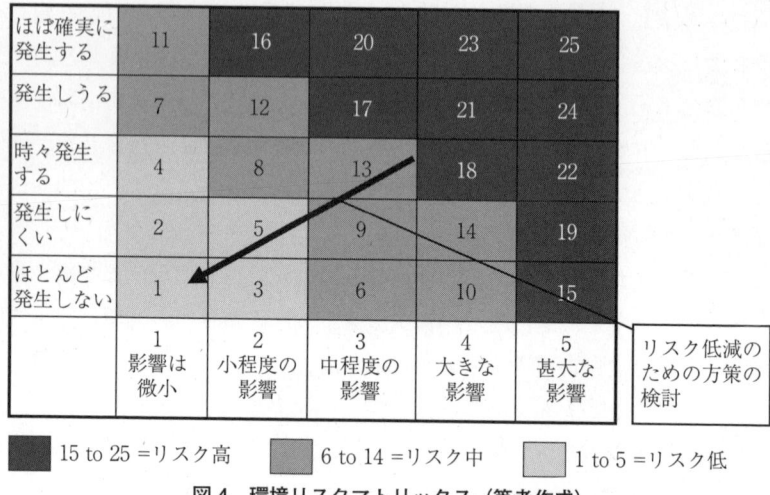

	1 影響は 微小	2 小程度の 影響	3 中程度の 影響	4 大きな 影響	5 甚大な 影響
ほぼ確実に 発生する	11	16	20	23	25
発生しうる	7	12	17	21	24
時々発生 する	4	8	13	18	22
発生しに くい	2	5	9	14	19
ほとんど 発生しない	1	3	6	10	15

■ 15 to 25 ＝リスク高　　■ 6 to 14 ＝リスク中　　□ 1 to 5 ＝リスク低

図4　環境リスクマトリックス（筆者作成）

　当該マトリックスで，それぞれの環境リスクに焦点を当て，その頻度と影響をプロットしていく。例えば，B工場で，当該工場から年間500tの汚泥が発生するものと仮定する。この汚泥は一般の産業廃棄物として，同一の産業廃棄物関連外部業者に運搬・処分が委託されているものとする。日本で廃棄物の規制を実施する法律は「廃棄物の処理及び清掃に関する法律（以下，廃掃法）」で，同法では，外部委託を実施する際にはマニフェストの発行，処分後の保管を義務付けている。ここでは，年間300枚のマニフェストを発行していると仮定する。このような状況下で，3枚のマニフェストE票を処理プロセスの課程で紛失し，工場Bの担当者のもとに返送されてこなかったとする。すると，マニフェストの紛失は廃掃法に対するノンコンプライアンスであり，このような状況が発生する社内の管理システムにはリスクが潜んでいることになる。

　また，廃棄物における潜在的なリスクの一つとして，外部委託した際の不法投棄リスクがある。廃掃法では,企業の排出事業者責任が定められており，外部業者に委託した場合であっても，責任を持って最終処分まで管理することが求められている。

では，当該リスクの評価について，図4を活用して実施してみよう。年間のマニフェストの発行数に対しての紛失率は1%であり，不法投棄リスクを評価した場合，環境汚染・環境破壊リスクは縦軸の「発生しにくい」を選択するのが妥当であろう。したがって，環境汚染・環境破壊リスクは比較的低いと考えられる。一方で，リーガルリスク及びレピュテーションリスクの観点では，リスク評価は異なる可能性がある。具体的には，不法投棄に対して，廃掃法に基づいた注意義務違反による措置命令の発令，将来的な行政による当該企業に対する環境管理状況全般への監視の強化及び，対外的な違反の公表による企業の信用失墜等の事態が考えられる。つまり，リスクによって引き起こされる企業に対する影響は，小さいもので済むとは限らない。

このように，環境管理にかかわる事象を諸々の環境リスクの観点で評価し，マトリックス内の数字「1～4」の状態まで減少させることがリスク管理の第一歩となる。さらに当該マトリックスを活用することで，異なる潜在的な問題点のリスクの大きさが把握でき，対処するリスクの優先順位付けを実施することができる。

4.3 管理の階層

事業活動を実施する中で，土壌・地下水汚染，大気汚染，水質汚濁，騒音・振動障害，悪臭，地盤沈下を潜在的に引き起こす活動は，必ず存在する。管理の階層（control of hierarchy）は，4.2節でみた環境リスクマトリックスを実施し，ある潜在的原因（ハザード）がリスクとなる場合を特定した上で，減少させるための方策を検討するための思考ステップである。具体的には，次のような思考ステップを踏む。

① 物質／プロセスの除去
② 代替物質／プロセスの採用
③ 工学的対応（囲い込み，隔離，封じ込み）
④ プロセスの改善，手順の整備等による対応

管理の階層プロセスの背景には，外部委託業者を含め，人為的ミス，いわゆる人の介在を極小化するという考え方が根底にある。つまり，できる限り

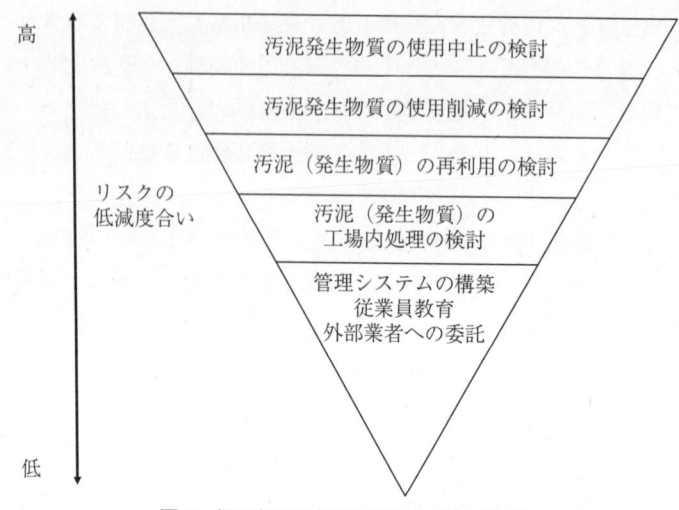

```
           高 ▲
              │   ┌─────────────────────────────┐
              │    ╲   汚泥発生物質の使用中止の検討   ╱
              │     ╲─────────────────────────╱
              │      ╲  汚泥発生物質の使用削減の検討 ╱
      リスクの │       ╲───────────────────────╱
      低減度合い│        ╲ 汚泥（発生物質）の再利用の検討╱
              │         ╲─────────────────────╱
              │          ╲    汚泥（発生物質）の    ╱
              │           ╲    工場内処理の検討    ╱
              │            ╲───────────────────╱
              │             ╲  管理システムの構築  ╱
              │              ╲    従業員教育    ╱
              │               ╲  外部業者への委託 ╱
              │                ╲───────────────╱
           低 ▼                  ╲            ╱
                                   ╲_____╱
```

図5　汚泥処理と管理の階層（筆者作成）

人が携わるプロセスを除去することで，そのリスクを低減させて行くというアプローチである。

前節でみた汚泥廃棄物に関連した環境リスクの例について，管理の階層の4段階を応用すると，図5のようになる。

図で示されているように，そもそも廃棄物が発生しないように，汚泥を発生する物質の中止（代替物質の検討）・削減を検討することが，リスクを極小化するための第一歩である。また，汚泥発生物質の代替物質を使用することで，廃棄物発生を抑制することが次のステップである。さらに，工場外に廃棄物を出さないよう場内での可能性のあるリサイクル方法を考えることが次段階である。以上の方法でも検討余地がない場合，外部業者への委託のための手順・管理システムの整備，現場の従業員向け教育を提供することで，リスクを管理するという選択肢を検討することになる。

実行にあたっては，階層の中で検討した施策のリスク削減効果だけではなく，継続的な活動実施のための資源（人員・コスト等）を含め，多面的かつ現実的に活動の継続可能性を分析する必要がある。

また，これらのリスク低減のための活動を策定する際の有効な情報源とし

て，他社の優良事例（グッド・プラクティス）がある。他社の活動における有効なアプローチを確認することで，自社の活動レベルや，有効なリスク管理活動を学ぶことができる可能性がある。

例えば，ある企業では，新規の産業廃棄物処理業者と契約する際には，書面審査と現地審査を実施するが，その内容は，財務上の安定性や土壌・地下水汚染の防止及び敷地内の雨水の適正な処理及び監視措置など処理業者の事業活動におけるリスク管理活動に重点を置き，契約可否のための確認プロセスとしている。これは排出事業者責任という，元来廃掃法にて定められている責任を能動的に解釈しリスク管理を実施したグッド・プラクティスである。

また排水測定においても，ある企業では，年次で水質汚濁防止法規制項目となっている全物質を測定し，3年に一度，上水，排水処理原水及び処理水，放流水に対して米国環境保護庁（EPA）全項目（約150項目）を測定している。これは，将来の規制を見据えて日本よりも厳格かつ多様な規制項目を含む米国の規制に基づくモニタリングを実施するということがある。

一般的に，企業の現場における優良な環境管理情報は公表されていない。このようなグッド・プラクティスを確認する際には，環境コンサルタントなどの専門家にアドバイスを依頼することも有効であると考えられる。

さらに，リスクが低減されたとしても不祥事が発生する可能性は残る。この点で，リスクが現実の事象になった場合，その影響を最小限にするための緊急時対応の整備も重要である。これには，教育・訓練及び手順書の整備などが含まれる。

5　おわりに

本章では，持続的な事業活動を実施するのに必要不可欠な，公害防止を目的とした環境管理活動，さらに社会的要請への対応を包含する環境コンプライアンスを達成するためのリスク管理活動について論じてきた。リスクを管理するには，現場ベースで実際のプロセスに基づくリスクを捉え，そのリスクの低減及び管理を全社的なシステムで行う必要がある。全社的なシステムとは，社長，役員による環境コンプライアンスの重要性に関する理解から，

従業員に向けた発信を含む。社会的要請まで対応し，コンプライアンスを達成するには，単なる法的要求事項への適合だけではなく，能動的なリスク管理を実施する必要がある。

　前述のとおり，気候変動問題をはじめとする近年の環境問題は，企業・市民・政府・非政府組織等様々なステークホルダーが一体となり取り組む問題となっている。一方で，公害問題は，いわゆる環境に対する加害者としての企業と，被害者としてのその他のステークホルダーといったように，その構図は比較的明確である。この点で企業は，持続的な事業活動の存続のための環境コンプライアンスへの取組みが求められている。

参考文献
1) 國廣正，五味祐子『なぜ企業不祥事は，なくらないのか』(日本経済新聞社，2005 年)
2) 国際環境安全衛生ガバナンス機構「環境コンプライアンストレーニング資料」(2007 年)
3) Eric B. Rothenberg and Dean Jeffery Telego, *Environmental Risk Management* (1991), RTM Communications, Inc.
4) International Standard Organization, *The ISO Survey of Certifications* (2006), pp.22-25.
5) Lawrence B. Cahill, *Environmental Health and Safety Audits* (2001), Government Institutes
6) Petra Christmann, Effects of "Best Practices" of environmental management on cost advantage: the role of complementary assets, Academy of Management Journal 43 (4) (2000), pp. 663-680.
7) エプソン株式会社：http://www.epson.jp/osirase/2006/060426.htm (最終アクセス日 2008 年 12 月 23 日)

第13章 環境関連リスク配慮に対する国・自治体の責任

松村弓彦

1 はじめに

　環境法の領域では，環境負荷に起因する健康及びその他の財に対する損害と，環境財に対する損害を未然に予防することを目的とするが，近年ではより高度の環境質の水準を維持・達成することを戦略・政策目標とすることによって，このような損害と侵襲が発生する確率をより低い水準で管理する方向にある。このような事前配慮が，事後配慮，すなわち，損害が発生した後の配慮（例えば，損害賠償・費用負担あるいは原状回復・代償措置に対する責任負担等）より，原則として優れていることは，環境管理政策の観点のほか，cost-effectivityの観点からも疑いの余地がない。環境保全目標の達成には，事業者だけでなく，市民を含めたすべての行動主体，特に，国・地方自治体が各々の役割を果たすことが不可欠である。一例を挙げると，沿道大気環境保全の領域では，自動車自体あるいは燃料に対する規制，さらには運輸関連事業者に対する規制等による経済活動主体の役割分担あるいは道路管理者が道路管理権に基づいて行うことができる措置のみによる解決には限界があり，交通システム，物・人流システム，国土計画等に関する政策側の役割分担を含めた統合的な政策措置の組み合わせが不可欠である[1]。

[1]　類似の例が自動車排出にかかる二酸化炭素（CO_2）排出量低減に関する欧州連合（EU）の戦略目標にもみられる。当初戦略では戦略目標の達成のために，自動車工業界との間の合意形成手法（環境協定）を中核として，購買者に対する情報提供と自動車税変革等の財政支援によってバックアップする3本柱の統合的政策手法が策定されたが（COM(98)495 final），その後の規制的手法（COM(2007)856 final = 2007/297(COD)）に切り替える過程で，従来戦略で予定された政策側の責務の履行が不充分とする批判が少なくなかった（SEC(2007)1723, 98 f.; Wissmann, M.,

事業者がその法的義務として定められた役割を果たさない場合には，その履行を確保するための法的措置（例えば，公権力を背景とする措置命令規定，罰則，損害賠償責任等）が準備されるが，国・地方自治体が果たすべき役割については，我が国では責務形式あるいは裁量権限形式の規定が採用される例が多い。このため，国・地方自治体がその役割を果たさない，あるいは充分な形で果たさない場合に，その履行を求める法的手段は限られている。しかし，結果として損害が発生してしまった場合の事後措置として権限不行使の違法を理由とする国家賠償が容認されるような状況のもとで，損害あるいは侵襲が発生するおそれが大きい場合は，これを未然に防止するための国・地方自治体の措置の履行を，その他の行動主体が求めることができる法的手段が準備されなければならない。

ドイツ環境法学説では，特に，二つの解釈論が注目される。第1は基本権（基本的人権）保護義務論で，我が国では多数説の支持するところとはなっていないが，一連の連邦憲法裁判所の先例及び学説によって解釈論上確立している。第2は，大気質限界値超過のおそれがある場合に行政庁に限界値達成に向けた行動計画策定義務を規定した法制度のもとで，大気質限界値超過の場合における市民の行動計画策定請求権と，行動計画未策定段階での計画外の措置（交通規制等）の請求権が争われた事案で，市民の法的救済の途を広げた二つの連邦行政裁判所の先例（BVerwGE 128, 278[※2]（以下「本件決定」という）及びBVerwGE 129, 296[※3]（以下「本件判決」という）と欧州連合（EU）裁判所判決（EuGH-C-237/07））[※4]で，自動車排気ガス起因の沿道大気環境質の領域における「大気質に対する市民の権利」を認めたものとする評価も一部にみられる。前者は，一義的には立法者に向けられるが，広く国家機関の広範な裁量に属する基本権保護のための措置の履行に関し（この点については

Individualle Mobilität nachhaltig sichern − Straßenfahrzeugverkehr im Spanungsfeld der CO_2-Reglementierung, EurUP 2008, 78 f.)。
※2　BVerwGE 128, 278 = NVwZ 2007, 695 = UPR 2007, 306 = ZUR 2007, 360
※3　BVerwGE 129, 296 = NVwZ 2007, 1425 = UPR 2008, 39 = ZUR 2007, 587.
※4　EuGH-C-237/07（原文ドイツ語:UPR 2008,391 = ZUR 2008,587）．

別稿参照[※5]）．後者は国家機関（この事案は行政レベル）の覊束(きそく)的形式で規定された措置の履行に関する。無論，ドイツと我が国とでは法制度上の違いが大きい（例えば，憲法異議，行政訴訟制度，一般警察法に基づく危険防御論，環境質基準の法的性格，環境質基準の維持・達成を目的とする環境法規定等々はその一例である）。この制度上の違いを我が国でどのように乗り越え得るかは環境公法学に委ねざるを得ないが，本章では，前記問題意識を出発点として，第2の先例を概観し，その射程範囲の検討を試みる。

2 事案の概要
2.1 事実の要旨

バイエルン州ミュンヘン地区において大気清浄化計画が策定されたが，行動計画は未策定であった。原告居住地近辺測定局（約900mの距離に位置する）ではPM_{10}にかかる環境濃度限界値（健康項目）を超過する状況で（当該測定局の測定値が原告の曝露(ばくろ)代表性をもち得るかには争いがある），汚染寄与は，バックグランド43％，自動車36％とされた（また，2004年策定のミュンヘン大気清浄化計画では自動車の寄与が60％を超えるとされている）。原告は，2005年3月にバイエルン政府に対して，速やかに，ミュンヘン，特に，原告居住地区にかかわる行動計画の策定を求め，さらに，5月に原告は2週間内に行動計画案策定を求めた。これに対して州は文書で回答し，行動計画はミュンヘン大気清浄化計画に含まれており，そこでは通過（通り抜け）自動車をアウトバーンに向かわせること等が記載されている旨などを述べた。

原告はこれを不服とし，管轄庁を被告として，以下の二つの訴訟を提起した。

① 第1訴訟：原告居住地区にかかわる大気清浄化行動計画の策定
② 第2訴訟：濃度限界値達成のための交通規制等の措置の実施

※5 基本権保護義務論については，拙稿「環境法における国家の基本権保護と環境配慮」『季刊環境研究』150号139頁以下，151号93頁以下及び152号160頁以下（2008～9年）参照。

2.2 大気質限界値の遵守に向けた法制度の枠組み

本件は PM_{10} にかかわる大気質限界値（Limit value）の事案であるが，この基準値は EU 大気質枠組指令（96/92/EG。ただし，$PM_{2.5}$ の限界値，目標値等を定めるために 2008 年に施行された新指令 2008/50/EC によって廃止が予定されている）を国内法化するために連邦イミッション防止法第 48 条 a に基づいて，同法第 22 施行令第 4 条で定められた。

同法は基準値に適合する大気環境質を達成・維持するための政策措置として，第 22 施行令で定めるイミッション値の遵守を確保するための管轄庁の措置義務を課し（第 45 条），具体的には，第 1 段階として，環境濃度限界値超過の場合における管轄庁の大気清浄化計画策定義務（第 47 条第 1 項）及び環境濃度限界値超過の危険がある場合における管轄庁の行動計画策定義務（同法第 47 条第 2 項）を規定し，これらの計画で環境濃度限界値を超過させないための措置の具体化を義務付ける。これらの計画上の措置は原因者負担原則に適合するものでなければならず（同条第 4 項），したがって，限界値超過に対する原因寄与の程度に応じたものでなければならない。さらに，第 2 段階で，これらの計画上の措置を実施するための管轄庁の命令・決定権限を規定する（同条第 6 項）ほか，上記基準値達成のために，①本法に基づく法規命令を実施するためのケースバイケースでの管轄庁の命令権限規定（同法第 24 条 1 文），②交通管轄庁の自動車交通の制限ないし禁止権限（同法第 40 条第 1 項），③大気質基準超過に道路交通が寄与している場合における交通管轄庁の自動車交通の制限ないし禁止権限（同条第 2 項），④第 47 条による計画を含む環境濃度限界値の維持を確保するために必要な措置を講ずる権限（同法第 45 条第 1 項）に関して規定する。

2.3 第 1 訴訟の経過

環境濃度限界値を超過する状況にあっても大気清浄化行動計画が未策定の場合は，当該地域住民が行動計画策定請求権を有するかが争点となる。

(1) 下級審

1 審判決（NVwZ 2006, 1219）は，ドイツ法上も EU 指令からも行動計画

の策定請求権を導き得ないとしたが（請求棄却），2審判決（NVwZ 2007, 233）は請求を認容し，原告居住地区における大気環境のレベルがPM_{10}環境濃度限界値（健康項目）を超えることを認定した上で，①管轄庁は行動計画策定義務があること，②ミュンヘン大気清浄化計画は行動計画として満たすべき内容が充分とはいえず，したがって，管轄庁は本件地域にかかわる行動計画策定義務を履行していない旨を述べ，原告には関係住民として行動計画策定を求める法的権利があるとした。

(2) 連邦行政裁判所

これに対して連邦行政裁判所（2007年3月29日。以下「本件決定」という」）は，ミュンヘン地域に大気清浄化行動計画は存在せず，州の策定不作為を違法とした上で，「PM_{10}かかる健康関連環境濃度限界値超過の場合において，ドイツ国内法上は，第三者は行動計画策定（連邦イミッシオン防止法第47条第2項）に対する請求権を有しない」とした。その上で，このような場合にEU指令96/62/EGが環境濃度限界値超過地域の住民に右行動計画策定請求権を認める趣旨等について，EU裁判所に判断を付託し，事件の審理を中断した。

(3) EU裁判所

EU裁判所は2008年7月25日の前記判決で以下のとおり判断した。
① 指令96/62/EG第7条第3項は以下のごとく理解すべきものである：限界値又は警戒値を超える危険がある場合には，直接の関係者は，国内法上加盟国管轄庁に大気汚染防止を求める訴訟の途が他の形式で存在する場合でも，右管轄庁に行動計画策定を求める地位になければならない。
② 加盟国が義務付けられる措置は，国内裁判所の法的判断に従って，（行動計画の内容に従い，かつ，短期で），現実の周辺事情と対立するすべての利害を斟酌(しんしゃく)した上で，限界値又は警戒値を超える危険を最小化でき，かつ，段階的に右値又は判定条件以下に低下させる措置に限る。

2.4　第2訴訟の経過

訴訟は，当初，交通の安全又は秩序を理由とする（騒音，排ガスに対する

住民の保護のために行う場合を含む）道路交通管轄庁の一定の道路利用制限，禁止，迂回措置権限（道路交通法第45条第1項）の発動を目的とする不作為違法確認訴訟（行政裁判所法第75条）の形式で提起されたが，2審段階で考え得るすべての措置を求める一般的給付訴訟に拡大された。大気清浄化行動計画が未策定で，環境濃度限界値超過の場合における，当該地域住民の計画外措置実施請求権の存否が争点である。

(1) 下級審

1審判決（NVwZ 2006, 1215）は請求を棄却。原告は2審段階で，従来の請求趣旨（PM_{10}濃度限界値の維持を確保するために，本件地域において道路交通法上の一定類型の自動車の走行を制限すること）を拡大し，PM_{10}濃度限界値を維持するために考え得る限りの措置を講ずべきことを求めた。2審判決（NVwZ 2007, 230 = UPR 2007, 111）は請求趣旨の変更の適法性を認めたが，結論として請求棄却。

(2) 連邦行政裁判所

　a) 判決要旨

連邦行政裁判所は，前記のごとく前記「本件決定」において原告のドイツ法上の行動計画策定請求権を消極に解した上で，「PM_{10}環境濃度限界値（健康項目）超過にかかわりを有する第三者は計画外の措置の実施を請求する方法で，健康侵害防止の目的を達成することができる」と述べ，さらに，「本件判決」で，「右第三者は，健康侵害防止請求権を，計画とかかわりがない措置の実施を求める方法で行使することができる。自動車の市街地通過禁止は右計画とかかわりがない措置に当たる」と判断し，原告が曝露を主張する約900m離れた位置の測定値が，原告居住地における曝露として代表性を持ち得るか否かの事実審理のため，原審に差し戻した。

　b) 理由

原審判決は，「原告は道路交通法に基づく粒子状物質の環境濃度低減措置を求めることはできない」とする範囲において，連邦法に抵触する。管轄機関が行動計画策定義務に違反した場合には，管轄官庁は限界値超過を低減するために適切，かつ，比例原則に適う，計画にかかわりのない措置を行うこ

とを義務付けられる。そのように解しなければ，限界値超過地区の住民はその権利を侵害されることになる。連邦イミッシオン防止法第22施行令に定める限界値はヒトの健康保護に資するものであり，それゆえ，限界値超過地域の個々の住民の保護に資するものでもある。この値を超える危険がある場合には，管轄官庁はこの危険を防止するために必要な措置を講じなければならず，原則として，この限界値の遵守を確保する義務を負う。

3 考察

環境負荷によって損害が発生し又はそのおそれがある場合に，損害賠償請求の形式による事後的法的救済はできても，未然防止請求の形式での事前の法的救済は封じられるのでは，法治国家原則の観点から疑問がある。本事案は自動車排ガス起因の沿道汚染対策における政策側の措置が実施されずあるいは不充分な場合についての法的救済の途を開いた点で注目されるが，自動車排出二酸化炭素（CO_2）低減に向けた戦略目標を達成する上で予定される政策側の措置（現時点では，COM(2007)19によれば，$10g/km/CO_2$）が不充分な場合に，住民あるいは経済界側からどのような形の法的請求が可能かの問題も，この延長線上にある。以下では，自動車排ガス関連の大気質基準の達成に向けた政策側の措置が充分な場合における法的救済の局面に焦点をあてて，ドイツ法上の論点を整理する（我が国における問題点の分析については別稿に譲る）。

3.1 ドイツ法上の論点整理

(1) 大気質基準の多様性

① EU法上，大気質基準は前記限界値，目標値のほか，人口集団に対する短期曝露による健康リスクを保護法益とする警報値（指令2008/50/EC，第2条第10号），感受性が高い人口集団に対する短期曝露の健康リスクを保護法益とする情報値（同指令第2条第11号），評価判定条件値（同指令第2条第12号，第13号），健康・環境保護のための長期目標値（同指令第2条第14号），ヒトではなく，樹木等の植物，エコシステム等の

受容体に対する悪影響に焦点を当てる臨界水準（同指令第2条第6号）等の，環境管理上の目的に応じて多様な形式で定められる。

② 大気質目標値（Tanget value）：ドイツ法上の概念でいえば，限界値が危険防御領域の環境管理水準であるに対して，目標値はリスク配慮領域のそれであり，予防原則の発現形式の一つと位置付けることができる。連邦イミッシオン防止法第22施行令で定義規定とその達成を目的とする措置に関する規定を置いている。すなわち，目標値は「ヒトの健康と環境総体に対する有害な影響を抑制，防止又は低減する目的で定める，可能な範囲で一定の期間内に達成すべき環境汚染物質濃度」と定義されるが（同令第1条第14号），これはEU指令に定める定義（同指令96/62/EG-第2条第6号）の枠内であり，限界値と違い，厳格な拘束性を伴わない[※6]，健康，生活環境のほか，「総体としての環境」をも保護法益とする。連邦イミッシオン防止法は，前記のごとく，第22施行令で定めるイミッシオン値の遵守を確保するための管轄庁の措置義務を課し（第45条），このイミッシオン値は目標値を含むが，目標値が厳格な拘束性を有しないことから，この措置義務は配慮義務の内容にとどまる[※7]。我が国の環境基準の法的性格はEU法・ドイツ法上の限界値と異なり，むしろ目標値に近いが，環境を保護法益としない点に本質的な差を認めることができる。

EU指令96/62を国内法化した現行法上は，大気質目標値はPM_{10}中に含有されるヒ素，カドミウム，水銀，ニッケル，ベンゾピレンの総量（年平均値）について定められており（第22施行令15条。新EU指令は$PM_{2.5}$についても目標値を定める。なお，総量の定義については，第1条第15号），これを2012年末までに達成するために，不相当の費用を伴わない範囲で，必要なあらゆる措置を講ずべきこととした（令第16条第1項）。具体的には，水銀を除く物質について大気質目標値を超

※6　Jarass, H. D., BImSchG-Kommentar, 6. Aufl., 692(2005)
※7　Jarass, 696.

えていない地域・工業集中地域のリストを作成し，その地域では，非悪化原則にしたがって，目標値を超えないようにするために必要な措置を講じ，かつ，可能な限り良好な大気質を維持できるように努力すべきこと（同条第2項），大気質目標値を超えていない地域・工業集中地域のリストを作成し，地域ごとに汚染寄与発生源を記載し，特に，主要汚染源に対して，比例原則の範囲で，目標値達成のために必要なあらゆる措置を講ずべきことを規定するとともに（同条第3項），施設起因のリスク管理の局面で技術水準の一般的義務を課す（例えば，連邦イミッション防止法第5条第1項第2号）。

(2) 大気質限界値の法的性格
a) 保護法益
本件は限界値にかかわる事案であるが，EU指令上，限界値は「ヒトの健康and/or総体としての環境に対する有害な影響を発生抑制，防止または低減する目的で，一定の期限までに達成し，かつ，達成後はこれを超過してはならない値として，科学知見に基づいて定める一定の水準」と定義され（指令96/62/EG，第2条第5号），［可能な場合には一定期間内に達成されるべき値］としての目標値（同第2条第6号）とは性格を異にする。ドイツ法上の限界値も本質的な差はないが（連邦イミッション防止法第22施行令第1条第3号），健康保護を目的として定められる例が多い（PM_{10}限界値も同じ）。

b) 拘束力
① ドイツ連邦イミッション防止法上PM_{10}の日平均等値にかかる限界値は，その定義にも明らかなように健康保護を目的とし，原則として拘束力を有することについては，学説上異論がない[※8]。一方，連邦行政裁判所の先例を概観すると，道路建設に関する計画策定に対して騒音及び有害物質排出を理由として争われたBVerwG, NVwZ 2004, 100では限界値の法的性格を論じていないが，有害物質排出のおそれを理由とし

※8　E. Rehbinder, Rechtsgutachten über die Umsetzung der 22. Verordnung zur Durchführung desBundes-Immissionsschutzgesetzes,11(2004);, Engelhardt, H./Schlicht, J., Bundes-Immissionsschutzgesetz, 4. Aufl., 173(1997)

て，主位的に研究施設認可取り消し，予備的に保護措置の実施を求めた BVerwGE, 119, 329[※9] では，潜在的に健康に対する危険性を伴う物質について環境質基準が定められていない場合には，健康リスクを最小化するために定められた排出限界値も，施設の影響が及ぶ範囲の地域の住民との関係で保護規範性を持つとした。この BVerwGE, 119, 329 は大気質限界値の拘束力を明言したわけではないが，環境質基準が定められていない場合に排出限界値の保護規範性を積極に捉(とら)われることから，これを大気質限界値が定められている場合の右限界値の保護規範性を前提とするものとする理解がみられる[※10]。次いで，BVerwGE, 121, 57[※11] は，道路建設に関する計画策定に対して，二酸化窒素（NO_2）及び PM_{10} にかかわる大気質限界値を超過しないようにするための充分な防止対策がなされていないために健康被害のおそれがあると主張された部分の訴えの適法性を認めた上で，請求を棄却し，連邦イミッシオン防止法第22施行令に定める大気質限界値の遵守は本件計画策定管轄庁の義務というわけではなく，大気環境保全システムを含めた総合的な対策によって遵守すべきものであるから本件計画策定の適法性の条件ではないとした。そのことは EU 大気質枠組指令と連邦イミッシオン防止法のもとで本件計画において大気汚染問題に配慮すべきことを排除するものではないとしており，上記判例についても，大気質限界値の拘束力を前提とするものとの理解がある[※12]。

② 拘束力の種類：大気質限界値の拘束力を積極に解する場合に，その拘束力が行政内部にとどまるか，あるいは個々の市民との関係でも拘束性を認め得るかについては争いがある[※13]。

前記のごとく，BVerwGE, 119, 329 を大気質限界値遵守義務の第三者

※9　BVerwGE, 119, 329=BVerwG, NVwZ 2004, 610=NJW 2004, 2033.
※10　Wöckel, H., Der Feinstabschleider lichtet sich-rechtlich, NuR 2007, 599; ders, Der Feinstabschleider lichtet sich-rechtlich2Ⅱ, NuR 2008, 32.
※11　BVerwGE, 121, 57=NVwZ 2004, 1237=ZUR 2005, 96=NuR 2004, 729.
※12　Rehbinder, 11.
※13　Rehbinder, 12.

保護機能を前提とするとの理解もあるが[※14]，本件決定はこの点を積極に解しており，行政側は市民等の第三者に対してこれを達成する義務を負うことになる。連邦イミッシオン防止法は，前記のとおり，政策側が計画，行動計画を策定し，そこに記載された政策措置を実施することによって限界値の達成することを予定するから，政策側の義務履行が不充分な場合にその履行を促す方法として，①計画策定済のときの計画上の措置の履行請求，②計画未策定のときの計画策定請求，③計画未策定のときの計画外の措置の実施請求等の方法の当否が論じられる[※15]。本事案ではこのうち②（第1訴訟）と③（第2訴訟）が争点とされていることになる。

(3) 行動計画策定請求権の存否

行動計画策定請求権の存否が争われる事例は近年少なくないが，本事案以前の下級審では消極例が多数であった[※16]。

本件決定は政策側の行動計画策定義務を積極に解した上で，この義務を行政内部の義務と捉え，市民に対する関係では行政が義務付けられることはないとする。この判断については，従前から同旨の学説もみられたが[※17]，批判もみられる[※18]。すなわち，周知のごとく，ドイツ法上の保護規範論（Schutznormtheorie）[※19] によれば，市民が請求権を認められるのは，法令の規定が一般的公的利害にかかわるだけでは足りず，個々の市民の利害にかかわるものであることを要する。大気質限界値達成方法としての行政の行動計画策定義務はこのような個々の市民の利害にかかわるとはいえないとする立

※14 BVerwGE, 119, 329; Wöckel, NuR 2007, 599; ders, NuR 2008, 32.
※15 Scheidler, A., Gibt es einen Anspruch auf behördliche Maßnahmen gegen Belastungen durch Feinstaub ?, BayVBl., 2006, 657 f.; Wöckel, NuR 2008, 33.
※16 VG Berlin, ZUR 2005, 441; VG München, NVwZ 2005, 839.消極例としてVG Stuttgart, NVwZ 2005, 971（Winkler, D., Der europäisch initiierte Anspruch auf Erlass eines Aktionsplans, EurUP 2006, 199, Fn.9; Scheidler, A., Der Feinstaub vor dem Bundesverwaltungsgerich, LKV 2008, 56, Fn. 19参照）．
※17 Jarass, 711.
※18 Winkler, D., Anmerkung(zu BVerwGE 128, 278), ZUR 2007, 364 ff.; Streppel, T.P., Subjektive Recht im Luftqualitätsrecht, ZUR 2008, 25.
※19 Streppel, T. P., Rechtsschutzmöglichkeiten des Einzelnen im Luftqualitätsrecht,EurUP 2006, 191 f.; Winkler, D., EurUP 2006, 198 ff. 参照．

場にたてば,行動計画策定請求権は消極に解されることにならざるを得ない。一方,EU レベルでは,健康関連の大気質限界値の意義を直接論じた EU 裁判所の先例はなかったが[20],EU 指令が国内法化されていない場合の指令の直接適用の領域では,従来からドイツ法上論じられる保護規範論に対して緩やかな解釈を示している[21]。この結果,本事案でも連邦行政裁判所のドイツ法解釈と欧州裁判所の EU 指令解釈にアンマッチが認められるから[22],今後,ドイツ法側で,ドイツ法側の解釈変更あるいは立法的解決の方法で,調整が求められることになる。

(4) 本件判決の評価と射程範囲
　a)　学説の評価

連邦環境大臣は,本件判決を連邦イミッシオン防止法第 45 条第 1 項の目的に適ったものと評価し,「市民は清浄な大気に対する権利を有する」と述べ[23],学説にも,本件判決が環境質法における市民の主観的権利を認めたとする評価もある[24]。大気質限界値との関連では,本件決定及び本件判決以前から,ヒトの健康に関連する範囲において,市民の権利が積極に解されていたが,その範囲は基準値超過によって健康侵害のおそれがある者に限り,したがってそれ以外の一般市民の請求権(民衆訴訟)については消極に解されていた[25]。その意味では,本件判決は従来の学説に沿ったものともいえる。

ただし,本件判決は行政庁の限界値遵守に向けた措置義務に「原則として」との留保を付している点については,EU 指令も連邦イミッシオン防止法第 22 施行令も限界値遵守義務の例外を規定していないこと,限界値は健康影響に関する科学知見を基礎とする水準値であるからすればこの義務は拘束的

---

[20]　Rehbinder, 59.
[21]　Rehbinder, 59.
[22]　Rehbinder, 59 ff.; Jarass, H. D., Luftqualitätsrichtlinien ser EU und Novellierung des Immissionsschutzrechts, NVwZ 2003, 258; ders., Rechtsfragen des neuen Luftqualitätsrecht, VerwArch., 2006, 432; Assmann, J./Knierim, K./Friedrich, J., Die Luftreinhalteplanung im Bundes-Immissionsschutzgesetz, NuR 2004, 695; Winkler, D., EurUP 2006, 198 参照。
[23]　BMU-Press Nr. 260/07.
[24]　Streppel, ZUR 2008, 23.
[25]　例えば,Jarass, 746.

と解すべきこと等を理由とする批判がある[※26]。
b）基本権保護義務論との関係
　基本権保護義務論は，狭義には，私的主体による他者の基本権に対する侵襲又はそのおそれがある場合における国家，侵襲者，被侵襲者の3当事者関係の調整について，侵襲者に対する規制等の措置によって被侵襲者の基本権を保護する国家の義務を射程とし，政策側が自らの役割分担を適切に果たさない場合における市民側の法的救済機能を持つ。この点は本件事案の論点も共通する。また，基本権保護義務論は，一義的には，立法の場で機能するものの，ドイツ法上，行政，司法を含む公権力行使の場で広く妥当すると解されているから（判例・通説），この点でも行政の場の論点にかかわる本件事案と本質的な差はない。しかし，基本権保護義務論は，本来，公権力の側の裁量に属する領域で，公権力独占により自力救済の途を塞がれる市民の法的救済として解釈論上導かれた議論であるのに対して，本件事案は，立法上行政に羈束的に課された義務が未履行の場合に，その履行（行動計画策定＝第1訴訟）あるいは代替措置の履行（行動計画外の措置の実施＝第2訴訟）を求める形で基本権保護が争われた点で，狭義の基本権保護義務論と区別される。
c）射程範囲
　本件判決は，当然のことながら，EU 指令を国内法化したドイツ連邦イミッシオン防止法の規定を基礎とするから，大気環境質基準の法的性格も，これを達成するための行政庁の義務・権限規定も異なる我が国にそのまま妥当するわけではない。また，ドイツ法上も，「大気質に対する市民の権利」の成立条件は無限定ではない。
① 　本件決定が「PM_{10} 環境濃度限界値（健康項目）超過にかかわりを有する第三者は」といい，本件判決が「健康侵害防止請求権」とするように，保護法益として健康を対象とする。その意味で，本件判決は，明示的ではないが，国家の基本権保護義務の考え方を基礎とするものと考え

[※26] Streppel, ZUR 2008, 26.

られる。このことから，
i 大気質限界値を対象とし，目標値は対象としない。
ii 健康関連の大気質基準でなければならない。ドイツ法上も環境に対する基本権は認められないとするのが通説であるから，環境項目の大気質基準は本件判決の射程外と考えるべきものであろう。
② 限界値超過またはその危険が認められなければならない。危険は「充分な状態」で足る（本件決定・本件判決）[※27]。しかし，自動車排ガス濃度の測定網と濃度の距離減衰等を考えると，本件訴訟でも争いがあるように，原告居住地における大気汚染濃度限界値超過の事実ないしそのおそれの立証に困難を伴うことは否めない。
③ 健康関連大気質基準超過の事実があっても，「大気質に対する市民の権利」を主張できるのは健康危害を被るおそれがある者に限る。それゆえ，健康危害を被るおそれがない者，例えば，環境保護団体の権利を本判決から導くことはできない。また，単体規制等を遵守している自動車メーカー等が政策側の措置の不足を理由として大気質基準不超過のための政策措置を求める権利も，少なくとも本件判決からは，導くことはできない。
④ 本件判決が認める市民の権利は，大気質基準達成・維持に向けた政策側の措置を対象とする。このことから，
i 行政庁の措置権限ないし義務規定が存在する場合に，その措置の不作為（おそらくは，実施された措置が不充分な場合も），その範囲において措置の実施を請求する権利と理解される。それゆえ，健康被害者の国家に対する損害賠償請求権は本件判決の射程外である。
ii 国家以外の当該地域の大気汚染に何らかのかかわりを持つ者（自動車走行車，運輸事業者，自動車メーカー等）に対する関係は，本件判決とはかかわりがない。
⑤ 市民が請求できる国家側の措置は，比例原則と原因者負担原則による

※27　BVerwG, 7; Wöckel, NuR 2007, 598 ff.; ders, NuR 2008, 32; Streppel, ZUR 2008, 26.

限界に服する。本件判決は、これを「限界値超過を低減するために適切，かつ、比例原則に適う，計画にかかわりのない措置」といい，原因寄与に応じた措置であることを求められる（本件判決理由27項）。連邦イミッション防止法は、前記のごとく，大気清浄化計画・同行動計画上の措置が原因者負担原則に服する旨を規定しているが（第47条第4項），本件では行動計画が未策定で，右計画外の措置が争点となっているため，この規定を直接適用できず，本件判決は比例原則から原因者負担原則適合性を導いている。原因者負担原則から導かれる限界値超過に対する原因寄与の適用は，複数の汚染原因者間に限らず，事業者・国家間でも妥当する※28。

　措置の適切性は裁量問題であるし，比例性の判断は事例判断に委ねられる。従来，基本権保護義務に関する連邦憲法裁判所判決及び通説は，一貫して，国家側が行うべき措置を特定した基本権保護の請求を認めていない。連邦憲法裁判所（例えば，BVerfGE 53, 30）が明示するように，措置の選択には技術的可能性，経済的受容性その他の多様な利害関係の総合的な調整が不可欠であるから，弁論主義の枠内で裁判官の判断に全面的に委ねることは適切とはいえない。本件判決も行政庁側が行うべき措置を具体的に特定した請求権を一般的に許容する趣旨ではないが（同28項）※29，通過自動車の交通禁止措置が計画外の政策措置にあたることを認める点は注目される。

3.2　我が国における制度との比較

　前記のように，我が国でどのような形で本件類似の法的救済が可能かは環境公法学に委ねざるを得ないが，本件に関連する限り，我が国とドイツ法との制度上の差を述べると以下のとおりである。

　EU及びドイツの大気質目標値が多元的リスク管理目標を定めるに対し

※28　Streppel, ZUR 2008, 27.
※29　Streppel, ZUR 2008, 28.

て，我が国では緊急時の措置，都道府県公安委員会に対する要請等の特殊な事態におけるリスク管理を別として，恒常的には環境基準に一元化された管理目標を採用している。そしてその法的性格は政策上の達成目標ないし指針（下級審の例として，東京高判昭和62年12月24日行集38巻12号1807頁等）とされる点で本件限界値とは性格を異にする。それゆえに，これを達成するための法政策上の措置も，排出基準，総量規制基準，許容限度といった，それ自体は拘束力を有する政策措置と結びつけられている一方で，沿道大気汚染濃度が高い場合でも裁量的規定形式が採用される例が多い。我が国でも，重点対策地区未指定の場合に地区指定と計画策定を求める事例あるいは重点対策地区指定はなされているが重点対策計画は未策定の場合に計画策定を求める事例では本件類似の状況が生じるが，重点対策地区指定は裁量的規定形式が採用されており，重点対策地区指定がない場合には，政策側の義務不履行の違法ではなく，裁量権限不行使の違法を争う形式によらざるを得ない点に大きな差があるといえる。

4　おわりに

　環境保全関連のリスク管理は，ビジネスリスク管理のすべてでは無論ない。しかし，環境リスク管理上の配慮の質が，単なる企業イメージ低下に限らず，近隣市民との信頼関係の喪失，事後配慮上の費用負担の増大をもたらし，あるいは配慮の遅れが競争力の低下あるいはビジネスチャンスの逸失につながり，さらには許認可取消し，操業の制限・停止，製造・販売の制限等の形で事業の存続を危うくする事態も生じ得る。それゆえ，近年では，ビジネスリスク管理に際しては他のリスクと併せて環境関連リスクへの配慮が不可欠であるし，単に環境関連法令遵守というレベルにとどまらず，より早い段階で，かつ，より高度の質の配慮を模索することが企業戦略の一つに組み入れられつつある。

　本章で検討したドイツの裁判例は，環境質管理基準の維持・達成にかかわる事前配慮領域で政策側が自ら分担すべき環境保全上の役割を履行せず，またはその履行が充分でない場合に，市民の側からその履行を求める法的手段

を広げた点で注目される。法治国家原則の観点からみると，損害発生後賠償請求が容認されるような状況がある場合には，事前にその発生防止を求める法的手段も存在するのでなければならない。このような場合に，法制度が異なる我が国で，どのような形の法的救済が可能かは公法学の研究に委ねるが，環境法政策の観点からみると，本事案は我が国にも大きな示唆を含むであろう。

第14章 製品起因の環境損害に対する責任

藤村和夫

1 はじめに

　製品に起因して環境に損害が発生した場合，その損害の回復が図られなければならないのは，環境という公共財保護の観点からは当然の要請である。
　しかしここで問題となるのは，まず，その被害法益ともいうべき環境とは何か，何をもって環境損害というかであり，次いで，その損害を回復すべき責任あるいは損害の発生を未然に防止すべき責任はどのようにして成立するのか，責任を負担すべき者は誰か，その責任の内容如何，さらに責任を追及し得るのは誰かということが，それぞれ明らかにされなければならない。ところが，従来の法的枠組みでは，これらはそれほど容易なことではない。
　例えば，民事責任を導く一般法たる民法の範疇で考えてみる。周知のように民法第709条は，故意又は過失に基づく行為によって他人の権利又は法律上保護される利益を侵害した者に対し，これによって生じた損害を賠償せしめることとしている。ところがこの段階でまず，環境（その内容が如何なるものであるかをひとまずおくとしても）が他人の権利又は法律上保護される利益に該当するのかという難問に逢着する。
　ある個人の所有に属する空間が，それだけである環境を形成しているということは十分にあり得ることであるから，そのような場合には，環境に損害を与えること（環境侵害）が他人の権利（所有権）を侵害することになるとはいえよう。しかし，およそ観念し得る環境のすべてがそこに包摂されるわけではない。
　また，故意又は過失を要するとされている点も，環境損害の十全な回復を

図れなくする要因となろう。環境損害に対する責任一般を民法で論ずる対象とするのは妥当ではない。

そこで近時は，環境汚染をはじめとする環境損害を回復するための賠償責任制度ないし損害を発生させないための（予防）制度の構築に向けて力が注がれている。

ドイツ環境責任法（1990年）は，一定の施設から生ずる環境作用（土壌，大気，水に拡散される物質，振動，臭気，圧力，光線，ガス，蒸気，熱，その他の現象により生ずる作用）によって人の生命，身体を害し，又は物を毀損せしめたときは，その施設の保有者は被害者に生じた損害を賠償しなければならない（第1条）として危険責任を導入している。また，因果関係の推定規定をおき（第6条），さらに被害者に対する損害賠償の支払を確保するために，一定の施設の保有者は，履行確保のための措置（責任保険，連邦又は州の保証，銀行保証のいずれか）を講じなければならないとしている（第19条）[※1]。

日本でも環境基本法（1993年）が，「環境への負荷」とは，「人の活動により環境に加えられる影響であって，環境の保全上の支障の原因となるおそれのあるものをいう」（第2条第1項）とした上で，「公害」とは，「環境の保全上の支障のうち，事業活動その他の人の活動に伴って生ずる相当範囲にわたる大気の汚染，水質の汚濁…，土壌の汚染，騒音，振動，地盤の沈下…及び悪臭によって，人の健康又は生活環境（人の生活に密接な関係のある財産並びに人の生活に密接な関係のある動植物及びその生育環境を含む…）に係る被害が生ずることをいう」（第2条第3項）としている。また，原因者負担原則に関する規定も置かれている（第37条）が，それほど徹底した内容というわけではない。

このように，従来は，被害の客体が人ないし物の場合の損害ということを想定しており，人の生命，身体，健康ないし生活環境と直結しない損害，す

※1 これらの点については，ごく簡単なものではあるが，藤村和夫「ドイツにおける環境法の法典化の動き」人間環境問題研究会『環境政策法の体系的研究（2）』（1993年）75頁。

なわち環境自体を法益とする損害については強く意識されていたものではなかった。

しかしながら，環境損害の未然防止及び修復についての環境責任に関するEU指令（2004年，以下，EU環境責任指令という）により，水，土地及び保護された生物種及び自然生息地の範囲にとどまるものではあるものの，環境損害を未然に防止し，その修復についての責任に関する方向性が示された[※2]。

他方，製品に起因する損害については，EU製造物責任指令（1985年）が基本的に無過失責任を採用し（第1条，免責事由については第7条，第8条），責任主体となる製造者の範囲を広く捉えている（第3条）が，環境損害を対象としているわけではない（第9条）[※3]。

日本にも，特別法としての製造物責任法（1994年）がある。ここでも，基本的に無過失責任が採用されている（第3条）といえるが，やはり環境損害が対象とされているわけではない（第1条，第3条）。

したがって，製品に起因して環境損害が発生した場合の責任をどうするかについては，従来の環境損害に関する考え方と製品起因損害についての考え方を融合させるところを起点としつつ，環境損害の特質に着目して展開していく必要がある。

以下では，国内法のレベルを念頭において検討する。

2　環境関連に限定した製品起因損害
2.1　環境損害の意義・定義

環境損害とは何か。環境自体を法益とし，人の生命，身体，健康ないし生活環境と直結しない損害というからには，これまでの損害概念にとらわれて

[※2] その内容については，大塚直ほか訳「環境損害の未然防止及び修復についての環境責任に関する2004年4月21日の欧州議会及び理事会の指令2004/35/EC」『季刊環境研究』139号（2005年）141頁。

[※3] 同指令の当初の主な内容については，ひとまず，藤村和夫「製造物責任に関するEC指令について」『法律時報』58巻8号98頁。

いたのでは，これを明らかにすることは容易でない。前述の EU 環境責任指令も，「環境損害」とは「保護された生物種及び自然生息地の損害」「水の損害」「土地の損害」をいうとしているのみであって，環境損害自体の定義規定をおいているわけではない。

しかし，環境損害に対する責任を論ずる以上は，その対象となる環境損害の内容を明らかにすべきことは当然の要請といえる。ただ，環境権については一般に，環境を破壊から守るために，環境を支配し，良い環境を享受し得る権利とされているものの，環境そのものの意義がそれほど明確にされているとはいえない段階では，環境損害の内容も抽象的・観念的なものにとどまらざるを得ないという制約はある。

まず，「人間活動に起因し，他国又は国際公域で発生する有害な結果のうち，国際法上の保護法益を違法に侵害するものをいう」[※4]，「狭義では，環境に対する有害な結果のうち，国際法上の保護法益を違法に侵害し，国家責任法による事後救済の対象となる損害を意味するが，広義では，事前防止の対象となる損害をも含む」[※5]と定義付けるものがある。いずれも国際法上の保護法益を問題としているが，環境損害は，国際法上の問題にとどまるものでないことはもちろんであるから，国内法からの観点をも含んだ見方が必要であろう。

その意を汲んでか，環境損害には，環境に関連する損害一般のことである広義の環境損害（国際法上はこの意味で用いることが多いとする）と，生命，身体をはじめとする人格的利益や財産的利益に関する損害以外の環境関連の損害を指す狭義の環境損害（国内法ではこの意味で用いることが少なくないとする）の二つの意味があるとするものがある[※6]。

しかしながら，責任の成否，その責任の内容，責任主体，責任追及者等が具体的にどうなるのか等については，異なる法領域毎に考察していく必要が

[※4] 淡路剛久編集代表「環境法辞典」（有斐閣，2002年）62頁。
[※5] 佐藤幸治他編修代表「コンサイス法律学辞典」（三省堂，2003年）224頁。
[※6] 大塚直「環境損害に対する責任」大塚直＝北村喜宣編『環境法学の挑戦』（日本評論社，2002年）77頁（79頁）。

ある場合もあろうが，およそ環境損害とは何かを問うときは，国際法，国内法という相違にこだわることはないと思われる。その意味で，同じく広狭二つの意味を考えることができるとはするものの，主として損害の対象に着目し，狭義の環境損害を，権利の客体でない環境財（①大気・水等の環境媒体及び気候，②野生動物・微生物等の生態系，③景観，④生物多様性，種の保存等の観念的価値等）に対する著しく，かつ，社会的に許されない損害[※7]（これを第1類型の環境損害という）とし，広義の環境損害を，第1類型の環境損害及び権利の客体としての環境財（私有財産・公有財産としての土地の土壌機能，水域，動植物・微生物，歴史的・文化的・自然的遺産等に付帯する公共財としての価値）に対する著しく，かつ，社会的に許されない損害（これを第2類型の環境損害という）をいうとする捉え方[※8]の方が適切であろう。ここでも，ひとまず，この捉え方に従っておきたい。

なお，このように法的責任の対象となる環境損害が，著しく，かつ社会的に許されないものに限定されるのは，後述するように，責任の成立を従来よりも容易にすることとの均衡を保つということも考慮されているとみてよいであろう。

2.2 製品の意義

製品は，製造物と同義とみておいてよいであろうが，その製造物の意義につき，EU製造物責任指令は，基本的に，第一次農産物及び畜産物を除き，他の動産又は不動産に組み込まれているものを含めてすべての動産をいう（第2条）としている[※9]。

[※7] ただし，土壌については，所有権が及ばない深々部の土壌以外は第2類型の環境損害にあたるとする。

[※8] 松村弓彦「ドイツ環境損害（責任）法案と環境損害その1」季刊環境研究139号153頁（157頁）。同教授は，かつて，環境損害を，「生態系システムの構成要素としての大気，水，土壌及び動植物等のその他の自然財に対する人為的作用による負の変更」と理解しておこうとされていた（「環境損害に対する責任」『法律のひろば』2000年12月号66頁）。生態系システムの構成要素としての自然財を対象とするのみでは，いささか狭きに失すると思われるが，説を改めたとされる（前掲・『季刊環境研究』139号155頁）。

[※9] 藤村・前掲『法律時報』58巻8号100頁。

日本の製造物責任法は，さらにシンプルに「製造又は加工された動産」を製造物というとしている（第2条第1項）。
　いずれも動産に限定しているが，環境損害を考えていく場合には，不動産を除外する理由はなく，むしろ積極に解すべきである。権利の客体ではない環境財の一つの典型として「景観」を想起することができるが，建物ないし建物群が景観侵害という結果をもたらす場合は少なくないであろう。
　それでは，土地はどうか。元より存在するままの状態における土地を製品，製造物というのはためらわれる。しかしながら，造成された土地のように，人為的に作られたものとみることができる土地については，やはり，その製品性を認めるべきであろう。土壌（土壌自体のみならず土壌に関連する生物多様性を含む）に対する損害も環境損害の1種であることを思えば，このように解することは必然ともいえる。

3　環境損害に対する責任の成立
3.1　過失責任から結果責任へ
　環境損害に対する責任は，従来の民事責任と同様のレベルで考えることはできない。既にみてきたように，権利の客体とはいえない環境財に対する(著しく，かつ社会的に許されない) 損害に対する責任をも問題にするのであるし，そもそも行為者（原因者）の故意又は過失を求めるとなると，責任を肯定し得る場面が極めて限定される，あるいは皆無に近くなるということにもなりかねず，環境損害に対する責任を云々すること自体の意義さえ問われかねない事態となろう。それゆえ，この責任の成立要件として考慮されるのは，①環境損害の発生と，②因果関係のみである。
　製品起因損害を考えるときは，その製品に瑕疵ないし欠陥（以下，瑕疵等という）が存することを要件とすべきとの立場もあり得よう。しかし，そこではその瑕疵等を如何なるものと捉えるべきかが問題となるが，その内容を把握することは容易であろうか。
　例えば，製造物責任法（第2条第2項）に倣い，当該製品の特性，通常予見される使用形態，製造業者等から製品が引き渡された時期，その他当該製

品にかかる事情を考慮して，当該製品が通常有すべき安全性を欠いている場合に瑕疵等が存するとすることが考えられる。

しかしこれは，あくまでも生命，身体，財産を被害法益としている（同法3条）がゆえに導かれるものであって，環境損害を対象とする場合には，自ずと異なる考察が求められるのではなかろうか。

そして，仮に瑕疵等を責任成立の要件とするにしても，ここにおける瑕疵等は，「瑕疵がある→その瑕疵に基づいて損害が発生した→したがって責任が成立する」という筋道で考えるべきものではなく，「損害を生ぜしめた→したがって当該製品には瑕疵がある」と考えるものであって，このように考えるのであれば，瑕疵等の存在を責任成立要件とすることの意義は希薄である。

また，違法性要件についても同様に考えることができよう。すなわち，「違法な行為がなされた→それによって損害が発生した→したがって責任が成立する」というのではなく，「環境に著しくかつ社会的に許されない損害を発生させた→違法性が認められる」という筋道で考えるべきものと思われ，そうであれば，やはり違法性を要件とすることの意義も希薄となる。

3.2　因果関係の推定

責任が成立し，かつ，その責任が実効的に機能し得るためには，①特定することが可能な（潜在的）原因者（1人又は複数人）の存在，②具体的に評価し得る損害の存在，③特定された原因者にかかる製品と損害との間の因果関係の存在が求められる。

これらのうち，③の因果関係については，当該製品がいかなる材料で作られているのか，製造過程でいかなる物質が付加・添加等されているのか，当該製品が，製品として使用される際に自然界に何らかの物質を発散等するのか，その物質が他の物質と反応して有害な物質を作出することがあり得るのか等々の事情を明らかにするための情報は，ほとんどすべて原因者側にあるといって差支えないであろう。すなわち，証拠が原因者側に偏在しているのであり，当然のことながら，その証拠への近接性も原因者側が圧倒的に勝っ

ている。

　それゆえ，環境損害の発生するおそれがある，あるいは現に環境損害が発生したという場合に，責任を追及する側（専ら，後述（5.1②）の環境損害所管機関）が，当該製品と環境損害との間の関連性（この関連性の内容をどのようなものにするかについては，さらなる検討を要する）を立証したときは因果関係が推定され，原因者側において因果関係が存在しないことを立証しない限り，責任を免れないと考えるべきであろう。

　ただ，たとえば，建物ないし建物群による景観侵害という形での環境損害が問題となるような場合は，必ずしも，証拠が原因者側に偏在しているという訳ではないから，責任を追及する側で因果関係を立証しなければならないというべきであろう。

4　責任負担者
4.1　原因者負担原則

　ここでも，基本的に原因者負担原則（ドイツ環境責任法第1条，環境基本法第37条参照）が妥当するであろうが，その原因者を確定することはそれほど容易ではない。すなわち，製品には極めて様々な種類のものがあることは改めて述べるまでもないところ，同じく製品起因損害という場合であっても，①個別・特定の製品が原因となっている場合，②特定の種類に属する製品が原因となっている場合（特定の種類には，同一種類と類似種類とが含まれよう），③，②の場合で，大量性が問題となる場合（一定量を超えたときにはじめて損害が生ずることになるという場合），④異なる種類の製品が複合的に原因となっている場合等を想定することができよう。

　原因者は当然のことながら，原因となっている製品のそれぞれと結び付いているものであるから，その製品ごとに明らかにしていくことになる。

4.2　原因者の確定方法

　4.1の①〜④のいずれについても因果関係の問題を避けて通ることはできないが，因果関係が認定されるという前提でみれば，①，②の場合は，原因

者の確定が比較的容易であるように思われる。原因者として競合的に現れる者が多くない、あるいは仮に多く現れたとしても、その絞込み・特定が可能であると思われるからである。

　これに対して、③の場合は若干の考慮を要する。製品の大量性が問題になりはするものの、原因者が単数であるならば、原因者の確定にさほどの困難はないであろう。しかし、原因となる製品を送出している者も多数であるときは、そのうちの誰を、責任を負担すべき原因者とすべきかは容易に定めがたい。いささか抽象的ではあるが、次のような例で考えてみよう。

　製品Aの量が5を超えると（6以上になると）環境損害が発生するという場合を考える。Aを送出する製造者を a, b, c～で表わし、数字はAの量として a1, b1, c2 のように表現するとしよう。そこで、〔a3, b2〕あるいは〔a2, b2, c1〕あるいは〔a1, b1, c1, d1〕等のときはAの量が5を超えないため、環境損害は発生しない。よってこれら a～d は原因者として責任を負うことはない（しかし、その後の状況により原因者となって責任を負担すべき場合があり得ることから、これらを潜在的原因者と呼ぶことができよう）。

　しかしながら、最後の例〔a1, b1, c1, d1〕で、ここに e2 あるいは e1, f1 等が加わることになれば、環境損害が発生することになる。この場合、単純に全員が原因者となると解するのか、5を超える契機を作出した者のみを原因者とするのか、あるいは他の方法で確定すべきかが検討されなければならない。これは、a, b, c～の数が多くなればなるほど、そして送出されるAの量が多様になればなるほど錯綜（さくそう）した問題となる余地がある。

　最終的には、細部はさておき、民法の共同不法行為の考え方に従って処理されるのが妥当であると思われるが、後述の5節（責任負担の方法）とも関連させて考えるべきものといえよう。

　また、④の場合についても、同様の状況を想定することができる。

　しかし、環境損害が製品に起因する場合を問題とするのであるから、その原因者として考慮することができるのは、基本的には、当該製品を製品として送り出す者＝製造者及び販売者ということになろう。ここでは、製造物責任法及び環境基本法が参照されてよい。

製造物責任法上,「製造業者等」とは,①当該製造物を業として製造,加工又は輸入した者,②自ら,当該製造物の製造者として当該製造物にその氏名,商号,商標その他の表示をした者,又は当該製造物にその製造業者と誤認させるような氏名等の表示をした者,③当該製造物の製造,加工,輸入又は販売に係る形態その他の事情からみて,当該製造物に実質的な製造業者と認め得る氏名等の表示をした者,のいずれかにあたる者をいうとされている(第2条第3項)。

　一方,環境基本法では,事業者の責務を定めるに際し,事業者は,物の製造,加工又は販売その他の事業活動を行うにあたって,その事業活動に係る製品その他の物が廃棄物となった場合にその適正な処理が図られることとなるように必要な措置を講じ,またそれらの物が使用され,又は廃棄されることによる環境への負荷の低減に資するよう努めなければならない等とされている(第8条第2項,第3項)。

　これらによれば,製品の製造に直接・間接に携わる者はもちろん,実質的な製造業者と認め得る者ならびに(輸入業者も含めて)その販売から廃棄に至るまでの,いわば流通過程に関与する者も,環境損害に対する責任を担い得る原因者としての地位を保持することになろう[※10]。

　ところで,原因者は常に確定することができるのであろうか。製品自体に起因して直ちに環境損害が発生するのではなく,利用者(消費者)の不適切な用法により,あるいは製品が(廃棄する意思に基づくものであるか否かを問わず)放置されたことにより環境損害が発生したような場合には,事実上,原因者を確定することは困難ではなかろうか。

　しかし,原因者を確定し得ないからといって環境損害を放置してよいいわれはない。このような場合にも,やはり上述の製造業者等が責任を負担すべ

※10　これに関連し,企業が親子会社関係を形成している場合において,子会社に対する債権者が,親会社の責任を追及し得るかにつき,アメリカ法の状況を参照しつつ,法人格否認の法理により,親会社の責任を追及することもあながち否定されるべきではないとするものがある(吉川栄一「環境損害と親会社の責任」遠藤美光＝清水忠之編『企業結合法の現代的課題と展開』(商事法務,2002年) 241頁)。製品起因損害に関する問題意識に立つものではないが,参照されてよいであろう。

きであるということも可能であろうが，製造業者が多数存在するときは，その製造業者群から原因者を特定することが可能かということも問題となろう。

そこで，本来，原因者として帰責されるべきではない者も含めて，間接的な意味で責任を負担させることになる（当該製品についての関連業界による）基金制度が考慮されるべきであろうか。これも後述の 5 節（責任負担の方法）と関連する問題である[※11]。

なお，製品を不適切に利用した者ないし放置した者を特定することができ，それらの者を原因者と認めることができる場合であったとしても，それらの者が無資力である場合に備えて，同様の対処を求めることが考えられてよい。

4.3 抗弁

さて，原因者として責任を負担すべき者に対しても，一定の抗弁を容認することが少なくない。たとえば，不可抗力，因果関係の中断，被害者側の原因寄与等であり，製造物責任法の，いわゆる開発危険の抗弁（第 4 条第 1 号）がよく知られているものである。

製品起因損害の場合にも，基本的にはこのような一般的な抗弁は容認されるべきものと思われる。本来的には，原因者として把握されるべき者であっても，抗弁事由の存在によって原因者たる地位の全部又は一部が失われることになるからである。

5　責任負担の方法

改めて述べるまでもないが，環境損害は，一旦発生するとその環境を元の状態に戻す（修復ないし原状回復）ことが容易でないという性質を有する。したがって，ここにいわゆる責任負担の方法というのも，発生した損害に対

※11　この点，酸性雨・温暖化による被害等（損害拡散型環境損害）に関してではあるが，やはり原因者の特定が困難であるとしつつ，その損害を放置して被害者負担ということになるのを避けるには，国家予算で対処するか，基金を作ることが必要となるとするものがある（大塚・前掲「環境損害に対する責任」89 頁）。

して，誰がどのような形で責任をとるかということにとどまるのではなく，いかにして損害の発生を未然に防ぐかというところに主眼が置かれるべきこととなる。

5.1　損害発生の未然防止

①　環境損害が現実に生じているわけではないものの，それが発生するおそれがある場合には，潜在的原因者は，自ら，遅滞なく，必要な未然防止措置を講ずるものとする[※12]。

環境損害発生のおそれがあるという場合にも，それが切迫しているという場合と時間的に余裕がある場合とがある。前者の場合には，当該製品の回収及び製造中止が，後者の場合には，当該製品の機能ないし性能の修正・改善が，とられるべき措置の典型といえよう。

一般的には，環境損害発生のおそれを生じさせている事態に対応して，環境損害を未然に防止し，仮に損害が発生したとしても，最小限度にとどめるという観点からなされるべきものが必要な未然防止措置といえる。

②　①の措置をとることによっても環境損害発生のおそれを払拭できない場合には，潜在的原因者は，発生するおそれのある環境損害の内容・程度，

[※12]　家電メーカー大手5社（松下電器〔現パナソニック〕，東芝，日立製作所，富士通，三菱電機）は，電気製品について，製造から使用・廃棄・リサイクルまでに排出される温暖化ガスの改善度合を示す指標を統一することとし，エアコン，冷蔵庫，電球・蛍光灯，照明器具の4品目で共通のガイドラインを作る（エアコン，冷蔵庫については，早ければ2007年春に製品に表示する）との報道がなされている。たとえば，エアコンの場合，標準的な使用期間（10年）での冷暖房能力（単位kW）と，製造から廃棄時までに排出される温暖化ガスの総量を比べて環境性能の効率を計算する。冷暖房能力が同じでも，ガス排出量を減らすか，ガス排出量が横ばいでも冷暖房能力を上げれば効率は向上するとのことである（日本経済新聞2006年11月25日付け朝刊）。
これは，必ずしも環境損害発生のおそれが切迫しているということが意識されたものではないかもしれないが，環境損害の発生を未然に防止しようとする姿勢が表されたものと評価することができよう。
2008年12月現在，冷蔵庫については，パナソニック，日立，三菱，東芝，シャープ，三洋の各製品に「年間CO_2排出量」の，エアコンについては，パナソニック，日立，三菱，東芝，シャープ，富士通ゼネラル，ダイキンの各製品に「CO_2排出量目安」の表示がなされている。

その原因となる製品の種類等，およそ当該環境損害に関わるすべての情報を，国ないし地方公共団体に提供することとする。そのために，国ないし地方公共団体は，環境損害を所管する機関（以下，環境損害所管機関という）を定めておく必要がある。
③　環境損害所管機関は，潜在的原因者が自ら未然防止措置を講じない場合は，当該潜在的原因者に対して，必要な措置を講ずるよう求めることができ，また，環境損害発生のおそれがある場合において②と同様の情報を提供するよう求めることができることとする。
④　潜在的原因者が，①の措置を講じない場合又は潜在的原因者を特定することができない場合は，環境損害所管機関が，自ら，必要な未然防止措置を講ずるものとする。
　　この場合，原因者自身がすることとなる製品の製造中止や機能の修正・改善等は，③の必要な措置を講ずるよう求めることに含まれるから，環境損害所管機関により実際になされる措置として想定し得るのは，製品の回収並びに不動産の除却等ということになろう。

5.2　損害賠償—費用負担

　ここでいう損害賠償とは，民事不法行為におけるそれとは，若干様相を異にする。
　すなわち，ここでの損害賠償は，環境損害を回復するために必要な費用としての賠償を意味するが，原因者自らがその回復措置（修復ないし原状回復）を講ずるときは，損害賠償というよりも必要な措置を講ずるための費用負担という方が適切であろう。また，現に環境損害が発生しているわけではないが，そのおそれがあるというときに，損害の発生を未然に防止する措置を講ずるというときも，そのために要する費用を負担すると捉える方が妥当であろう。しかし，原因者が自ら回復措置を講じないで，第三者がこれを行うというときの費用は，環境損害を惹起せしめた責任を明確にするという意味において，やはり，損害賠償という呼称も残しておきたい。
　なお，環境損害の回復（修復ないし原状回復）とは，抽象的には，環境損

害が発生していなければ現在も存在していたであろう状態への回復と捉えておくことができよう。

5.3 費用負担

5.1 と 5.2 を併せて費用負担という側面からみると，次のようにいえる。

まず，潜在的原因者は，必要な未然防止措置を講ずるための費用を負担し，また現に環境損害を惹起せしめた場合は，環境損害回復（修復ないし原状回復）のための費用を負担する。

環境損害所管機関が上記の措置を講ずるときは，潜在的原因者ないし原因者から費用を回収する。

ここでいう費用とは，環境損害発生を未然に防止する措置及び環境損害回復措置のために必要とされる諸費用をいう。その内容を網羅することは容易でないと思われるが，具体的には，環境損害評価費用，環境損害発生のおそれを評価する費用，法的（手続き）費用，行政的（手続き）費用，執行費用，その他を代表的なものとして挙げておくことができよう。

5.4 保険，金銭的保証

環境損害の発生を未然に防止するのであれ，それが発生した後に原状回復を図るのであれ，そこでは，当然に5.3に述べたような費用の負担を伴う。原因者において，この費用負担が常に容易になされ得るものではないであろうし，また費用を負担したことによって原因者が破綻（はたん）するということもあり得る。

そこで，この費用負担の履行確保を目的として，前述のドイツ環境責任法第19条と同様，責任保険ないし銀行保証の制度化が図られてよい。そして，環境損害との関連性が強い製品に係る一定の潜在的原因者には，この責任保険ないし銀行保証の措置を講ずることを義務化する方向での制度化が望まれる。

5.5 履行確保のための基金制度

5.4の責任保険ないし銀行保証が義務化されない潜在的原因者についても，履行の確保が図られなければならないことは言を待たない。もちろん，責任保険や銀行保証を義務化されていない潜在的原因者が，進んでそれらの措置を講ずることは歓迎されるであろうが，それを期待できない場合に備えて，一種の業界単位での基金制度を構築することが考えられる。

これは，履行確保という側面からのみならず，直接的な（潜在的）原因者として責任を負担すべき者を容易に特定できない場合にも，有効に機能し得るものとなろう（前述4.2）。

6 責任追及権者

責任追及とは，環境損害の発生を未然に防止するための措置や情報提供を求めるというのが主な内容であり，その意味で，責任追及権者という表現はいささか強すぎる印象を与えるかもしれない。しかし，そこには損害賠償請求も含まれており，何よりも，環境損害に対する責任をいかに把握するかという視点から捉えるときには，やはり責任追及という姿勢が示されてよいように思われる。それゆえ，ここでは，この表現をとっておく。

（潜在的）原因者の責任を追及する主体を誰にするかについては，ひとまず，国・地方公共団体（公的機関），一般市民たる個人，非営利組織（NPO）や非政府組織（NGO）が挙げられる。これらのうちのいずれかに限定するか，あるいは複数にするかをめぐっては考え方が分かれようが，これらすべてに責任追及主体としての地位を認め，それぞれがなし得ることにつき役割分担を図ることが，（潜在的）原因者に，環境損害に対する責任を全うさせる上で有効であると考える。

そして，この責任追及権者として認められる者が，同時に，訴訟を提起する当事者適格を有するものと考える。

6.1 国・地方公共団体（公的機関）

国・地方公共団体が，環境損害に対する責任追及の中心となるべきことに

ついては，おそらく異論はないであろう。

　既に述べたところではあるが，国又は地方公共団体が定めた環境損害所管機関は，潜在的原因者に対し，発生するおそれのある環境損害にかかわるすべての情報を提供するよう請求することができ（前述 5.1 ②，③），潜在的原因者が未然防止措置を講じない場合には，その措置を講ずるよう求めることができ（前述 5.1 ③），それでもなお，潜在的原因者が未然防止措置を講じない場合等は，自ら必要な防止措置を講ずることができる（前述 5.1 ④）。

　そして，環境損害所管機関が自ら措置を講じたときは，それに要した費用を（潜在的）原因者から回収する。

　なお，複数の環境損害が同時に生じており，そのすべてに同時に対応することができない場合に備えて，優先順位を決定しておく等の適切な措置も求められる。

6.2　一般市民たる個人

　一般的には，個人が（潜在的）原因者を見出すことができるのか，仮にそれが可能であったとして，具体的にどのようにして責任を追及するのかを考えると，一般市民たる個人を責任追及権者と認める実際的意義は大きくはないようにも思われる。しかしながら，環境損害を身近なところで実感し得るのが一般市民であり，その一般市民が責任追及権者として認識されることで，潜在的原因者群が原因者となって現れることを回避することも期待される。

　ただ，誰であっても責任を追及することができるとすることは無用な混乱を招くことにもつながりかねない。したがって，ここでの責任追及というのは，環境損害により現に悪影響を被っているか，あるいはそのおそれのある人（自然人，法人）が，環境損害所管機関に対して一定の措置（前述 5.1 ②〜④）を講ずるよう請求し得るとしておくことが適切と思われる。このように，責任追及権者と認められている個人が，環境損害所管機関に対して措置を講ずるよう求めてきたときは，当該機関としても，これを放置することは許されないということになる。

　これに対し，第 2 類型の環境損害（前述 2.1）については異なるアプロー

チが必要である。すなわち，第2類型の環境損害は，権利の客体としての環境財に対する著しく，かつ社会的に許されない損害をいうのであるから，ここでは，必然的に権利侵害を伴うことになる。したがって，当然のことながら，権利者は自己の権利が侵害されたことに基づいて，その侵害行為（環境損害）の除去ないし予防を求めることができる。

　この場合，権利が侵害されていることを重視して，当該権利者にのみ責任追及権を認めるべきであろうか。当該権利者が，具体的にどのような人であるかは定かでないから，一概に述べることはできないが，環境損害に対する責任を追及するという目的を達成し得るかという視点で捉えると,果たして,（潜在的）原因者と対等に渡り合えるかという危惧が付きまとうことにもなる。

　また，侵害の対象となっているのは，単なる権利というのではなく，権利の客体としての環境財であることに鑑みれば，ここでの責任追及を当該権利者にのみ委ねるのは適切ではないといわなければならない。その環境財のすべてが当該権利に包摂されるわけではないと思われるからである。

　それでは，後者（環境財である点）に着目して，むしろ公的機関たる環境損害所管機関にのみ責任追及権が付与されるというべきであろうか。しかし，そのように考えると，今度は，自己の権利を侵害されている権利者を蔑ろにすることになってしまう。

　そこで，この場合には，公的機関たる環境損害所管機関と当該権利者のいずれか一方のみが責任追及権者になるというのではなく，双方の協同による責任追及を可能とする途が開かれるべきである。

6.3　NPO，NGO

　公的機関たる環境損害所管機関が，（潜在的）原因者に必要な措置を講ずるよう求めることもせず，また自らも適切な措置を講ずることがない（＝責任を追及する姿勢をみせない）という場合には，当該機関に適切な措置を講ずるよう促すために，一般市民たる個人とは別に，一定の団体にも責任追及権者たる地位を認めておくことが望ましい。

この団体は，環境損害所管機関に対して適切な措置を講ずるよう請求し得るのみならず，（潜在的）原因者に対しても必要な措置を講ずるよう求めることができ，さらには，環境損害所管機関，（潜在的）原因者のいずれもがその求めに応じないときは，自ら措置を講ずることができ，そのために要した費用を（潜在的）原因者に請求することができるとする。
　ただ，このように強力な権利を認めるものである以上，当然のことながら，責任追及権者としての資格を付与するための厳格な要件が定められ，それを満たしていることが必須となる。

7　おわりに

　製品に起因する環境損害に対する責任をどのように考えるかについては，これまで意識的に考察の対象とされたことがそれほどなく，また，これを従来（現行）の法的枠組みの中で解釈論として検討することもそれほど容易ではない。立法による制度構築が待たれるが，この章ではその制度の内容がどのようなものであることが望ましいかを検討した。制度の枠組みないし責任のあるべき姿としての方向性を示すものであるから，細部にわたってまでの具体像を明らかにしたわけではないが，今後の議論に向けての一助にはなろう。

第15章 国際社会からみた環境損害責任のしくみ

一之瀬高博

1 はじめに

「環境損害に対する責任のしくみ」という本章のテーマについて，最初に触れておきたい。ここでいう「環境損害」とは，「環境そのものに対する損害」を指す。従来から，環境汚染等を通じてもたらされる人の生命・健康に対する被害や財産に対する損害を環境損害と呼ぶことがあるが，これとは区別される。本章の関心は，地球大気，海洋，自然，野生生物，生態系，南極環境などのような，環境それ自体に対する損害に向けられる。より正確には「環境損害」とは，大気，水，土壌，動物相・植物相およびそれらの相互作用に対する損害をいう。

生態系が人間の重要な生存基盤をなしていることは今日十分認識されており，そうである以上，好ましい環境の維持が要請されるとともに，そのための法的な規律も求められる。したがって，環境そのものを保護法益とする規範，あるいは，環境それ自体を害してはならない一定の義務が必要とされる。

しかし，従来の法制度においては，主として，人（自然人・法人）相互間あるいは人と国家との間の権利義務関係を規律し，またその責任を追及するしくみが設けられてきた。そこでは，すべての人間とその社会にとっての重大な関心事ではあるが，いわば誰のものでもない環境や生態系そのものの利益が，法制度の枠組みの中に位置づけられることは，むしろ予定されてこなかった。環境それ自体が，能動的な法的主体性を欠くことがその一つの理由であった。

たしかに従来からも，環境上の利益が，ある人に属する法の保護する利益に包含されるような場合，例えば，環境汚染が同時に，人の生命・身体への侵害や財産権の侵害を構成するような場合には，被害者の有する法益の保護，および，その侵害に対する責任の追及を通じて，またその限りにおいて，間接的に環境にも保護が与えられてきた。しかし，環境それ自体の保全の重要性を考えるならば，法によるこのような形態の保護では不十分である。

他方，環境が人のようには権利や利益の主体足りえないとしても，国家や社会が，環境そのものを保護するための規範を設定することは可能である(例えば，成層圏のオゾン層を保護するためのフロンガス排出の規制などは，その例ととらえることができるであろう)。この意味で，環境は，法的保護を受ける客体としての資格を有する。環境を保護するために，今後この種の規範を発展させていくことは必要であろう。また，環境それ自体を保護する規範に違反して，環境損害を引き起こした法主体には，法的な責任が生じるのだろうか，生じるとすればそれはいかなる責任であるのか，誰がどのようにして環境損害に対する責任を追及しうるのか，さらには，環境損害に対する責任を規律するためにいかなる法制度が必要とされるのか，これらは重要な検討課題といえる。

本章は，以上のような問題関心から，環境損害に対する責任のしくみを国際社会の視点から分析する。以下では，一般国際法における環境損害の責任に対する考え方，南極鉱物資源活動規制条約にみられる環境損害責任制度，欧州連合(EU)における環境損害責任指令，および，南極環境保護議定書付属書VIの環境上の緊急事態に対する賠償責任制度をとりあげ，その概略を整理することとしたい。

2 一般国際法における環境損害とその責任
2.1 地球共有物を損害から保全すべき義務

国際社会における環境そのものの保護は，大気圏，公海，南極，生物多様性のようないずれの国にも属さない「地球共有物(グローバル・コモンズ)」に対する損害をいかに防ぐかという，地球環境保全に代表される。ここでは，

「環境損害」に対する国家の国際法上の責任についてみることとする。

　国家は，自国の国際法に違反する行為（国際違法行為）について，国際法上の責任（State responsibility）を負う。そこでまず，グローバル・コモンズに損害を与える行為は国際法上許容されるのか，あるいは国際法上違法なものとされるのかどうかが検討されなければならない。1972年のストックホルム人間環境宣言の原則21は，国家は，自国の管轄内や支配下にある活動が，他国の環境のみならず，いずれの国も属さない国家の領域を越えた地域に対する環境に損害を与えないよう確保する責任を負う，と定めている。人間環境宣言は，宣言に過ぎず，それ自体は国際法上の法的拘束力を有するものではない。しかし，原則21の内容は，1992年のリオ宣言原則2において踏襲されているほか，種々の条約や国際文書においてくりかえし引用や言及がなされている。また，国際司法裁判所（ICJ）も，1996年の勧告的意見の中で，原則21の示す内容の一般的義務は，現在では，環境に関する国際法の体系の一部である，と述べている。

　これらのことから，原則21の内容は，今日では，慣習国際法の規則を反映している，との見解が有力である。この立場に従えば，国家は，国際法上，その行為によりグローバル・コモンズに環境損害を引き起こすことを控える義務も存在していることになる。しかしながら，原則21の述べる義務の内容は一般的なものにとどまり，いかなる程度の環境損害が許容されないのかをはじめ，その義務違反の判断基準や責任発生の要件は必ずしも明確ではない。それゆえ，この義務の詳細な内容は，個別の環境保全条約における具体化に委ねられることになる。

2.2　普遍的義務の違反に対する責任の追及

　グローバル・コモンズに損害を与えない義務は，特定の相手国に対して負う義務ではなく，国家が国際社会全体に対して負う義務（普遍的義務，obligation *erga omnes*）であるとされている。普遍的義務の違反については，直接の被害国を見出すことは困難であり，また，国際社会全体を代表して違反を追及しうる主体も存在しない。そこで，直接にその法益の侵害を受けて

いない国家が，違反国の責任を追及しうるかが問題となる。一方において，被害を受けない国家であっても，普遍的義務に違反した国の責任を追及することができるとする見解がある。

例えば，2001年に国連国際法委員会（ILC）が採択した「国家責任条文」はこの立場をとる（48条）[※1]。しかしながら他方，被害を受けない国家は，普遍的義務の違反を追及することができないとする消極的な見解がむしろ一般的である。その理由には次の点が挙げられる。すなわち，国際法上，民衆訴訟（*actio popularis*）を提起する制度が一般には存在していないため，法益侵害を受けない国家は普遍的義務に違反する国家の責任を追及する手続きを有しないこと，また，従来の責任に関する制度のもとでは，原告適格または訴えの利益が欠けると判断されること，である。

以上のように，国際法上の国家責任（State responsibility）においては，「環境損害」に対する責任の規則もまた未発達である。近年，環境に関する国家責任を補完するものとして，汚染原因者に無過失の損害賠償責任（liability）を課す条約が，作成されている。つぎに，このような国際制度の規則として環境損害に対する賠償責任等を定める例のいくつかについて検討を行う[※2]。

3　南極鉱物資源活動規制条約における環境損害責任
3.1　南極の環境保全の法的枠組

南極大陸は，1959年の南極条約により，国家の領有権の主張が凍結されており，その意味において，いずれの国家にも帰属しない地域（グローバル・コモンズ，国際公域）としての性格をもつ。南極地域の利用は，南極条約のもとに作成された一連の条約によって規律されている。1988年には，南極地域の鉱物資源の開発を許容するとともに，その開発行為を管理することを

※1　Responsibility of States for Internationally Wrongful Acts, ILC, 2001, *Official Records of the General Assembly*, A/56/10.

※2　環境損害責任についての国際的な制度の包括的な研究として，髙村ゆかり「環境損害責任に関する国際的潮流」『環境管理』43巻11号（2007年）29～36頁，髙村ゆかり「国際法における環境損害──その責任制度の展開と課題」『ジュリスト』1372号（2009.2.15）79～87頁。

目的とした「南極鉱物資源活動規制条約」が採択された[※3]。この条約はまた，開発にともなう悪影響から南極地域の環境を保全するための詳しい規定を置いており，そこには，環境損害に対する責任の規則も含まれている。

しかしながら，この条約が採択されてまもなく，国際世論は採鉱活動によりもたらされる南極環境への悪影響の可能性を懸念する方向に動いたため，この条約は，現在も発効に至っていない。その代わりに，1991年に，南極での鉱物資源開発の禁止を盛り込んだ「南極環境保護議定書」が採択され，現在はこちらが発効している[※4]。「南極鉱物資源活動規制条約」は，今後も発効の見込みはないものの，環境責任に関して注目すべきしくみを設けている。

3.2 環境損害の防止と回復の義務

「南極鉱物資源活動規制条約」は，「環境損害」に関して，「「南極の環境又はこれに依存し若しくは関連する生態系に対する損害」とは，環境若しくは生態系の生物又は非生物の構成要素へのあらゆる影響をいう」（1条15），と定義する。その上で，条約は，南極環境とその生態系の保護は南極条約協議国の特別の責任であるとし（2条3 (a)），締約国に南極環境の一般的保護を義務づける。また，条約は，南極の「環境損害」に関する第一次的な義務と責任を，原因者である操業者（鉱物資源の概査，探査および開発に従事する人または主体）に課す。

南極鉱物資源活動の操業者は，南極環境またはその生態系に損害が生じるおそれのある場合には，損害の防止，封じ込め，浄化および除去の措置のような，必要かつ適時な対処行動をとるよう義務づけられる。すなわち，操業者には，①南極環境に対する環境損害の発生を防止する義務が課せられるとともに，②環境損害発生の場合には，損害の原状回復のための対処行動をと

[※3] Convention on the Regulation of Antarctic Mineral Resource Activities, 1988, *International Legal Materials*, Vol. 27, 1988, pp. 868-900.
[※4] Protocol on Environmental Protection to the Antarctic Treaty, 1991, *International Legal Materials*, Vol. 30, 1991, pp. 1461-1486.「南極鉱物資源活動規制条約」から「南極環境保護議定書」への移行について，臼杵知史「環境保護に関する南極条約システムの変容」『北大法学論集』49巻4号（1998年）769〜812頁。

ることが義務づけられている (8条1)。操業者が自らこれらの義務を果たすならば,操業者の責任の問題は生じない。

3.3 環境損害に対する賠償責任

　操業者が,環境損害の発生防止義務,および,発生した環境損害の原状回復義務を果たさない場合には,操業者に,南極環境またはその生態系への損害に対して厳格責任に基づく賠償責任（liability）が発生する（8条2 (a)）。ここでは操業者は,つぎのような内容の賠償責任を負う。すなわち,①操業者に代わって環境損害についての防止,封じ込め,浄化および除去のような必要な対処行動並びに原状回復をとった第三者に対して,合理的な費用を償還すること（8条2 (d)）,②操業者に代わって誰も環境損害に対する原状回復措置をとらない場合（誰にも損害が及んでおらず,南極の環境そのものが損なわれたにすぎない場合）であっても,操業者は支払いの責任を負うこと（8条2 (a)）,③南極の「環境損害」から生ずる損害で,第三者が被る財産損害および人身損害に対して賠償を支払うこと（8条2 (c)）,④南極とその生態系の確立された利用を損なうことによって生じる損害に賠償を支払うこと（8条2 (b)）,である。

　この賠償責任の範囲は広く,「環境損害」の賠償のほか,上記の③のように環境損害を通じて他者が被る損害も含んでいる。上記の①は,「環境損害」の賠償であるが,環境を法主体と認めそれに対して賠償をするというわけではなく,「環境損害」を回復した者に対して回復費用を支払うという構成がとられている。これにより,「環境損害」の賠償が,既存の法体系の中で機能しうるものとなっている。

　上記の②は,「環境損害」の賠償が正面から問題となる点で特徴的である。これは,環境損害が回復されずにまた回復者も存在しない状況においても,責任を負う操業者は賠償を支払う責任を負うというものである。環境損害を引き起こしてもその回復がなされない場合に,責任を負うべき操業者が賠償責任を免れるとするならば,それは回復がなされた場合と比べ公平を欠く。それゆえ,この場合にも操業者に何らかの賠償責任を課す必要がある,とい

うのがこの規定の趣旨の一つと考えられる。そうであるとしても，この場合には，回復費用ではない，まさに環境そのものへの侵害に対する賠償を，いったい誰が法主体となって請求しうるのかが明確にされなければならない。条約によれば，この場合の賠償請求を追求する主体には，南極鉱物資源委員会が予定されている（8条10）。

3.4　損害賠償の請求手続

　条約には，上記の諸点の請求手続をはじめ，損害賠償責任を履行させるために必要な手続きの規定は盛り込まれていない。その代わりに条約は，損害賠償責任に関する追加の規則と手続きが，南極鉱物資源委員会においてコンセンサスにより採択され，議定書を通じて作成されるとし，この点を将来の議定書による規律に委ねている。議定書の規則と手続きにおいて定められるべき事項には，損害賠償請求手続，損害賠償責任の上限，損害賠償責任を補完するための基金の創設が挙げられている（8条7）。

　損害賠償の請求手続については，条約は，議定書が，操業者への請求を評価しおよび裁定する裁判所または他の法廷等の手段およびメカニズムを設けることとしている（8条7(c)(ⅱ)）。設けられる裁判所やその手続きの内容は，後の交渉に先送りされている。

　これに関連して，条約は，次のような規定を置く。締約国は，上記の議定書が自国に発効するまでの間は，自国の法制度に従い，操業者に対する損害賠償請求の裁定のために，自国の国内裁判所を利用しうるよう確保する。ここでは，暫定的ではあるが，操業者に対する賠償請求につき，国内裁判所を通じての紛争解決が認められている。また，上記②に関連して，締約国は，委員会が自国の国内裁判所において損害賠償請求をなす権利を確保するとされている（8条10）。しかし，締約国が，従来にみられないような請求に関する裁判管轄権，当事者適格および訴えの利益などをめぐり，自国の法制度に従って，どこまで賠償請求手続を確保しなければならないのかという点については，必ずしも明確な規定は置かれていない。

3.5 賠償責任に関するその他の規定

(1) 基金の創設

議定書においては，即時の対処行動の支援および損害賠償の履行の確保を目的に，基金が創設される（8条7（c）（iii））。基金は，①責任を負うべき操業者が自己の義務のすべてを履行することが財政的に不可能な場合，②責任が損害賠償の限度を超えている場合，③操業者に損害賠償責任に対する抗弁がある場合，および，④損失・損害の原因が確定しえない場合に，損害賠償を満たすものとされる。議定書はさらに，基金に関して，操業者や産業界からの資金調達の実施，資金の恒久的流動性や不足時の義務的補充の確保，および，対処行動に生じた費用の償還について，規定を設けることとされている。

(2) 賠償責任の上限

議定書においてはまた，損害賠償責任について適正な限度を設けることができるとされている（8条7（c）（i））。

(3) 責任の免除

操業者は，合理的に予測できない例外的な性格の自然災害，および，武力闘争またはテロ行為で合理的な予防措置が効果的でないものについては，それを証明した場合には，免責される（8条4）。また，操業者は，損害が賠償請求者の故意または重大な過失にその全部または一部が起因することを証明する場合には，損害賠償義務の全部または一部が免除される（8条6）。

(4) 国家の補充責任

操業者の賠償責任だけでは不足が生じるような場合に，国家が補充的に賠償責任を負うべきかが問題となりうる。この点について，条約は，概査，探査および開発に従事する操業者と「実質的かつ真正なつながり」（substantial and genuine link）のある国家を，「保証国」と定義するとともに（1条12），保証国に限定的な補充的賠償責任を課す。すなわち，保証国は，操業者に関するこの条約の義務を履行したとすれば発生しなかったであろう損害につき，操業者や他の者（基金を含む）により満たされなかった部分につき，損害賠償責任を負う（8条3（a））。保証国は，条約上，概査，探査および開発

を行う自国の操業者に関して一定の義務が課せられているため，その義務に違反する場合に，国家の補充責任が発生する可能性が考えられる。

4 環境損害責任に関する EU 指令
4.1 定義および適用対象

2004年4月21日に欧州議会と理事会は，「環境損害の防止および救済についての環境上の賠償責任に関する指令」を作成した[※5]。以下では，この指令（EU 環境損害責任指令）の概略について述べる。

この指令の目的は，環境損害の防止と救済のために，汚染者負担の原則を基礎に，環境上の賠償責任の枠組みを創設することにあるとされる（1条）。「環境損害」としてつぎの三つが定義されている（2条1）。第一は，「保護されている種および天然の生育環境」に対する損害であって，その好ましい保全状態に重大な悪影響を与えるものである。影響の重大性の判断には，そのクライテリアを示す附属書Ⅰおよびベースラインの状態が勘案される。第二は「水」に対する損害であって，生態学的，化学的，量的な状態や生態学的潜在性に重大な影響を与えるものである。第三は「土地の汚染」であって，物質，薬剤，生物または微生物の導入の結果，人の健康に悪影響を与える重大なリスクをもたらすものをいう。また，ここでいう「損害」とは，天然資源およびその利用についての測定しうる悪化を指す（2条2）。

この指令は，①附属書Ⅲの掲げる一定の業務活動に起因する環境損害とその差し迫った危険には，無過失で事業者に適用されるほか，②それ以外の業務活動については，活動の事業者に過失のある場合に，保護されている種および天然の生育環境に対する損害とその差し迫った危険に適用される（3条1）。業務活動とは，経済活動，営業または事業における活動であって，私的か公的か，営利か非営利かを問わない（2条7）。

また，指令の適用が除外されるものには，以下のものが挙げられている（4

[※5] Directive 2004/35/CE of the European Parliament and of the Council of 21 April 2004 on environmental liability with regard to the prevention and remedying of environmental damage, *Official Journal of the European Union*, 2004, L 143, pp. 56-75.

条)。①武力紛争，敵対行為，内乱または暴動，②例外的，不可避的かつ抗しがたい性質の自然現象，③他の賠償責任条約の適用を受ける環境損害（附属書Ⅳ，Ⅴで定めるもの），④国防または国際安全保障を主たる目的とする活動および自然災害からの保護を唯一の目的とする活動，である。

4.2 環境損害の防止措置および修復措置

環境損害が発生する前の差し迫ったおそれのある段階で，業務活動の事業者は，遅滞なく必要な防止措置をとるよう義務づけられる（5条1）。事業者は，差し迫った危険が解消されない場合には，迅速に権限ある機関へ状況を通報することが求められる。

環境損害が発生した場合には，事業者は，遅滞なく権限ある機関に状況を通報するとともに，汚染物質を即時に制御，封入，除去または管理するためのすべての実際的な措置をとることが義務づけられる。とられるべき修復措置の方法は権限ある機関により決定され，事業者がその修復措置を実施する（6条1，7条）。水，および，保護種と天然の生育環境に関しては，修復措置の方法には，ベースラインの状態へ回復する「第一次的修復」(primary remediation)，前者が達せられない場合に，代替地におけるものも含む，類似のレベルへ回復する「補完的修復」(complementary remediation)，および，回復途上にある暫定的な損失につき，追加的な改善を現場または代替地にて行う「補塡的修復」(compensatory remediation)が定められている（附属書Ⅱ）。

4.3 費用負担の責任

防止措置および修復措置は，事業者がとらない場合には，権限ある機関もとることができる（5条4，6条3）。このような場合には，事業者は，この指令に従い権限ある機関によってとられた防止措置および修復措置の費用を負担しなければならない（8条1）。ただし，事業者は，環境損害が第三者によって引き起こされたこと，または，当局の強制的な命令の遵守に起因することを証明する場合には，費用の負担義務を免れる（8条3）。

権限ある機関による費用請求には時効が設けられており，措置の完了または責任を負う事業者・第三者の特定のうち，遅い時点から5年以内に手続きが開始されなければならない（10条）。

構成国は，財政上の保障のしくみを発展させるための措置をとることとされているが（14条），現段階では，事業者の財源を保障するための付保険等のしくみは用意されていない。

構成国は，この指令を 2007 年 4 月 30 日までに自国の国内法制において実現しなければならない（19条）。また，同日以前に引き起こされた損害，同日以降の損害であっても，同日以前に行われかつ完了した活動に起因するもの，および，発生から 30 年以上が経過した損害には，この指令は通用されない（17条）。

5 南極環境保護議定書附属書Ⅵの環境上の緊急事態に対する賠償責任

5.1 南極環境保護議定書と附属書Ⅵ

南極についてはその後，南極環境保護議定書の 6 番目の附属書として，2005 年に環境上の緊急事態に対する賠償責任を定める規則が採択された（未発効）[※6]。

前述の南極鉱物資源活動条約は南極の鉱物資源活動と環境保護の両立を目指したものであったが，これに替わり，1991 年に鉱物資源活動の原則禁止と積極的環境保護を掲げる南極条約環境保護議定書が採択された。南極環境保護議定書は，南極の環境とその生態系の包括的な保護を目的とし（2条），南極での諸活動がその環境と生態系への悪影響を限定または回避するよう行われることを原則に据えている（3条）。附属書Ⅵとの関係では，議定書は，締約国が，南極の環境上の緊急事態に迅速かつ効果的な対応措置をとるため

※6　Annex VI to the Protocol on Environmental Protection to the Antarctic Treaty, Liability Arising from Environmental Emergencies, *International Legal Materials*, Vol. 45, 2006, pp.5-11. 附属書Ⅵの研究および邦訳に，臼杵知史「南極の緊急事態から生じる賠償責任」『同志社法学』60 巻 2 号（2008 年）1 ～ 12 頁。

の手段を定めること(15条),および,南極での諸活動から生ずる損害についての賠償責任に関する規則と手続を作成すること(16条)を定めている。附属書Ⅵは,これを受けるかたちでその前文で,議定書の15条と16条の両者に言及している。

5.2 附属書Ⅵの概要
(1) 賠償責任の性格

附属書Ⅵは,賠償責任を,南極活動に関連する「環境上の緊急事態」と結びつけて構成している。「環境上の緊急事態」とは,南極環境に重大かつ有害な影響をもたらす事故的な出来事とされている(2条(c))。対象となる活動は,南極の環境に緊急事態をもたらすすべての活動ではなく,南極条約7条(5)に基づき通告が必要とされる,科学調査,観光およびその他の政府・非政府の活動とされている(1条)。附属書は,事業者に,緊急事態の危険を減少させるための合理的な防止措置をとることや(3条),緊急時の計画の作成も要求しているが,附属書の中心は次のような構造から成り立っている。

締約国は,自国の事業者に対して,当該事業者の活動に起因する環境上の緊急事態に迅速かつ効果的な対応行動をとるよう要求することとされている(5条1)。この場合に,当該事業者が迅速かつ効果的な対応行動をとるならば賠償責任は生じないが,とられなかった場合には厳格な賠償責任が発生する(6条1〜3)。従って,この賠償責任は,南極環境への重大かつ有害な影響に対するものではなく,緊急事態における対応行動の不履行に対する責任を意味することになる[※7]。しかも,対応行動は,影響を回避・最小化・抑制するために緊急事態発生の後にとられる合理的な措置とされている。汚染の浄化もこの合理的措置に含まれるが,浄化は適切な場合になされればよいとされるにとどまる(2条(f))。

※7 J. G. Lammers, International Responsibility and Liability for Damage Caused by Environmental Interferences —New Developments—, *Environmental Policy and Law*, Vol. 37, 2007, No. 2-3, p. 113.

ここでの合理的な対応行動とは，適切で，実際的で，均衡のとれた対応行動，および，自然の回復力，環境や人へのリスク，技術的経済的な実行可能性などに関する客観的な基準と情報の利用可能性に基づく対応行動を指している（2条（e））。従って，このような条件を満たす合理的な対応行動，すなわち，適切で均衡のとれた実行可能な範囲の対応行動がとられたのであれば，責任は発生しないことになる。それゆえ，附属書Ⅵは，事業者に環境を回復する義務を課したり，回復措置をとらなかったことに対する賠償責任を創設するものではない，と解される[※8]。

(2) 賠償責任の構造

事業者の対応行動の不履行に対する賠償責任は，他者が事業者に代わってそのような対応行動をとった場合と，誰もそのような対応行動をとらない場合とで区別されている。

a) 他の締約国が対応行動をとった場合

事業者がその活動に起因する環境上の緊急事態に対して迅速かつ効果的な対応行動をとらない場合には，当該事業者の活動に許可等を与える締約国および他の締約国は，そのような対応行動をとることができる（5条2）。この場合に，これらの締約国が対応行動をとったならば，対応行動を履行しない当該事業者は，とられた対応行動の費用を当該締約国に支払う責任を負う（6条1）。

この費用の償還請求（賠償請求）の訴訟については，不履行の事業者が私人の事業者であるか，それとも国家の事業者であるかにより異なる。①私的事業者に対しては，対応行動をとった締約国は，当該事業者が設立されたあるいはその事業の本拠地または常居所地が所在するいずれかの締約国の国内裁判所に，また，そのような締約国が存在しない場合には，当該事業者の活動が許可等に基づき組織された締約国の国内裁判所に，賠償を求める訴訟を

※8 *Id.*, p. 114. E. T. Bloom, Introductory Note to Antarctic Treaty Environmental Protection Liability Annex, *International Legal Materials*, Vol. 45, 2006, p.3. 臼杵（前掲，※6）3頁。臼杵教授は，附属書Ⅵの賠償責任の構造が南極鉱物資源活動規制条約のそれとは異なることを指摘する。

提起することができる (7条1)。②国家事業者に対する賠償の請求は，対応行動をとった締約国は，今後締約国が設ける審査手続き，または，議定書の定める締約国間の紛争解決の規定（18, 19, 20条および仲裁）に従って解決される (7条4)。

　　b) 誰も対応行動をとらない場合

　他方，自己の活動に起因する環境上の緊急事態に対して，当該事業者が，迅速かつ効果的な対応行動をとるべきであったのにとらず，しかも，いずれの締約国によっても対応行動がとられなかった場合においても，附属書Ⅵのもとでは当該事業者に責任が発生する。

　この場合も，私的事業者と国家事業者とは区別されている。①私的事業者は，とられるべきであった対応行動の費用を可能な限り反映する金額を，基金または当該事業者の活動に許可等を与える締約国等に支払う責任を負う。これらの締約国は，執行制度を整え，当該事業者の支払い責任を執行することが求められ，事業者の支払いを基金に受け渡す役割を担う。この執行に複数の締約国が関与する場合には，協議により調整が図られる (6条2 (b), 7条3)。②国家事業者は，とられるべきであった対応行動の費用を基金に支払う責任を負う。この賠償責任に関する問題は，南極条約協議国会議による解決が予定されているが，それが不調の場合には，今後締約国が設ける審査手続き，または，議定書の定める締約国間の紛争解決の規定（18, 19, 20条および仲裁）に従って解決される。また，基金へ支払われる費用は，南極条約協議国会議の決定により承認されることとされている (6条2 (a), 7条5)。

　(3) その他の規定

　附属書は，賠償責任を厳格責任と定めるが (6条3)，他方，免責事由や賠償責任の制限も規定している。免責事由については，事業者が，人の生命・安全の保護，合理的に予見できないような例外的性格の南極自然災害，テロ行為，または，事業者の活動に対する戦闘行為，により引き起こされた緊急事態であることを証明した場合には，責任を負わない (8条)。

　事業者が対応行動をとらなかった場合の賠償については，責任の制限が設

けられている。船舶が関与しない環境上の緊急事態の場合は，300万SDR[※9]が上限である。船舶が関与する場合の上限は，2,000t以下の船舶は100万SDRであるが，2,000tを超える船舶は，それを超える部分1tにつき（船舶のt数に応じ）200から400SDRが追加される。

　この制限は，他の賠償責任条約の適用可能な国際的な上限，および，一定の請求のもとで上限の適用を排除するそのような賠償責任条約の留保の適用に影響を与えない。ただし，そのような賠償責任条約の適用可能な限度は，少なくとも附属書の上限を下回らないことが条件とされている。また，環境上の緊急事態が事業者の作為・不作為に起因し，当該事業者が，緊急事態の発生を意図し，緊急事態の発生を容認するような重大な不注意により，または，緊急事態の発生の蓋然性を知りつつ，なされたことが証明される場合には，事業者の賠償責任には制限はない（9条1～3）。

　附属書には，私的事業者の対応行動の不履行に関し，国家が補充的に責任を負う規定が設けられているが，締約国は，附属書の遵守を確保するための，立法措置・行政措置・執行措置等の，権限内の適切な措置を講じなかった場合にのみ責任を負う（10条）。

　事業者は，自ら対応行動をとらず，締約国が対応行動をとった場合の賠償責任に対する，適切な保険または財政的保証を維持するよう，締約国により義務づけられる。また，事業者は，自ら対応行動をとらず，誰も対応行動をとらない場合の賠償責任に対する，適切な保険または財政的保障の維持を，締約国により義務づけられることがありうる。このほか，締約国は，国家事業者につき自家保険を維持することができるとされている（11条）。

　基金の維持・管理は南極条約事務局によって行われる。基金は，対応行動をとった締約国が負担した合理的かつ正当な費用の償還を行う。償還は，いずれかの締約国の提案に基づき，南極条約協議国会議の決定により承認され

※9　国際通貨基金（IMF）が加盟国の準備資産を補完するために1969年に創設した国際準備資産で，特別引出権（Special Drawing Right：SDR）という。SDRは，IMFや一部の国際機関における計算単位として使われ，その価値は主要な国際通貨の標準バスケット方式に基づいて決められる。

る（12条）。

6　おわりに

　環境損害に対する責任の制度は，条約およびEUの法規において，環境損害の原因者に具体的な賠償義務を課すという制度上の発展が見出される。

　環境損害の責任は，法的な主体とはこれまで考えられてこなかった「環境」に対して責任を負うべきであるとする点に，従来にない新しさがある。このような考え方の背景には，環境が，地球生態系の重要な構成要素であり，かつ人間の生存に不可欠の基盤であるにもかかわらず，人間の活動の急速な進展のもとでその価値に十分な評価が与えられず損なわれ続けてきたことが，大きな要因として存在する。環境に人間と共存する主体としての地位を承認することは，まさに「環境との共生」を意味しようが，既存の法制度には経験のないことであり，その実現のためには，このような価値体系を既存の法制度に組み込む法技術が必要となる。

　すでにみてきたように，南極鉱物資源活動規制条約も南極環境保護議定書附属書Ⅵも未発効であり，EU環境損害責任指令にはEUの組織上の特殊性が存するが，いずれも，環境損害の原因者が損害の回復者に対して賠償責任を負うという構成をとることによって，環境損害に対する責任を既存の法体系で円滑に処理しようとしている。

　他方，これらの諸制度には，対象となる地域，環境，活動，法体系などとも関連して，子細にみるとそれぞれ構造上の特徴がある。まず，EUの場合には，事業者は引き起こした一定の環境損害に対する公法上の修復義務を負うが，修復がなされないときは，事業者の本国の権限ある機関が回復することができ，事業者は権限ある機関の修復費用を負担する義務を負うとされており，責任は公法上の措置に対する費用の償還と位置づけられる。南極鉱物資源活動規制条約は，南極の鉱物資源活動の操業者に環境損害の原状回復義務を課し，回復がなされない場合に原状回復を行った第三者に合理的な費用を償還するとし，原状回復義務とそれに基づく賠償責任が定められている。これに対して，その後の南極条約環境保護議定書附属書Ⅵは，緊急事態に事

業者に合理的な措置をとる義務を課し，措置がとられない場合に代わりに措置をとった締約国に費用を償還することを定めている。

　現れつつある環境損害責任の法制度にはこのように多様な構造が存在するのであり，法構造の選択一つをとってみても，環境損害責任の制度化は必ずしも単純とはいえない。

　しかし，ひるがえってみるならば，現行の法制度の中にもすでに，環境損害責任の芽ともいえるような，それに親和性をもつ動きを見いだすことができる。例えば，油濁民事責任条約（1992年改正条約）は，船舶からの油の流出による締約国内の損失・損害を賠償責任の対象となる汚染損害と定めたうえで，「環境の悪化について行われる賠償（環境の悪化による利益の喪失に関するものを除く）は，実際にとられたまたはとられるべき回復のための合理的な措置の費用にかかるものに限る」としている（1条6（a））。また，「汚染損害を防止するための防止措置（とられた場所のいかんを問わない）」も汚染損害として扱われている（1条6（b），2条（b））。この点は，国際油濁補償基金の実務においても，締約国内における合理的な浄化措置および汚染損害を防止または最小化するためにとられるその他の措置の費用については，それらの措置がとられた場所にかかわらず，賠償の支払いがなされる[※10]。また，環境損害の自然の回復を促進するための合理的な回復措置の費用についても賠償が支払われるとされている[※11]。すなわち，従来の条約等がもつ既存の法構造の中に，環境損害に対する責任に関する部分がいかなるかたちで組み込まれつつあるのかという問題も，環境損害責任の今後の制度化を考えていくにあたっては，重要な検討事項ということができる。

付記：本稿は，拙稿「環境損害の責任のしくみ――国際社会の視点から」『環境管理』40巻11号（2004年）59～64頁を基礎として，主に5以下を加筆したものである。

※10　International Oil Pollution Compensation Fund 1992, *Claims Manual*, December 2008 Edition, 1.4.5., p. 12.
※11　*Id.*, 1.4.11., p. 13.

参考文献（以上で引用したもののほか）
1) 大塚直「環境損害に対する責任」大塚直・北村喜宣編『環境法学の挑戦』淡路剛久教授・阿部泰隆教授還暦記念（日本評論社, 2002年）77頁以下
2) 梅村悠「自然資源損害に対する企業の環境責任（1, 2・完）—アメリカ法, EU法を題材として—」『上智法学論集』47巻2号（2003年）218頁以下, 3号（2004年）170頁以下
3) 大塚直「環境損害に対する責任」『ジュリスト』1372号（2009.2.15）42〜53頁。
4) Wolfrum, R., *The Convention on the Regulation of Antarctic Mineral Resource Activities*, Springer-Verlag（1991）
5) Crawford, J., *The International Law Commission's Articles on State Responsibility*, Cambridge University Press（2002）

第16章

加藤峰夫

環境損害の評価基準
――特に「生態系への被害」を対象として

1 はじめに

　本章で対象とする「環境損害の評価基準」とは，人間の活動によって環境が悪影響を受けるような事態が生じた場合に，その悪影響の大きさをできるだけ客観的に「金銭的価値」に置き換えて評価するための考え方や手法に関する問題である。

　こういった「環境損害の（金銭的）評価」という処理は，環境への被害を「損害賠償」の問題として取り扱うためにも，また，環境損害防止（あるいは環境保全）対策を検討する際の「費用対効果分析」においても必要不可欠なもののはずであるが，日本ではまだ法的な議論はほとんど行われていない。しかしアメリカでは，いわゆるスーパーファンド法に基づく汚染費用や環境損害の賠償に際して，あるいはエクソン・バルディーズ号事件のような大規模環境損害において汚染除去費用や環境損害の賠償を責任者に求めるに際して，野生生物や生態系等への影響を含む，いわゆる環境損害の金銭的評価が現実の法的問題として議論され，また現実的にも処理されている。

　そこで本章では，この環境損害の評価という問題について，アメリカで行われている議論等の状況を紹介するとともに，その環境損害評価の際に利用されている代表的な手法であるCVM（仮想評価法）や他の手法について簡単に説明する。その上で，そういった考え方や手法が，日本でも立法や訴訟，あるいは行政上の諸活動といった法的活動において利用され得る可能性について検討する。

2 「環境損害の評価」が問題となる法的活動

　「環境損害の評価」という場合の「評価」は，同じ言葉を用いても，環境影響評価（アセスメント）制度や近年注目されているリスクマネジメントにおける「評価」とは，かなりその性質や内容が異なる。

　アセスメントにおいては，その開発等の行為によって環境影響が生ずるのか否か，また生ずるならばどんな環境影響かという，いわば「環境影響の有無やその種類・範囲・程度」が「評価」の中心対象となる。また，リスクマネジメントの場合の「評価」の関心は，主に「特定の環境影響の発生可能性」である。それに対して，本章で検討の対象とする「環境損害の評価」の場合に行われるのは，アセスメントやリスク評価等々の作業を基礎として得られた，いわば「科学的な環境影響」を，「法的及び経済的概念である『損害』として評価する」ために「金銭的価値に置き換える」という作業である。なおこの作業は，自然科学等の関連分野において「生じた」または「生じる」あるいは「その可能性が高い／何パーセント程度の割合で生じる可能性がある」等と判断されている（あるいは，少なくとも「自然科学的には明らかである，と法的に認めた」）環境影響についての「金銭的評価」であり，「自然科学的にいまだ不明確なことについての法的判断」ではない。これはまた別のそして日本でも水俣病やイタイイタイ病等の公害問題でも問題になったいわば古典的な「自然科学の判断と法的判断」の問題であろう。

　ところで，そもそも環境問題を法律という社会制度の対象として取り扱うに際しては，問題とされる「環境の価値」，あるいは，その環境が損なわれることによって生じる損失である「環境損害」を，できるだけ正確に，かつ他の価値や費用と比較し得る形で把握することが必要となるはずである。その操作なくしては，たとえば環境への被害を「損害賠償」の問題として検討することも，また環境損害防止（あるいは環境保全）対策を検討する際の「費用対効果分析」（コストベネフィットアナリシス）を行うことも不可能だからである。

　ところがこの「環境損害の評価」という問題に関しては，日本ではまだ法的な議論はほとんど行われていない。その理由としては，本章の後半でも述

べるように、これまでの日本の制度では、損害賠償請求等の民事上の訴訟においても、また開発行為の差止めや許認可取消し等を争う行政事件訴訟においても、人の健康や生命あるいは財産に直接的にはかかわらないと考えられる環境要素に関しては、そもそもそういった「環境」への影響が「損害」として認められることが少なく、またその結果として、訴訟を提起しようにもまず原告適格が認められないことがほとんどであったということが指摘されよう。そのため、いわゆる生態系といったような観点から、「環境の価値」そしてその裏面である「環境損害」を金銭的に評価する必要性もあまりなかったのである。

しかし、生態系をも含む環境に与えた被害の回復に必要な費用を、国が原因者に損害賠償等として請求するという制度を有するアメリカでは、環境損害の評価という問題は、法的問題としてもかなり深く検討され議論されている。

日本でも、今後、社会活動の各面において、より一層の環境配慮が求められるようになるであろうことを考えるならば、生態系まで含めて広くとらえた環境の価値を適切に評価するための考え方を明確にし、またその評価の手法を確立することは、法的分野においても重要な課題となろう。そこで次に、環境経済学の分野で議論されている「環境の価値」の経済的評価方法、特にCVMと略される仮想評価法について紹介する。

3 「環境の価値」の評価手法に関する環境経済学の議論
3.1 エクソン・バルディーズ号の油流出事故による「生態系への損害額」

1989年、石油大企業（メジャー）であるエクソンモービル社が所有するオイルタンカー「エクソン・バルディーズ号」が、アメリカ・アラスカ州バルディーズ港沿岸で座礁事故を起こし、積荷の原油約42,000klを海上へ流出させた。油は防除体制の遅れもあってプリンス・ウィリアム湾一帯に広がり、少なくとも350マイル以上の海岸を汚染し、ニシン・サケ等の魚類や海鳥・海獣等を含む生態系に大きな被害を及ぼすこととなった。

アラスカ州とアメリカ連邦政府は、事故後5か月半の間、ピーク時には

11,000人以上の人員を投入して対応にあたり，さらに4年間にわたり，総額約20億ドルが，約1,500マイル（約2,400km）に及ぶ海岸の浄化のために費やされた。アラスカ州政府はバルディーズ号の原油流出事故による損害評価額を，いわゆる「非利用価値」の別名である「消極的使用価値」を基礎として約28億ドルと算定した。この際に利用された損害評価の方法が，CVMと呼ばれる手法である。バルディーズ号を保有するエクソン社は，交渉の末に10億ドルの賠償額を支払った。

3.2 CVMによる環境価値の評価

このバルディーズ号事件で用いられた「仮想評価法」(Contingent Valuation Method, 一般にCVMと呼ばれる）とは，普通には市場で取引されることのない（したがって価格づけがなされていない）財（物や状態）の価値を経済的に算定するための手法の一つである。

自然環境は様々な機能を有しており，そして様々な経済価値を私たちにもたらしてくれる。ところが，市場すなわち通常の経済的取引によって評価されているのは，その種々の価値のうち，「直接的利用価値」と呼ばれる一部のものにすぎない。そこで，全体としての自然環境の価値を把握し，環境損害の場合の賠償や補償，あるいは開発行為の社会的効果等を正しく把握するためには，通常の市場では取引されていない種々の「自然環境の機能」についても，その経済的価値をできるだけ客観的かつ合理的に評価し金銭価値に換算することが必要となる（表1）。

CVMは，アンケートを利用して，ある環境を保護しあるいは改善するためになら支払っても構わない最大の金額（支払意志額（WTP：Willingness to Pay)），あるいはその逆に，ある環境の悪化に対して支払ってもらいたい最低限の補償額（受入補償額（WTA：Willingness to Accept Compensation)）を質問し，その回答の結果から，人々が意識している環境の価値を評価しようとする手法である。このCVMという手法では，存在価値や遺産価値といった非利用価値についても経済的に評価することが可能だとされている。

表1　人間にとっての「自然の価値」

自然の価値	利用価値（「利用」することの価値）	直接的利用価値	直接的に人間の経済活動において利用されるため，市場で取引される価値。食料，木材，鉱物等の，いわゆる「資源」。
		間接的利用価値	それ自体では直接的に取引されることはないが，間接的に人間にとって利益となる状況を創出あるいは支持するという価値。森林による治水・治山や水源涵養，あるいは自然地域の観光資源（エコツーリズム等）としての価値等。
		オプション価値	現在は直接的にも間接的にも利用していないが，将来に利用する可能性があるという価値。生物の，遺伝子資源としての潜在的利用可能性や，自然地域の，将来の観光資源としての利用可能性等。
	非利用価値（「利用」とかかわらない価値）	遺産価値	自分では利用しないし利用する可能性もないが，将来の世代のために遺すことに感じる価値。
		存在価値	自分や他の誰かが利用するということによって感じる価値ではなく，そのものや状況が存在しているということ自体に感じる価値。野生生物や「秘境」あるいは文化・伝統等。

　CVMによる環境価値の評価手順は，一般のアンケート調査と大きな差異はない。しかしCVMでは，回答者は評価対象の将来像を想像しながら評価額を考えなければならないので，回答の信頼性を高めるために，回答者に対して評価対象の現状と将来の仮想的状況を明確に示すことが必要である。そのためには，前段階の情報収集を念入りに行わなければならない。

　このCVMのほかにも，自然環境（あるいは自然環境への損害）を経済的に評価する考え方や手法はいくつもある。たとえば，先に例としてあげたエクソン・バルディーズ号の事故に際しては，次のような検討が行われた。

(1) 代替コスト

　天然資源の損害額を，①成長した動物が豊富に生息する地域から移転する費用，②動物を代替するための費用，及び③被害を受けた動物の回復（リハビリテーション）に要する費用等に基づいて算定する手法である。移転費用

は，動物1頭を捕獲し，新しい場所に順応させ，その場所で解放するために要する費用として計算される。代替費用は，基本的に子供の動物を成長するまで育てるのに要する費用である。

(2) スポーツフィッシング損失額

油流出事故の起きた1989年，周辺地域でレクリエーションとして釣りを楽しむ人の数は13%減少し，釣り日数は6%，また漁獲量は10%減少した。この減少に価値を設定するため，釣り人に対して行ったインタビューから得られた，この地域での魚釣りへの支出額（1日平均250ドル）に，減少した釣り人の延日数（12万4,185日）を乗じ，1989年のスポーツフィッシング損失額は約3,100万ドルと算定された。

(3) 観光への悪影響

アラスカ州への旅行を計画した人と実行した人及びアラスカ州の全住民を対象とした調査の結果，事故の起きた1989年における流行者の支出は，アラスカ中南部で8%，アラスカ南西部で35%減少した。流出地域では，取引の59%がキャンセルされた。実際にアラスカを訪問した旅行者のうちの16%が「油流出が旅行計画に影響を与えた」と答え，その半数がプリンス・ウィリアム湾を全面的に避けたと回答した。その結果，1989年の損失額は1,900万ドルと算定された。

3.3 CVMの法的・政策的利用をめぐるアメリカにおける議論の動向

アメリカでは，1978年のラブ・キャナル事件をきっかけとして1980年に「総合環境対策・賠償・責任法」（Comprehensive Environmental Response, Compensation, and Liability Act）が制定された。その財源の名称から，一般にはスーパーファンド（Superfund）法と呼ばれることが多いこの法律は，有害廃棄物による汚染地対策として国が汚染地域の浄化を実行するが，浄化に要した費用と汚染から生じた損害額は汚染関係者に賠償金として支払わせるという内容である。

この法律の制定によって，環境損害を経済的に評価するに際してのCVMの適用妥当性に関する議論が始まった。スーパーファンド法は，有害汚染物

質の放出に責任のある者に対して，浄化費用や損害額の負担を義務付けている。自然破壊に対する損害賠償を請求するためには，その損害額を評価しなければならないからである。またスーパーファンド法は，損害額評価の必要性を明らかにした上で，損害算定の際には環境の利用価値を考慮すべきだが，必ずしも利用価値のみには限定されないことも指摘されている。そこで内務省（DOI）は，スーパーファンド法の下で自然資源が破壊されたときの損害を評価する方法について検討を行い，1986年8月にその結果を「自然資源損害評価最終ルール」として公開した。その要点は次の2点である。

① 「低額優先ルール（lesserr-of rule)」の採用：復元費用，置換費用，利用価値の低下分のうち，最も低額のものを損害額とする。
② CVMを環境破壊の損害額を評価するための手法として認める。ただし，CVMの利用は，対象となる自然資源に市場価値が存在せず，存在価値やオプション価値を評価しなければならないときに限定される。

この最終ルールに対し，低額優先ルールがスーパーファンド法に則したものであるか，そしてCVMによる評価は可能かを争点として，オハイオ州などの10の州政府や環境保護団体，化学工業協会，電力会社などの産業界が異議を申し立てるという，いわゆる「オハイオ裁判」が提訴された。1989年7月に下された判決では，低額優先ルールはスーパーファンド法に矛盾するとされ，その一方，自然資源損害評価の対象は存在価値等の非利用価値も含み，CVM有効性を認める旨の判断がなされた。これは，結果として環境損害の算定額（すなわち賠償額）が増加する可能性を意味する。そしてまた，前述のバルディーズ号の原油流出事故（1989年）を機に，翌年に改定された油濁法は，油流出の除去と賠償に関する責任を示し，また自然資源の損害評価手法を確立することを求めた。そして同法の下，アラスカ州政府は原油流出事故の環境損害を約28億ドルという高額に評価したため，産業界はCVMに対する危機感を高め，またCVMに対する批判を繰り広げた。

CVMに対する批判の高まりを受けた商務省国家海洋大気管理局（NOAA）が組織した，自然資源の損害評価に対するCVMの適用可能性を検討する委員会（パネル）は，1993年，CVMが自然資源破壊に関する損害賠償請求訴

訟の議論を開始する材料として十分な信頼性を提供できると結論した。このパネルの結果を受けたNOAAは，1994年，自然資源損害評価ルール案（NOAAガイドライン，表2）を提示し，CVMの使用については，「提示された基準を満たしているかぎり，油流出による受動的利用価値（非利用価値）の損失は，CVMを利用することで信頼可能な推定を得ることができる」と結論づけている。またDOIも1994年に提示案を発表し，スーパーファンド法の下で自然資源の損害評価を行うに際して，CVMを用いて信頼できる推定額を得るための条件を示した。それは，NOAAガイドラインを満たしていること，スコープテストを実施すること，アンケートには専門の業者を使用すること，アンケートの回収率は70％以上を確保すること，支払意志額としては推定額の50％の値を用いること，等である。しかし1995年のDOI提示案では，損害賠償は資源の具体的な回復措置に次ぐ二次的なものとされ，結果としてCVMによる損害評価は資源の回復や代替的な資源による置換が不可能な場合に限定されることとなった（1996年に発表された最終ルールでも，この方針は継承されている）。

4 日本における具体的な訴訟あるいは政策判断における「環境損害の評価」のありかた

4.1 損害賠償請求訴訟においてはほとんど争点となり得なかった「環境損害の評価」

　それでは，ここで紹介したCVMのような，環境損害の経済的評価は，日本の法律制度では具体的にどんな場合にどのように利用される可能性があり，また利用されるべきなのだろうか。

　まず考えられるのは，民事の損害賠償請求訴訟（主に不法行為）として，環境に与えられた損害を算定評価する場合である。しかし，その被害が生命・健康や個人の財産にかかわる問題である場合は，損害の評価は一般の公害問題にみられるように，環境影響によって生じた被害，すなわち損なわれた生命や健康あるいは財産事態の価値評価として処理されるため，本章で検討した，いわゆる生態系を対象とするような「環境損害」の評価が争点となるこ

表2 CVMが満たすべき条件の例(NOAAガイドライン)

一般的なガイドライン		
	サンプルのタイプとサイズ	サンプリングの統計学に関する専門家の指導が必要。
	無回答の最小化	無回答率が高いと調査結果の信頼性は低い。
	個人面接	個人面接が望ましいが,電話方式もメリットを持っている。
	面接者による影響のプレテスト	面接者の影響を調べるべき。
	報告	母集団の定義,サンプリング方法,サンプルサイズ,全体の無回答率等について明らかにすべき。質問用紙は同じものを報告書に再掲するべき。データは保管し,誰でも使えるようにするべき。
	質問項目に対するプレテスト	慎重に事前調査を行い,主要な説明と質問が回答者に理解され受け入れられているかどうかを示すことが必要である。
価値評価調査のためのガイドライン		
	控えめな設計	支払意志額を過小評価するのが一般に望ましい。
	住民投票方式	評価に関する質問は住民投票形式にするべき。
	プログラム・政策の正確な表現	提示される環境プログラムに関する情報を十分に提供しなくてはならない。
	写真のプレテスト	写真による影響を慎重に調べなければならない。
	代替財についての言及	他の類似する自然環境や同じ自然資源の将来の状態など代替可能な財について回答者に示さなくてはいけない。
	事故発生から十分な時間をおくこと	環境破壊の事故が発生してから十分に時間をおいた後でなければならない。
	通時的平均	一時的な誤差をなくすために,異なる期間に独立してサンプルを設定し,これらを平均する必要がある。
	「答えたくない」オプション	中心となる価値評価の質問では,「賛成」「反対」に加えて「答えたくない」の選択肢を明示的に加えるべきである。また,その理由を間接的に尋ねるべきである。
	賛成/反対フォローアップ	賛成及び反対の回答の後にその理由を尋ねるべきである。
	クロス表の作成	価値評価の質問に対する回答の解釈を助けるために様々な質問を組み込むべきである。最終報告では,これらのカテゴリーによって支払意志額を分類して示すべきである。
	理解及び受入のチェック	複雑すぎて回答者の能力や関心を超えることのないように配慮しなければならない。

価値評価調査の目標		
	代替的支出の可能性	対象となる環境プログラムに対して支払うと，その他の私的財や公共財に対する支出額が低下することを認識させなければならない。
	取引価値の除去	寄付行為に対する「温情効果」や「ビッグ・ビジネス」に対する嫌悪感の影響を除去しなければならない。
	定常的損失あるいは一時的損失	定常的な損失と一時的な損失を回答者が区別できるようにすべきである。
	一時的損失の現在価値の算出	回答者が回復プロセスのタイミングに十分に反応できるようにするべきである。
	事前承認	「もし…ならば」という部分は，事前に両方の当事者から承認を受けることが望ましい。
	立証責任	アンケート設計者には信頼性を示す立証責任が課せられる。設計者はプレテストやその他の実験の中でアンケートがガイドラインからはずれていないことを示さなければならない。
	信頼できる参照アンケート	このガイドラインを参照するためのアンケートや，完全にはガイドラインを満たしていない基準的なアンケートを作成していくことを，強く推奨する。

とはない。

　もちろん民事の損害賠償においても，原告である被害者あるいは債権者が「価値」と感じる自然環境に被害が生じたことを「損害」として賠償請求訴訟を提起する可能性も考えられないわけではない。しかし不法行為の場合は，まず最初に，その生態系への影響が被害者が損害として主張し得る「権利または法律上保護される利益」にあたるかどうかが検討されなければならない。そして，いわゆる「環境権」は一般には私法上の損害賠償請求の根拠としては認められ難いことを考えるならば，そのような請求は，そもそも訴訟として成り立たないということになりそうである。

　しかし，土地の所有者や地権者が，周辺地域の開発といった他人の行為によって，自分の土地内の立木や湧き水あるいは温泉といった，社会において通常の「財産」とみなされるような自然物を損なわれた場合は，そのことを理由とする損害賠償は可能である。ただしその場合の損害賠償における「環境損害の評価」も，わざわざ「環境損害」などと呼ばなくとも，立木や湧き

水あるいは温泉それ自体の通常の経済的価値として把握され得るものであり，またその範囲を超えた価値評価はなかなか難しいのではないだろうか。

4.2 行政事件訴訟において「環境損害の評価」が問題になる可能性

一方，開発の差止めや許認可の取消し，あるいは環境保護のための行政庁への義務付け等を求める行政事件訴訟においては，「環境損害の評価」という考え方の導入と，その評価の結果の大小が重要な意味を持つ可能性が高い。

2004 年に行われた行政事件訴訟法の改正では，差止め訴訟や義務付け訴訟が法定化されるとともに，誰がそういった訴訟を提起できるかという原告適格についても，かなり広く認められる可能性を示している（行政事件訴訟法第 9 条第 2 項）。そのため，民事の損害賠償請求では訴訟の対象として受け入れられにくいと思われる「環境（生態系）への損害」も，行政上の差止めや義務付け，あるいは許認可取消し等の請求においては訴訟の根拠として取り上げられ得る可能性がある。そして，訴訟の場で検討されることとなった場合には，その環境損害の評価が適切に行われ，しかもその「損害」すなわち「環境の価値評価」の額が大きければ大きいほど，原告適格が認められる可能性と，さらにはその訴訟自体でも原告が求める差止めや義務付けあるいは許認可の取消しが認められる可能性も高まるように思われる。

4.3 政策の立案や実施あるいは見直しにおいて重要性を増す「環境損害の評価」

さらにまた，現在の法制度においても，環境損害の評価という考え方と，その具体的な実践が大きな意味を持っており，今後は一層積極的に用いられるべきであると思われる法的活動の分野もある。それは，環境に関する政策を立案し実施する，あるいはその効果を評価し対策を見直すという行為である。

こういった政策の立案や検討においては，いわゆる費用対効果分析が重要な意味を持つ（もちろん，人の健康や生命，あるいは重要な財産に被害を与えるような問題では，費用対効果分析という考え方自体が不適切となる場合

があることはいうまでもないが）。しかし，生態系等への環境影響は，費用対効果分析の「効果」に加えようにも，得られる効果，すなわち対策を講じなければ被害を受ける可能性のある環境の価値（あるいは「環境損害」）を経済的に評価するという考え方や手法がこれまでは十分ではなかったために，結果として「環境対策は費用がかかるが効果は小さい」とされてしまっていた可能性が高い。しかしCVM等の手法によって，生態系まで含めて広くとらえた環境の価値を適切に評価することができるならば，その評価の上に立った費用対効果分析を行うことによって，より環境配慮的な，環境損害の防止あるいは回復対策を立案し実施していくことが可能となると期待できよう。

5　おわりに

　広い意味での環境あるいは生態系が健全であることには大きな「価値」があり，また，その環境や生態系が損なわれることによって，現在および将来に「損失」が生ずる（少なくともその可能性がある）ということは，今や一般的な常識であろう。最近では，その「価値」あるいは「損失」を経済的に評価しようという動きが盛んになってきた。

　たとえば，温暖化問題の経済的評価に取り組んだ「スターンレビュー」(2006年）では，気候変動問題に対して，早期に断固とした対応策をとることのコストは世界の年間国内総生産（GDP）の1％程度に抑えることができる可能性がある。それに対し，適切な対応をとらなかった場合の経済的損失（リスクと費用の総額）は，現在および将来における世界の年間GDPの5％強に達し，より広範囲のリスクや影響を考慮に入れれば，損失額は少なくともGDPの20％に達する可能性がある，と報告されている[11]。

　また，生態系に関しても，国連の呼びかけで2001年に発足した，世界レベルでの地球生態系診断プロジェクトである「ミレニアム・エコシステム・アセスメント」が，世界の草地，森林，河川，湖沼，農地および海洋などの生態系に関して，水資源，土壌，食料，洪水制御など生態系機能が社会・経済にもたらす恵み（財とサービス）の現状と将来の可能性を総合的に評価し

ようとしている[12]。

　環境に影響を与える行為に携わる企業や関係者および行政は，今後は一層，こういった環境・環境損害の評価の動向に注視し，新しい情報に基づいて適切な判断を行い，あるいは従来からの活動に対しては必要な修正を加える等の対応が求められよう。

参考文献

1) 栗山幸一「環境経済評価のフロンティア」『環境経済・政策学会年報』第11号（環境経済政策学会，2006年），pp.55〜71
2) 栗山浩一『環境の価値と評価手法 CVMによる経済評価』（北海道大学図書刊行会，1998年）
3) 栗山浩一，庄子康編『環境と観光の経済評価—国立公園の維持と管理』（勁草書房，2005年）
4) 栗山浩一『公共事業と環境の価値 – CVMガイドブック—』（築地書館，1997年）
5) 竹内憲司『環境評価の政策利用 – CVMとトラベルコスト法の有効性』（勁草書房，1999年）
6) 竹内憲司，栗山浩一，鷲田豊明「油流出事故の沿岸生態系への影響—コンジョイント分析による評価—」『環境評価ワークショップ—評価手法の現状—』（築地書館，1999年）
7) 肥田野登『環境と行政の経済評価—CVM〈仮想市場法〉マニュアル—』（勁草書房，1999年）
8) 鷲田豊明『環境評価入門』（勁草書房，1999年）
9) Millennium Ecosystem Assessment編，横浜国立大学21世紀COE翻訳委員会責任翻訳『国連ミレニアム　エコシステム評価生態系サービスと人類の将来』（2007年，オーム社）
10) 浦野紘平，松田裕之『生態環境リスクマネジメントの基礎』（2007年，オーム社）
11) 英語情報：http://www.uknow.or.jp/be/environment/environment/07.htm
　　日本語情報：http://www.env.go.jp/press/press.php?serial=8046
12) 英語情報：http://www.millenniumassessment.org/en/index.aspx
　　日本語情報：http://www.millenniumassessment.org/proxy/document.451.aspx および，参考文献9)参照

第17章 環境リスクと予防原則—国際法の視点から

高村ゆかり

1 はじめに

　近年の人間活動の規模の拡大，技術の開発と革新は，私たちの生命や健康，私たちをとりまく環境に対する様々なリスクを生み出した。飛躍的に拡大した経済活動や日々の生活から生じる環境負荷が蓄積し，地球温暖化や海洋環境の悪化など地球規模での環境の深刻な悪化が懸念されている。こうしたリスクは，環境が多数の構成要素とそれらの間の複雑な相互作用により成り立っていることと相まって，現段階では十分な確実性をもって科学的に評価することが難しい場合も少なくない。環境の保護という観点からみて，国際社会が直面している最も重要な問題の一つは，このような科学的不確実性を伴う潜在的「リスク（危険性）」[※1]をいかに取り扱うかという問題である。

　すでに70年代後半には，原子力活動や宇宙の探査や利用などの巨大科学技術の開発とその成果の利用により展開されるようになった諸活動が引き起こす損害とその高度の危険性が認識され，国際法による規律の必要性が指摘されていた。こうした活動が第三者に対して生じさせた損害については，活動を行う事業者に故意・過失があったかを問わず責任を帰属させる無過失責任主義に基づく制度を導入することで，生み出される社会的利益のために損害を被ることとなった被害者への補償を確実にし，同時に，事業者が損害を

※1　リスクの評価に不確実性が存在するようなリスクをいかに呼ぶかは論者により異なるが，本稿では下記のOECD文書にならい「潜在的リスク（potential risk）」と呼ぶ。OECD Joint Working Party on Trade and Environment, *Uncertainty and Precaution: Implications for Trade and Environment*, OECD, COM/ENV/TD (2000) 114 Final, September 5, 2002, p. 6.

発生させないよう高度の注意と配慮を払うよう促す制度を構築してきた。

こうした活動に伴う「リスク」は，一般に，想定される結果の規模は大きく重大であるが，そのような結果が生じる可能性は小さく，さらに，想定される結果が相当な蓋然性（がいぜん）を伴って生じることが科学的に相当に根拠づけられているものであった。それに対して，現在の国際環境法が直面するのは，想定される結果が生じる蓋然性の科学的証拠に不確実さが存在する，さらには，どのような結果が生じるかについても科学的証拠に不確実さが存在するという事態である。

近年，こうした環境リスクに対して国際的に対処するための条約が締結され，こうした条約が国内で実施されることを通じて，国際条約における環境リスクに対する取りきめが国内の事業者に対して影響を及ぼす現象がみられる。

そうした観点から，本章では，こうした科学的不確実性を伴う環境リスクへの対処において，近年高い関心が寄せられている予防原則の国際的展開の現状を紹介し，こうしたリスクに対処する国際社会の課題は何かを論じる[※2]。

2　国際法における予防原則とその展開
2.1　国際法における予防原則

予防原則/予防的アプローチ（予防的な取組方法）（precautionary principle/precautionary approach）を国際社会に広く知らしめさせたのは，1992年に開催された国連環境開発会議（地球サミット）で採択されたリオ宣言原則15である。原則15は，「環境を保護するために，予防的アプローチは各国によってその能力に応じて広く適用されなければならない。深刻な又は回復不能な損害のおそれがある場合には，科学的な確実性が十分にないことをもって，環境悪化を防止するための費用対効果の大きな対策を延期する理由

[※2]　本稿は，拙稿「国際環境法におけるリスクと予防原則」『思想』No.963 2004.7（2004年），60～81頁，拙稿「国際環境法における予防原則の動態と機能」『国際法外交雑誌』第104巻第3号（2005年）1～28頁をもとに，加筆修正を行ったものである。

として使用されてはならない」とした。後述のように予防原則の定式化は文書により様々だが（表1），①損害や悪影響のおそれがあるが，②科学的確実性が十分にない場合でも，③環境悪化を未然に防止する措置をとる，というのがその共通要素である。すなわち，科学的不確実性を伴う潜在的リスクに対して，将来において当該リスクが顕在化し環境悪化が生じるのを防止するために政策決定者（国際レベルでは国家）がとるべき行動を示す原則である。

　これまでの条約，国際文書では，「予防原則」「予防的アプローチ」という二つの用語が使用され，いずれを使用するかがしばしば国家間で争いとなってきた[※3]。「予防原則」という用語が用いられる場合には、強い予防的対処を求める枠組が想定され，他方で，「予防的アプローチ」が用いられる際には，相対的に弱い，国家により大きな裁量を与える枠組が想定される傾向はあるが[※4]，「原則」か「アプローチ」かによってその法的効果は必ずしも厳密に区別されてこなかった[※5]。それゆえ本章では，引用箇所を除き，特段の断りのない限り，先験的に二つを区別せず，「予防原則」という用語を使用する。

2.2　予防原則の国際的展開

　予防原則は元来，規制権限を有する行政機関は，危険の可能性を予期し，

※3　ストラドリング魚種及び高度回遊性魚種の保存及び管理に関する国連会議における議論について，Hewison, G. J., "The Precautionary Approach to Fisheries Management: An Environmental Perspective", *International Journal of Marine and Coastal Law*, Vol. 11 (1996), p. 301 and 314. Codex 委員会会合でも，カナダ，ニュージーランド，米国は，「予防的アプローチ」という用語を使用したのに対し，EU は「予防原則」という用語を使っている。Codex Alimentarius Commission (Committee on General Principles), Report of the 15th Session of the Codex Committee on General Principles (ALINORM 01/33), CL 2000/12-GP (April 2000), para. 43 et s.. 2002 年に開催された持続可能な開発に関する世界サミット（ヨハネスブルグ・サミット）でも，採択された実施計画に関する交渉で議論となった。Earth Negotiations Bulletin, at http://www.iisd.ca/vol22/enb2251e.html (as of February 1, 2009).

※4　Marr, S., *The Precautionary Principle in the Law of the Sea: Modern Decision Making in International Law* (2003), pp. 17-21.

※5　Hey, E., "The Precautionary Concept in Environmental Policy and Law: Institutionalizing Caution", *Georgetown International Environmental Law Review*, Vol. 4 (1992), pp. 303-304.

表1 主要環境条約における予防原則／予防的アプローチ

国際条約	分野	適用の局面	何についての不確実性か	原則の適用が開始される条件	求められる行動	留意点
気候変動枠組条約 (1992年採択, 1994年発効)	地球温暖化			・深刻な又は回復不能な損害のおそれの存在	・科学的な確実性が十分にないことをもって予防措置をとることを延期しない	・とられる措置の費用対効果を大きいものとすることにも考慮
生物多様性条約 (1992年作成, 1993年発効)	生物多様性			・生物の多様性の著しい減少又は喪失のおそれのある場合	・そのようなおそれを回避し又は最小にするための措置をとることを延期する理由とすべきではない	・前文に規定
北東大西洋の海洋環境保護に関する条約 (OSPAR条約) (1992年採択, 1998年発効)	海洋環境		・投入と影響との間の因果関係の存在	・直接又は間接に海洋環境に導入された物質又はエネルギーが、人の健康に危険をもたらし、生物資源と海洋生態系に損害を与え、アメニティを損ない、又は、海洋のその他の正当な利用に干渉しうるという懸念に対する合理的な根拠がある場合	・未然防止措置をとる	・バルト海域の海洋環境の保護に関する条約 (1992年) もほぼ同様の文言を使用
EC条約(マーストリヒト条約による改正により挿入(1992年改正))	一般	・共同体の環境政策の原則				・2000年、委員会による予防原則適用の考え方と方針を示すコミュニケーションが出された。

286

条約	分野	適用の契機	リスクの性質	措置	備考
国連公海漁業実施協定、1995年採択、2001年発効)	海洋資源の保護	・沿岸国及び公海漁業国の行動原則	・情報が不確実、不正確、不十分な場合。とりわけ、資源の規模、生産性に関する不確実性	(本文で紹介)	・科学的不確実性に対して、締約国が慎重に行動することを義務づけるとともに、予防的アプローチの採用としで、締約国がとるべき具体的措置を定める
廃棄物その他の物の投棄による海洋汚染の防止に関するロンドン条約の1996年作成、2006年発効)	海洋環境	・締約国が議定書を実施する際	・投入とその影響の間の因果関係	・海洋環境に導入される廃棄物又はその他の物質が損害を生じさせるおそれがあると信じる理由がある場合	・廃棄物又はその他の環境を物質の投棄から適切な未然防止措置をとる
生物の多様性に関する条約のバイオセーフティに関する議定書、2000年作成、2003年発効)	遺伝子改変生物	・遺伝子改変生物について輸入する締約国の輸入に関する決定を行う場合	・輸入国における生物多様性の保全及び持続可能な利用に、遺伝子改変生物が及ぼすおそれのある悪影響の程度（十分な科学的関連する情報及び知見がないことによる）・リスクの水準		・人の健康に及ぶリスクも考慮して、適当な場合、及ぼすおそれのある悪影響を最小限にするために、3項の定めるところ、当該遺伝子改変生物の輸入について、輸入国たる締約国が決定を行う（＝締約国が輸入を禁止することを許容）・提案を進行させる
残留性有機汚染物質に関するストックホルム条約、2001年採択、2004年発効)	汚染物質	・化学物質の条約のリストに記載するかを決定する手続の際	・地球規模の措置が正当化されるような重大な（significant) 人の健康及び/又は環境への悪影響をもたらす可能性がある場合	・リストに記載するかどうかは締約国会議に委ねられている（記載するかしないかを予断せず）	

*空欄は、「特定せず」「言及なし」/ ** ゴシック体は日本が批准した条約

できるかぎりそれを防止することで環境リスクを最小にするべきであるという1970年代の西ドイツの"vorsorgeprinzip"の考え方に基づくものであったといわれる。1980年代，西ドイツ政府は，世論の支持を基礎に，酸性雨や北海の汚染の問題などに対処するための厳格な政策を正当化するためにこの原則を援用してきた。同時に，欧州の経済統合という文脈の中で，予防原則に基づく措置を欧州レベルで採用することも主張した。他方で，欧州諸国をはじめその他の先進国においても，科学的不確実性が存在しても損害を未然に防止するための予防措置が各国国内においてとられるようになった。

国際社会においては，こうした科学的不確実性を伴うリスクをどのように取り扱うかについて国際的規範が存在していなかった。しかし，環境問題の深刻化とこれまでの様々な経験から，科学的に確実となってからでは環境への脅威に効果的に対応できない場合があり得るという認識が生まれてくる。そして，問題の解決のために国家が国際的に共同行動をとる際に，科学的不確実性が存在している場合でも，予防原則を適用して未然防止措置をとることが合意されるようになった。1982年に国連総会で採択された世界自然憲章が，国際レベルで予防原則が最初に承認された文書であるといわれる。

また1985年のオゾン層保護条約は，その条文に予防原則の言及こそないものの，現実の損害について確固とした証拠が提示される前に未然防止措置をとることの必要性を認めた最初の国際条約として評されている。

予防原則は，80年代末以降採択された多くの環境条約や国際文書に登場する。表1が示すように，近年の環境条約における予防原則の言及は顕著であり，オゾン層保護，地球温暖化から海洋環境の保護まで様々な分野の条約に共通してみられる。しかし，他方で，環境条約での定式化と実定法化の程度は様々である。

第一に，予防原則がどの程度具体的に国家の行動規範として規定されているかが異なる。気候変動枠組条約3条3項のように，条約の一般原則として一般的抽象的に定めている条約もあれば，国連公海漁業実施協定のように，予防的アプローチの適用を締約国に一般的に義務づけたうえで，科学的不確実性を伴う潜在的リスクに対してとるべき具体的な措置や手続を定めている

条約もある。

　後者の国連公海漁業実施協定は，まず，その5条(c)で，一般原則として「(沿岸国及び公海漁業国は)〔6〕条にしたがって予防的な取組方法を適用する」と定め（5条（c）），その6条では，ストラドリング魚類資源と高度回遊性魚類資源の保存，管理，開発に広く予防的な取組方法を適用し（6条1項），情報が不確実，不正確又は不十分な場合，締約国は一層の注意を払うことを義務づける（同条2項）。さらに，6条3項では，予防的な取組方法の実施において締約国がとるべき措置を列挙し，なかでも，予防のための基準値の適用に関する指針を定める附属書Ⅱにしたがって，それぞれの資源について二つの基準値（保全・限界基準値と管理・目標基準値）を設定し，これらの基準値を下回らぬような漁業管理戦略を作成し，下回る又は下回りそうな場合にはあらかじめ決定した措置をとる。基準値設定にあたって考慮すべき事項には資源に関する不確実性もまたその一つとして列挙されている。

　第二に，予防原則の適用により誰が何を行うことが要請又は許容されるかという原則適用の帰結も異なる。「北東大西洋の海洋環境の保護に関する条約」（OSPAR条約）のように，個別の締約国に対して，予防原則に基づく未然防止措置をとることを義務づける条約もあれば，「残留性有機汚染物質に関するストックホルム条約」のように，条約の機関に対して予防的アプローチに基づいて手続を進行し，決定を行うことを義務づける条約もみられる。他方で，バイオセイフティに関するカルタヘナ議定書のように，個別の締約国が予防的アプローチに基づく措置をとることを義務づけないが許容する場合もある。

　第三に，予防原則の適用を発動する条件の定式化にも違いがみられる。とりわけ，予防原則が発動されるために必要な，①科学的に完全な証拠はないものの予見される損害または結果の程度，②予見可能性の程度についてである。①の予見される損害の程度について，気候変動枠組条約3条3項など予防原則を規定する条約の多くは，「深刻な又は回復不可能な損害のおそれがある場合」を予防原則適用の条件とする。しかし，OSPAR条約など海洋環境保護に関する条約のいくつかは，人の健康への危険，生物資源と海洋生態

系への損害，アメニティの損失，海洋のその他の正当な使用への干渉がありうると考える合理的な根拠がある場合に，予防原則に基づいて未然防止措置をとる，と定め，「深刻な又は回復不可能な」程度の損害が予見されることまでは要求していない。

②の予見可能性の程度については，一般に，損害の「おそれ」の存在を要件とするものが多いが，一定の「合理的根拠（理由）」の存在を求める条約（OSPAR条約，ロンドン条約1996年議定書など）がある。残留性有機汚染物質に関するストックホルム条約は，「地球規模の措置が正当化されるような重大な人の健康及び／又は環境への悪影響」のおそれがあると「委員会が決定」することを原則発動の要件としている。また，問題となる科学的不確実性がどこに存在する場合に予防原則が発動されるのかという点について，特定しない条約（気候変動枠組条約）や，原因行為と損害又は影響の因果関係の不確実性を問題とする条約（越境水路及び国際湖水の保護並びに利用に関する条約，OSPAR条約など）が多いが，損害の程度やリスクの水準（カルタヘナ議定書），損害をうけるおそれのある資源の状態（国連公海漁業実施協定）の不確実性を問題とする条約もある。

また，90年代半ば以降，国際裁判においても予防原則が紛争当事国により援用され，その解釈や適用が国家間で争われる事件が増えている（表2）。一般的に，国際裁判所に持ち込まれる国家間紛争の数はきわめて限られている中で，環境に関連する紛争のほぼすべてで予防原則が援用されているのは注目すべきであろう。なお，保健・衛生分野で，世界貿易機関（WTO）の紛争処理機関でも，欧州連合（EU）による成長促進目的でホルモン剤を使用した牛肉の輸入禁止措置が「衛生植物検疫措置の適用に関する協定」（SPS協定）に違反するとして，米国とカナダがWTOに申立を行った牛肉ホルモン事件などで予防原則が争点となった。

表2 環境に関連して国際裁判所で予防原則の解釈・適用が争われた事件

	事件 (紛争当事国)	事件の概要	予防原則に関わる主張	裁判所の判断	備考
国際司法裁判所	核実験事件再検討事件(ニュージーランドvフランス)(1995年)	フランスが再開した南太平洋での地下核実験について、1974年の核実験事件判決の再検討をニュージーランドが求めた	・ニュージーランド、南太平洋地域の諸国は、予防原則を尊重し、核実験実施前に環境影響評価を行う慣習法上の義務をフランスは負うと主張 ・ニュージーランドは、いかなるリスクも存在しないことを証明する義務があったと主張 ・フランスも、予防原則の存在も立証責任の転換も認めず	ニュージーランドなどの主張を認めず	Weeramantry、Palmer両判事は、その少数意見で、予防原則が、慣習法上の原則の一つとなったと述べる
	ガブチコボ・ナジマロシュ事件(ハンガリーvスロヴァキア)(1997年)	両国を流れるダニューブ河の発電所建設・共同開発について、1977年に合意した計画の実施を中断、放棄したハンガリーに対して、チェコスロヴァキアが自国領域内で一方的にダム建設と転流を行ったことでハンガリー側の水量が一時的大幅に減少したことにつき、それぞれの義務違反が問題となった	・ハンガリーが、1977年条約の終了を主張する根拠として予防原則を援用	ハンガリーの主張を認めず	
国際海洋法裁判所	ミナミマグロ事件(オーストラリア、ニュージーランドv日本)	ミナミマグロ保全条約のもとで、日本が、オーストラリア、ニュージーランドの同意を得ずに実施を決定したインド洋南東部で調査	・オーストラリア、ニュージーランドは、予防原則が、一般国際法の規則の一つであり、この原則に従って「行動の影響について科学的不確実	「実効的な保全措置がミナミマグロ資源に生じる重大な損害を未然防止するためとられることを確保するよう、締約国は慎重にかつア	Laing、Treve両裁判官は、その個別意見で、暫定措置の決定にあたって、裁判所は、明らかに、予防(原則ではなく)ア

国際海洋法裁判所	（1999年）	漁獲について、オーストラリアとニュージーランドが、当該調査漁獲の即時中止を定める暫定措置を求めて提訴	性があっても、環境に深刻な又は回復不可能な損害を与えるおそれを伴う行動について決定する際に、国家が適用しなければならない。予防原則が適用されれば、か不確実性に直面して意思決定における注意(vigilance)を要求する」と主張	注意を払って」行動すべきとしたが、予防原則／アプローチの適用であるかは明言せず	プローチを採用したと述べる
	MOX燃料加工工場事件（アイルランドv.イギリス）(2001年)	イギリスが国内のMOX燃料加工工場の操業を認可したことについて、アイルランドが海洋法条約違反であるとして提訴	・アイルランドは、予防原則によりイギリスがMOX工場からいかなる損害も生じないことを証明する負担を負うことを主張 ・イギリスは、MOX工場に起因するアイルランドの権利への可能な損害又は海洋環境への重大な損害のおそれがあることの根拠をアイルランドが証明していないため予防原則は適用されないと主張	2002年10月まで工場からMOX燃料の輸出も輸入も行わないとイギリスが述べたため、裁判所は、それを記録にとどめ、双方の紛争当事国に対して、情報交換、リスクまたは影響交換、未然防止措置の設計のために協力し、協議することを暫定措置として命令	
	ジョホール海峡埋立事件（マレーシアv.シンガポール）(2003年)	シンガポールがマレーシアとの事前の通告と協議なく埋立を開始したことにつき、マレーシアが海洋法条約違反と断じ、情報提供、交渉を求める暫定措置を申請	・マレーシアが国連海洋法条約上の義務の適用を実施にあたって締約国を指導する原則として予防原則を援用 ・シンガポールは、この暫定措置命令に予防原則適用の余地はないと主張	審理の最終段階でシンガポールが自制の旨を発言。裁判所は、埋立の影響を調査する独立の専門家グループの設置、埋立のリスク・影響に関する定期的な情報交換などの協力・協議などを暫定措置として命令	

3 予防原則の何が争われているか
3.1 予防原則は慣習国際法の規則か

　予防原則をめぐる争点の一つは，予防原則が，それを規定する個別の条約を離れて，一般的にすべての国家を拘束する慣習国際法の規則かどうかである。予防原則が慣習法の規則として認定されれば，条約が規律しない分野で，また，これらの条約に参加しない非締約国との関係でも予防原則を援用しうる。これまでの国際裁判では，紛争の一方の当事国が慣習法の原則として予防原則を援用しており，予防原則が慣習法の原則としての地位を認められるならば，予防原則をめぐる国家間の紛争に関する裁判所の判断に少なからぬ影響を与えるだろう。

　予防原則が慣習国際法たる地位を有するかについて学説は分かれている※6。Sands や Cameron などは，その内容に曖昧な点があっても，予防原則は人間環境宣言原則 21 の定める越境損害防止義務に付随するものであり，条約や国家実行などに照らせば，予防原則が慣習法上の規則であることはすでに幅広い支持を得ているとする（慣習法説）※7。それに対し，Birnie and Boyle や Bodansky などは，予防原則を一般的目標や政策として考えることができても，その解釈は多様であり，その適用の効果はこれまでになく影響多大であり，一般国際法の原則と考えることはできないとする※8。学説の対

※6　この問題の詳細な検討を行ったものとして，Trouwborst, A., *Evolution and Status of the Precautionary Principle in International Law* (2002).

※7　Sands, P., Principles of International Environmental Law, Second edition (2003), pp. 272-279; Cameron, J., "The Precautionary Principle in International Law" in O'Riordan et al. eds., *Reinterpreting the Precautionary Principle* (2001), pp. 132-133 及び Hohmann, H., *Precautionary Legal Duties and Principles of Modern International Environmental Law - The Precautionary Principle: International Environmental Law Between Exploitation and Protection* (1994), p. 344.
　慣習法説をとる論者は，慣習法となった内容について必ずしも明確に述べていない。Sands は，リオ宣言原則 15 の内容で，Cameron は，①行動しなければ無視し得ない損害のおそれがあり，②因果関係に不確実性がある場合，③行動しないことは正当化され得ないという三つの要素を持つものが，予防原則が慣習法となったと考えているようである。

※8　Birnie P.W.and Boyle, A.E., *International Law and the Environment*, Second edition (2002), p. 118-121; Bodansky, D., *Proceedings of the American Society of International Law 1991* (1991), pp. 413-417及びHandl, G., "Environmental Security and Global Change: The Challenge of International Law" in Lang, W., Neuhold, H. and Zemanek, K. eds., *Environmental Protection*

立点は，予防原則の内容が必ずしも同一ではなく，この原則の適用の条件や効果が必ずしも一定でないという点の評価である。

学説の対立点となっている予防原則の一般性と多様性は，予防原則に期待される機能との関係で不可避的に伴うものである。予防原則をはじめとする国際環境法の原則は，第一に，「地球環境問題」といわれる問題が，国際社会が緊急に対処を迫られているにもかかわらず，社会，経済といった多数の要因が複雑に関連し，また，科学的不確実性を伴っているために，問題の解決に向けて国家間で迅速な合意形成を行うことが難しい[※9]ことから，まずは一般的な文言で「原則」を定式化することで，地球環境問題への対処に関して国家間の合意の基礎をまず形成し，徐々に合意の水準を上げていく役割が期待されている。

第二に，科学的不確実性の存在とも関連し，当該問題についての科学的知見や社会，経済，技術などの状況が時間とともに変化し，合意した「規則」の妥当性が変化する可能性があるため，「原則」は，こうした変化に対応するだけの一般性と柔軟性を必要とし，同時に，こうした変化の中でも国際社会の行動の大筋の方向性を示し，予見可能性を高める役割を期待されている[※10]。

このように，予防原則が「原則」として登場してきた社会的要請に照らせば，原則が一般的で，柔軟性（その裏返しとしての曖昧さ）を有するからこそ，その社会的要請に応える機能を果たすことができ，それゆえに「原則」としての存在意義がある[※11]。したがって，予防原則がその内容に一般性，柔軟性を伴うことは一定程度不可避である。そして，こうした性質ゆえに，予防原則は，特定の問題や事態に応じたより具体的な規則を生み出す母体としての機能（規則生成機能）を果たすことができる。

---

and International Law (1994), pp. 78-79.

[※9] Paradell-Trius, L., "Principles of International Environmental Law: an Overview", *Review of European Community and International Environmental Law*, Vol. 9, No. 2 (2000), p. 93.

[※10] Paradell-Trius, supra note 9, p. 93.

[※11] 鶴田順「『国際環境法上の原則』の分析枠組」『社会科学研究（東京大学）』第57巻1号（2005年）。

さらに，予防原則は，不確実性ゆえに，決定や主張の根拠を科学が提供し得ない状況において，それに代わって，あるいはそれと組み合わせて，政策決定者の決定や主張の正統性を新たに提供する機能を果たすこととなる。この正統性は，一定の科学的，客観的事実によってではなく，社会的に許容可能と思われるリスクの水準を決定する過程によって提供されるため，法の体系や伝統，社会の認識や価値観に影響を受けざるを得ず，その機能の発現は，問題となる事案や原則適用の局面によって異なることとなる[※12]。

　しかし，多様性があるといっても，それぞれの定式の中核的概念が相矛盾し，体系的に理解し得ないというでたらめな多様性ではない。「十分な科学的証拠はない場合でも不確実性を伴うリスクに対して十分に注意して対処する」という予防原則を構成する基本要素は共有されている。そもそも異なる状況への柔軟な対応を存在意義とする原則が一見して多義的であることのみを理由に，予防原則の慣習法性を即断するのは適切ではないだろう。

　そこで，予防原則に関する国家実行をみると，予防原則の慣習法性に関する国家の立場は一様ではない。EUは，EU委員会のコミュニケーションにおいても，WTOの場においても，予防原則は慣習国際法上の規則であるとの見解を表明してきた[※13]。アイルランドは，MOX燃料加工工場事件で，予防原則を慣習法上の原則と主張した[※14]。インドなどでは，国内裁判所で，予

※12　Fisher, E., "Precaution, Precaution Everywhere: Developing a 'Common Understanding' of the Precautionary Principle in the European Community", in *Maastricht Journal of European and Comparative Law*, Vol. 9, No. 1 (2002), p. 21 et s..　原則の定義と内容の一般性や，予防原則の適用にあたって国家に与えられる裁量の大きさゆえ，裁判規範として機能するには容易ではないだろう。Fisher, E., "Is the Precautionary Principle Justifiable?", *Journal of Environmental Law*, Vol. 13, No. 3 (2001), p. 315 et s..及びFeintuck, M., "Precautionary Maybe, but What's the Principle? The Precautionary Principle, the Regulation of Risk and the Public Domain", *Journal of Law and Society*, Vol. 32, No. 3 (2005), p. 385.

※13　European Commission, Communication From the Commission on the Precautionary Principle, COM (2000) 1, February 2, 2000, p. 10. EC Measures Concerning Meat and Meat Products (Hormones), Report of the Appellate Body, WT/DS26/AB/R & WT/DS48/AB/R, January 16, 1998, para. 121. カナダは，国際法の原則とはなっていないが，予防的アプローチまたは予防という概念は，生成しつつある法原則で，将来，「文明国が認めた法の一般原則」となるかもしれないとした。Ibid, para. 122.

※14　The MOX Plant Case, Ireland v. United Kingdom, Request for provisional measures and

防原則が国際慣習法上の原則であると認定した例も見られる[※15]。それに対して米国は、自国が同意する条約の規定を離れて、予防原則を国家間関係に一般に適用される法原則と認めることに反対し、むしろ原則ではなくアプローチであると一貫して主張してきた[※16]。とりわけ、遺伝子改変生物規制など予防原則が適用される領域での米国が占める位置に照らしてかかる米国の立場を考慮すると、潜在的リスクに対してあまねく自動的に予防原則が適用されることが国際社会の合意となっているとみるのは難しい。

以上のように、慣習法の成立要件の一つである「国家の一般的慣行」を満たす方向で国家実行が着実に積み重ねられており、慣習法上の原則として結晶化の過程にあるにしても、現時点で慣習法上の地位を獲得したと考えるのは難しい[※17]。このことは、国際司法裁判所、国際海洋法裁判所、WTOの紛争処理機関それぞれが予防原則の慣習法性の認定を権威的に行う機会があったにもかかわらず、判断を回避した消極的姿勢からもうかがえる[※18]。

しかし、現時点で予防原則の慣習法性を認めえないにしても、多様な定式に共通する予防原則の中核的概念は、国際社会における行動規範として確実に浸透しつつある。国際法委員会で作業が行われ、2001年に国連総会に提

Statements of Case of Ireland, 9 November 2001, para. 97 et s..

[※15] インドについて、Vellore Citizens Welfare Forum v. Union of India (1996), 7 SC 375; Jagannath v. Union of India (1997), 2 SCC 87; M.C. Mehta v. Union of India (1997), 2 SCC 353. Anderson, M. R., "International Environmental Law in Indian Courts", *Review of European Community and International Environmental Law*, Vol. 7 (1998), pp. 21-30.

[※16] 前述の国連公海漁業協定などの交渉の他に、気候変動枠組条約の交渉における同様の立場について、Bodansky, D., "The United Nations Framework Convention on Climate Change: A Commentary", *Yale Journal of International Law*, Vol.18 (1993), p. 451, 501 et s.. 牛肉ホルモン事件でも同様の立場をとった。EC Measures Concerning Meat and Meat Products (Hormones), Report of the Appellate Body, supra note 13, para. 122.

[※17] Martin-Bidou, P., "Le principe de précaution en droit international de l'environnement", *R. G. D. I. P.* 1999-3 (1999), p. 658 et s..

[※18] 「[セミナー座談会]予防的方策と環境法」『ジュリスト』No. 1264, 2004年3月15日号、68頁。また、WTOの上級委員会は、牛肉ホルモン事件において、国際法上の予防原則の地位は引き続き議論のあるところであり、慣習法の認定をするのは不必要で、慎重さを欠くと述べている。EC Measures Concerning Meat and Meat Products (Hormones), Report of the Appellate Body, supra note 13, para. 123.

出された「国際法で禁止されていない行為から生じる損害を発生させる結果に関する国際責任」に関する条文草案の注釈は，予防原則が慣習法上の原則であるかについて言及しないまま，リオ宣言原則15によれば，予防原則は「慎重に行動する一般的規則（a...general rule of conduct of prudent)」であるとした[19]。

かかる予防原則の浸透は，すでに国際法に影響を与えているように思われる。ミナミマグロ事件において，国際海洋法裁判所は，「締約国は，ミナミマグロ資源に生じる重大な損害を未然に防止するために実効的な保全措置がとられることを確保するよう慎重にかつ注意を払って（with prudence and caution）行動すべき」であるとして，ミナミマグロ資源の保全のためにとられるべき措置について科学的不確実性があるが，締約国の権利保全とミナミマグロ資源のさらなる悪化の危険を避けるためにと，暫定措置命令を決定した。判断が依拠する事実に科学的不確実性が存在する状況で国連海洋法条約を解釈するに際して，予防原則の基本的な考え方を反映した解釈を行ったとも考えることができるだろう[20]。

こうした観点からは，予防原則は，潜在的リスクへの対処に際して既存の国際法規則の解釈と適用に指針を提供する機能を果たしているといえる。

3.2 立証責任の転換

立証責任の転換は，環境への損害や悪影響の防止という観点からは，予防原則の本質に合致し，それを適用の効果として伴うならば，原則が原則たるに最もふさわしい形をとることになる[21]。一般的には，権利関係の発生・変更・消滅などの法律効果を主張する側がその要件が満たされていることを証

---

[19] ILC report 2001, p. 415.
[20] Wolfrum, R., "Precautionary Principle", in Beurier, J.-P., Kiss, A. and Mahmoudi, S. eds., *New Technologies and Law of the Marine Environment* (1999), p. 211. 予防の概念は暫定措置命令に本来内在するものであるとの見解もある。依拠する事実に不確実性のある中でなぜ暫定措置を命令しうるのか裁判所は判断していない。Judge Laing, paras. 16-19 and Judge Treves, para. 9.
[21] Martin-Bidou, supra note 17, p. 631, 658.

明する義務を負う。

これまでの国際法によれば，他国の環境または国家管轄権をこえる地域の環境に損害を与えない限りにおいて，ある国の領域内での活動は禁止されていないので，当該活動が損害を生じさせていると主張する側がその因果関係を証明しなければならない。それゆえ，予防原則の適用による立証責任の転換とは，すなわち，潜在的リスクを生じさせる活動を行う者に対して環境への損害又は悪影響が生じないことを立証する義務を負わせることをいう。この予防原則の適用が立証責任の転換という法的効果を伴うものかどうかは予防原則をめぐる最大の争点の一つである。表2にある核実験事件再検討事件やMOX燃料加工工場事件でも，紛争当事国の間で主張が対立した点である。

核実験事件再検討事件においてWeeramantry判事がその少数意見において述べているように，活動を行う者が，大概においてリスクに関する情報を持っており[22]，リスクに関して適切に判断するのに必要な情報を最も容易に提示できる立場にある。他方で，立証責任を転換した場合，科学的不確実性が伴う中で，ゼロリスクの証明を要求することにもなりかねず，社会的利益を生み出す活動であってもその実施を困難にし，新たな技術開発や研究へのインセンティヴを殺いでしまうという懸念もある[23]。

現時点で，予防原則が立証責任の転換という効果を一般的に伴うことについて国際社会の合意はなく，国際裁判所の判決もこれを認めていない。予防原則を定める環境条約にも立証責任の転換を定める明文の規定はみられないが，潜在的リスクを生じさせる活動の条件としてかかるリスクが存在しないことを証明させることを定め，かかる制度の下で実際上立証責任を転換するという手法をとる条約がある。OSPAR条約は，一定の閾値(いきち)に達しないと先験的に判断される物質や活動のみを記載して許可するリバース・リスト方式をとっている（附属書Ⅱ第3条第1項）。リストに掲載されていない物質や

---

[22] Nuclear tests case, [1995] ICJ Reports, Judge Weeramentry dissenting opinion p. 342.
[23] McNelis, N., "EU Communication on the Precautionary Principle", *Journal of International Economic Law*, Vol. 2 (2000), p. 545.

活動については，それらが一定以下のリスクしか生じさせないことの証明を，活動を行う者や物質を使用する者に要求している。同様の手法は，バルト海環境保護条約やロンドン条約の1996年議定書にもみられる。

3.3　予防措置と自由貿易レジームとの緊張関係

　予防原則が国際的にどのように国家の行動を規律するかという問題とともに，国が予防原則に基づいてとった措置が国際貿易を制限する効果があるとして，WTO協定上問題となる場合が想定される。国家が，環境保護目的で基準や一定の手続を設ける場合，WTO協定にしたがって行われなければならない。これらの基準や手続が外国産品に国内産品よりも不利な待遇を与える結果になるとすれば，WTO協定との適合性が問題となる。

　科学的不確実性を伴うリスクについて，加盟国が予防措置をとることができるのを明確に定めているのはSPS協定である。SPS協定は，有害動植物，病気，病気を媒介する生物や，飲食物・飼料に含まれる添加物・汚染物質・毒素・病気を引き起こす生物により生ずる危険から加盟国の領域内において人又は動植物の生命又は健康を保護するのに関連するすべての法令，要件，手続などの措置を対象とする（附属書A　1条）。遺伝子組替作物などの輸入規制がこのSPS協定と関連するだろう。

　協定は，衛生植物検疫措置を科学的な原則に基づいており，十分な科学的証拠なしに維持しないことを確保しなければならない（2条2項）としたうえで，関連する科学的な証拠が不十分な場合に衛生植物検疫措置をとることができる条件を定める（5条7項）。まず，SPS協定5条7項に基づく以下の四つの要件をすべて満たさなければならない。すなわち，措置は，①リスクの客観的アセスメントを行うには「関連する科学的な証拠が不十分」な状況で，②「入手可能な適切な情報」に基づいて暫定的にとることができる。そして，措置をとる国は，③一層客観的なリスク・アセスメントのために必要な追加の情報を得るように努め，④適当な期間内に再検討を行う。これら四つの条件に加えて，暫定措置は，さらにSPS協定が求めるその他の要件に合致することが求められる。措置が，⑤「適切な保護の水準を達成する

ために必要である以上に貿易制限的でないことを確保」（5条6項）し（均衡性の原則），⑥人，動植物の生命又は健康に対するリスク・アセスメントに基づかなければならならず（5条），措置と危険性の評価の間には客観的又は合理的な関係がなければならない。また，⑦同様の条件の下にある加盟国間で恣意的又は不当な差別をしてはならない（無差別原則）（2条3項）。⑧附属書Bにしたがって，自国の措置の変更の通報と情報の提供を行わなければならない（7条）。実際に，果物などに対する日本の植物検疫措置がSPS協定に違反するとして米国が申立を行った事件では，科学的証拠が不十分な場合に5条7項に基づいてとられた措置の協定適合性が争われた。

　加盟国は，上記の条件を満たせば，自国内の人，動植物の健康や安全に適切な，国際的基準よりも高い保護水準を自ら決定し，措置をとることができる。しかし，予防原則の適用によって，SPS協定の適用が免除されることはない。これらの条件が，不確実性を伴うリスクに対処しようと措置をとる国に対して厳しすぎるのではないかとの懸念も強い[※24]。これまで，環境条約の定める貿易制限的措置を含め，SPS協定と環境保護措置の抵触が問題となったことはないが，例えば，バイオセイフティ議定書が認めている，予防的にとられる遺伝子改変生物の輸入禁止措置について，議定書の非締約国からSPS協定違反として争われる可能性が今後ないとはいえない。

　WTO協定は，主権国家が環境保護のために効果的な措置をとりうることを確認しており，環境保護に効果的な措置をとることができないのはWTO協定の目的にも合致しない。しかし，確実な科学的証拠を基本的前提として組み立てられ，各国の環境保護措置の撤回を強制できるほどの強力な紛争処理制度を有する自由貿易レジームが，科学的不確実性を伴うリスクへの対処としてとられる措置を不当に阻害することがないか留意を要する。

4　おわりに─予防の制度化にむけて

　予防原則に関する現在の国際社会の合意は，多くの環境条約で規定され，

※24　※7 O' Riordan pp.141-142.

いくつかの条約では予防措置が合意され実施されているものの，条約の規定を離れて一般的に国家に義務づけを行うような原則としては合意されてはいない。立証責任の転換といった効果を有するものとして，原則が承認されるにも至っていない。しかし予防原則は，環境リスクが不確実性を伴う場合であっても，損害防止の観点から何らかの行動がとられるべきか，いかなる行動がとられるべきかを慎重に検討すべきことを国家に要請している。国家がとるべき行動を一義的に決定する規則はないが，少なくともこうした環境リスクに対する国家の注意義務の程度はより高いものが求められるようになったといえる。

　こうした不確実性を伴うリスクに対処する国際社会の一般的行動原則として予防原則の内容の明確化，精緻化を進め，諸国間の合意形成を進めていくことが今後必要である。他方で，問題によってリスクや不確実性の態様，国際社会が許容できるリスクの水準も異なるため，個別の問題ごとに潜在的リスクに対処する枠組，国家の行動規範を構築する予防（原則）の「制度化（institutionalization）」を進めていくことが有効であろう。

　予防原則のもとで対処しようとする潜在的リスクは，私たちに悪影響を及ぼすおそれがあるのと同時に，私たちに続く将来の世代において顕在化しうるリスクでもある。そのリスクを管理するために，私たちはその費用を負担することになる。そうした観点からは，予防原則は，私たち現在の世代と将来の世代との間のリスクの配分とそれに伴う費用の配分を枠づけるものでもある。

　不確実性を伴うリスクの管理という課題は，科学的証拠が十分でないが損害を生じさせるおそれのあるリスクを，私たちの社会が，短期的・長期的にどの程度甘受し，どのような措置により対応するのかを決定することを要請する。それゆえ，リスクが顕在化し損害を被るおそれがある市民が，他方で，リスク管理措置の費用を負担する市民や事業者が，そのリスクの内容と程度について十分に知らされたうえで，その意見が十分に反映されるような意思決定のしくみが，国際的に構築されることが必要である。ただ，現在の国際社会の構造からは，国際的意思決定過程において市民や事業者の意見は国家

を媒介として反映される。それゆえ，不確実性を伴う環境リスクへの対処という課題に直面し，国内の意思決定過程のガバナンスの向上が一層切実に求められている。市民もまた，できる限りの科学的知見をふまえ，長期的な見地に立って将来を配慮して決定を行う担い手としての力が問われている。

索引

欧字

【C】
Comprehensive Environmental Response, Compensation,and Liability Act 274
control of hierarchy 211
CSR 63, 154, 176
CVM 272
【E】
Enterprise Risk Management 67
EMAS ⅲ, 133
EPR 109
EU環境損害責任指令 259
EuP 132
【I】
IPP手法 128
ISO14001 201
【L】
lesserr-of rule 275
Limit value 218
【M】
MOX燃料加工工場事件 295
【N】
NOAAガイドライン 276
【O】
OECD多国籍企業行動指針 171
OSPAR条約 289
【P】
PCB 86
PDCAサイクル 32
$PM_{2.5}$ 218
PM_{10} 218
potential risk 283

PPP 109
【Q】
QOL 184
【R】
REACH規則 126
【S】
Schutznormtheorie 225
SPS協定 299
Superfund 274
【T】
Tanget value 222
【W】
WTO協定 299

かな

【あ】
アスベスト 53
アムステルダム条約 92
アレルギー 180
【い】
一元化された管理目標 230
因果関係の推定 239
【え】
エイシアン・レア・アース社 161
エクソン・バルディーズ号 271
エコロジカル・サービス 192
エネルギー使用製品（EuP） 132
【お】
欧州統合的製品政策 127
汚染者負担原則 109
小田急連続立体交差事業認可処分取消し
　訴訟 42

オハイオ裁判　275
【か】
カーボン・ディスクロージャー・
　プロジェクト　66
カーボン・リスク　67
回復費用　256
科学的不確実性　283
化学物質による汚染　85
化学物質の審査及び製造等の規制に
　関する法律　86
核実験事件再検討事件　298
拡大生産者責任　109
拡大造林政策　181
貸し手責任　112
仮想評価法　272
花粉症　180
環境影響評価法　103
環境汚染・環境破壊リスク　204
環境汚染事故　49
環境格付け　65
環境確保条例　108
環境価値の向上　5
環境管理・環境監査スキーム
　（EMAS）ⅲ , 133
環境管理システム（EMS）133
環境基準　56, 93
環境基準の法的性格　222
環境基本計画　93, 108
環境基本法　102
環境経営　1, 63
環境経営指標　8
環境権　113, 236, 278
環境／健康ベース　73
環境コンサルタント　213
環境コンプライアンス監査　207

環境財　249
環境上の緊急事態　262
環境製品宣言　134
環境責任指令　125
環境そのものに対する損害　251
環境損害　235
環境損害所管機関　245
環境損害責任　251
環境損害の評価　270
環境適合的な製品　129
環境配慮義務　116
環境配慮促進法　174
環境配慮法　107
環境パフォーマンス指標　2
環境ビジネス　9
環境への負荷　234
環境報告書　6
環境法における体系化　100
環境法における規範論　99
環境リスク　15, 29, 48, 85
環境リスク・アセスメント手法　119
環境リスク管理　21, 121
環境リスクの社会的管理　31
環境リスク保険　21
管理の階層　211
【き】
企業の社会的責任　63, 154, 176
企業リスク　2
基金　264
基金制度　243
気候変動枠組条約　288
技術的可能性　229
技術ベース　73
基本件保護義務論　227
義務付け訴訟　43

牛肉ホルモン事件　290
狭義のリスク管理　32
行政事件訴訟　279
挙証責任の転換　33
【く】
グッド・プラクティス　213
【け】
計画外措置実施請求権　220
経済的受容性　229
形式犯　142
刑事罰　90
経団連の「海外進出に際しての環境配慮事項」173
契約的手法　109
結果責任　238
原因者負担原則　191, 240
厳格責任　256
厳格な賠償責任　262
権限ある機関　260
健康侵害防止請求権　227
健康リスク　179
原状回復義務　256
建築協定　110
【こ】
公害　51, 234
公害防止協定　110
広義のリスク管理　31
公共信託　110
公共負担　191
行動計画策定義務　219
行動計画策定請求権　225
公表　95
抗弁　243
合理的措置　262
国際油濁補償基金　267

国連グローバル・コンパクト　172
国連公海漁業実施協定　288
コストベネフィットアナリシス　270
国家事業者　264
国家責任条文　254
国家賠償請求訴訟　42
コンプライアンス　58
【さ】
サステナビリィティ報告書　7
暫定基準　75
三面関係　45
残留性有機汚染物質に関するストックホルム条約　289
【し】
JFEスチール事件　145
自主的取組　82
自然資源損害評価ルール案　276
事前配慮　95
持続可能な発展　120
私的事業者　263
社会的許容リスク　29
社会的受容可能リスク　196
社会的正当性・合理性　30
重点対策計画　230
重点対策地区　230
修復措置の費用　260
受忍限度論・新受忍限度論　115
順応的管理　95, 197
循環型社会形成推進基本法　105
浄化　262
少花粉スギ　186
消極的一般予防　141
情報的手法　81
迅速かつ効果的な対応行動　262

【す】
水質汚濁防止法 143
スーパーファンド法 55, 274
スギ花粉 179
ストックホルム人間環境宣言の
　原則21 253
【せ】
生態系サービス 192
赤道原則 64
責任追及権者 247
責任の制限 264
積極的一般予防 141
セルフ・メディケーション 190
ゼロリスク原則 89
潜在的原因者 241
潜在的リスク 283
戦略的アセスメント 104
【そ】
総合環境対策・賠償・責任法 274
損害賠償 90, 245
損害発生の未然防止 244
【た】
対応行動 262
対応行動の費用 263
代替コスト 273
大気質限界値 218
大気質に対する市民の権利 216
大気質目標値 222
大気浄化法 54
多元的リスク管理目標 229
【ち】
地球環境権 111
地球共有物（グローバル・コモンズ） 252
抽象的危険犯 144
直接型義務付け訴訟 43

【て】
低額優先ルール 275
データ開示 95
電化製品への有害物質使用制限指令 124
典型7公害 102
【と】
東京都花粉症対策本部 193
統合的製品政策 121
土壌汚染 52
土壌汚染対策法 60, 106
土壌汚染リスク 22
途上国の環境規制 168
届出 94
取消し訴訟 41
【な】
南極環境保護議定書附属書Ⅵ 261
南極鉱物資源活動規制条約 254
【は】
バイオセイフティに関するカルタヘナ
　議定書 289
廃棄物処理法 105
廃車指令 124
（賠償請求）の訴訟 263
廃電子・電気機器指令 123
ハザード管理 87
発生源対策 186
八都県市共同 194
【ひ】
費用対効果分析 270, 279
平等原則 34
費用便益分析 34
比例原則 33
【ふ】
普遍的義務 253

【ほ】
北東大西洋の海洋環境の保護に関する
　条約　289
保護規範論　225
【ま】
マーケットリスク　205
マーストリヒト条約　92
【み】
未然防止原則　138
ミナミマグロ事件　297
民衆訴訟　226
【む】
無過失　259
【め】
命令統制手法　17
免責事由　264
【ゆ】
優良事例（グッドプラクティス）　213
油濁民事責任条約　267
【よ】
予防原則　33, 89, 122, 284
予防的アプローチ　16, 120, 284
【り】
リーガルリスク　204
リオ宣言　122
リオ宣言第15原則　29
リスク　70, 48, 283
リスクアセスメント　30, 119
リスク管理　30, 32, 53, 70, 180
リスク管理水準　69
リスク管理水準の社会的決定　81
リスクコミュニケーション　18, 35, 196
リスクの社会的受容　61
リスク評価　54
リスク便益原則　90

リスクマトリックス　209
立証責任の転換　297
リバース・リスト方式　298
【れ】
レピュテーション（イメージ低下）
　リスク　205
レンダー・ライアビリティ　112
【ろ】
ロンドン条約　290
【わ】
我が国の海外投資　156

【編著者紹介】

松村弓彦（まつむら　ゆみひこ）　明治大学法学部・法科大学院教授

経歴：1963年3月一橋大学法学部卒業、同年4月～1993年3月川崎製鉄株式会社（退社時：理事）、1993年4月杏林大学保健学部、1998年4月明治大学法学部。現在同大学法学部・法科大学院教授、博士（法学）

著書：『環境訴訟』（商事法務研究会・1993年）、『環境法学』（成文堂・1995年）、『ドイツ土壌保全法の研究』（成文堂・2001年）、『環境法・第2版』（成文堂・2004年）、『環境協定の研究』（成文堂・2007年）

共著：『オランダ環境法』（国際比較環境法センター・2004年）、『ロースクール環境法・補訂版』（成文堂・2007年）

編著：『サイトアセスメント・実務と法規』（産業環境管理協会・2003年）、『環境政策と環境法体系』（産業環境管理協会・2004年）

環境ビジネスリスク―環境法からのアプローチ

2009年6月30日　第一刷発行

編著者　松村弓彦
発行所　社団法人産業環境管理協会
　　　　〒101-0044 東京都千代田区鍛冶町2-2-1
　　　　　　　　　三井住友銀行神田駅前ビル
　　　　　　　　　TEL 03（5209）7710
　　　　　　　　　FAX 03（5209）7716
　　　　　　　　　URL http://www.jemai.or.jp
印刷所　日経印刷株式会社
発売所　丸善株式会社出版事業部
　　　　〒103-8244 東京都中央区日本橋3-9-2
　　　　　　　　　第2丸善ビル
　　　　　　　　　TEL 03（3272）0521
　　　　　　　　　FAX 03（3272）0693
　　　　　　　　　URL http://pub.maruzen.co.jp

Ⓒ松村弓彦 ほか　2009
ISBN 978-4-86240-052-9　　　　　　　　　Printed in Japan